계명대학교
캠퍼스의 나무 이야기

계명대학교 창립 1899

계명대학교 캠퍼스의 나무 이야기

편찬위원회

위원 강관권, 김수봉, 박종만, 박창모

집필인 강관권(계명대학교 인문국제학대학 사학과 교수)
김수봉(계명대학교 공과대학 생태조경학전공 교수)

사진 박창모(사진가, 계명대학교 홍보팀)

디자인 감수 임헌우(계명대학교 미술대학 시각디자인전공 교수)

편집 계명대학교 홍보팀

교열 오새내(계명대학교 교양교육대학 교수)

발행인 신일희
발행처 계명대학교 출판부 _ www.kmupress.com
대구광역시 달서구 달구벌대로 1095
계명대학교 성서캠퍼스 산학협력관 112호
TEL.053-580-6233 / FAX. 053-580-6235
발행일 2015년 7월 24일
디자인 권석진(도서출판 프린트하우스)
designf@naver.com
인쇄 (주)신사고하이테크
ISBN 978-89-7585-719-5 94370
978-89-7585-716-4 94370 (세트)

계명대학교 창립 1899

계명대학교 캠퍼스의 나무 이야기

글 / 강판권
사진 / 박창모

은행나무에 맺은 희망의 빛

동산캠퍼스
대명캠퍼스
성서캠퍼스

KEIMYUNG UNIVERSITY PRESS

발간사

2014년은 계명대학교가 1899년에 먼저 의료봉사 및 교육기관으로 출범하고 그 다음 1954년에 고등교육기관으로 개교한지 115주년이 되는 해입니다. 이 뜻 깊은 해에 계명대학교 캠퍼스의 나무 이야기를 책으로 펴내게 된 것을 매우 기쁘고 감사하게 생각합니다.

계명대학교의 역사는 한국의 근대화 과정과 그 맥을 같이하고 있습니다. 지금부터 120년 전 1894년 갑오년에 우리나라는 정치, 경제, 사회 등 전반에 걸쳐 근대적인 개혁을 단행했습니다. 갑오경장(甲午更張)은 한국 근대화의 시작이었습니다. 이와 때를 같이하여 19세기 말 기독교 복음을 진하고지 했던 외국인 선교사들과 조국의 미래를 걱정하던 우리의 선구자들은 힘을 합쳐 영남의 중심도시였던 대구에 교회와 병원 및 학교를 세웠습니다. 그 병원이 1899년에 개원한 제중원이었고, 제중원이 오늘의 계명대학교 부속 동산병원으로서 계명대학교의 가장 오래된 뿌리입니다. 아울러 1906년에 중등교육기관인 계성학교, 1907년에 신명학교를 설립했고, 이어 대학을 설립하고자 했으나 일제통치와 6 · 25 한국전쟁으로 불가피하게 미루어져 1954년에 설립한 고등교육기관이 오늘의 계명대학교의 두 번째 뿌리입니다.

이와 같이 위대한 역사를 시작한 계명의 선구자들은 오로지 개척과 봉사의 정신으로 온갖 정성과 혼을 계명대학교에 다 쏟아 부었습니다. 그 장엄한 역사의 현장인 계명대학교 세 개의 캠퍼스에는 선구자들이 심고 가꾼 나무들이 살고 있습니다. 한 그루의 나무에는 하나님의 숨결과 더불어 역사와 문화도 살아 숨 쉬고 있습니다. 계명의 선구자들이 세운 건물과 나무가 지닌 뜻을 담아 계명대학교 캠퍼스의 나무 이야기란 제목으로 책을 만들었습니다.

지금부터 115년 전에 계명대학교를 세우고 오늘 이곳까지 계명대학교를 지키고 인도한 하나님께 감사드립니다. 그리고 계명대학교를 사랑하며 훌륭한 공동체로 키워 온 계명의 선구자들과 계명의 모든 가족에게 감사한 마음으로 이 책을 바칩니다.

계명대학교 총장 신 일 희

◀ 숲 속 성서캠퍼스 전경(2013년)

프롤로그

역사는 씨줄의 공간과 날줄의 시간에 대한 기록이다. 계명대학교의 역사는 동산캠퍼스의 씨줄 공간에서 시작해서 대명캠퍼스로, 대명캠퍼스에서 성서캠퍼스로 이어지는 긴 시간의 날줄 과정을 통해 이루어졌다. 계명대학교의 선각자들은 공간을 아름답게 만들기 위해서 가장 먼저 사과나무를 심었다. 장미과의 사과(沙果)나무는 모래땅에서 자라면서도 세상에서 가장 달콤한 열매를 맺는다. 계명대학교의 역사도 가장 척박한 곳에서 출발했지만 지금은 선각자들의 부단한 노력으로 상전벽해로 바뀌었다.

계명대학교의 캠퍼스는 아주 중요한 학습공간이다. 학습공간을 구성하는 요소는 건물만이 아니라 공간에 살고 있는 식물이다. 식물 중에서도 중요한 요소는 나무이다. 나무 없는 캠퍼스는 상상할 수 없고, 아름다운 계명대학교는 존재할 수 없다. 그래서 한 그루의 나무는 그 어떤 것과도 비교할 수 없는 중요한 존재이다. 계명대학교에는 120종이 넘는 나무들이 살고 있다. 캠퍼스에 살고 있는 나무는 성서캠퍼스의 궁산 자락의 소나무를 제외하면 대부분 사람이 심은 것이다. 그래서 캠퍼스에 살고 있는 나무는 한 그루 한 그루마다 오랜 기간 동안 많은 사람들의 정성이 담겨 있다.

계명대학교 캠퍼스 중 동산캠퍼스와 대명캠퍼스의 나무는 수종이 다양하지 않지만, 성서캠퍼스의 나무는 상대적으로 수종이 다양하다. 아울러 성서캠퍼스 중에서도 백은관에서 사회관 서쪽까지는 대명캠퍼스와 유사한 수종이 주류이다. 계명대학교 캠퍼스 나무의 이러한 특징은 시대적인 상황을 반영하고 있다. 당시 우리나라에서 즐겨 심었던 나무들은 대부분 개잎갈나무와 버즘나무였기 때문이다. 그러나 동산캠퍼스와 대명캠퍼스의 참느릅나무는 우리나라를 상징하는 나무라는 점에서 아주 안목 높은 선택이었다. 특히 동산캠퍼스 의료선교박물관 앞의 참느릅나무와 대명캠퍼스 정문의 가로수를 참느릅나무로 조성한 것은 계명대학교의 역사에 매우 중요한 의미를 갖는다.

캠퍼스의 나무는 조성하는 순간부터 인문생태의 의미를 갖는다. 각각의 나무는 자연생태이지만 사람이 한 그루의 나무를 선택하는 순간 인문의 의미를 갖기 때문이다. 그래서 캠퍼스에 살고 있는 나무 중에는 한 그루도 빠짐없이 나름의 이야기를 담고 있다. 캠퍼스에 살고 있는 나무가 품고 있는 다양한 이야기는 계명대학교의 중요한 문화자산이다. 나무는 오래전부터 사람들이 남긴 이야기를 품고 있지만, 캠퍼스의 대부분 나무들은 모두 계명 구성원들의 땀과 노력으로 성장한 것이다. 캠퍼스의 한 그루 한 그루의 나무는 곧 계명의 역사이다. 그래서 나무에 숨어 있는 계명의 소중한 얘기를 반드시 읽어내야 한다.

캠퍼스에 살고 있는 나무들은 모두 각각의 얘기를 품고 있지만, 부득이 각 건물과 관련해서 선택할 수밖에 없었다. 선택하지 못한 나무들에게는 정말 미안한 일이다. 그러나 선택받지 못한 나무라고 해서 소중하지 않다는 것은 아니다. 계명대학교 캠퍼스의 나무들은 이곳에서 살아가는 모든 구성원들의 스승이다. 그래서 언제나 존경과 존중의 마음으로 한 그루의 나무를 바라봐야 한다. 특히 캠퍼스가 계명대학교의 중요한 역사라는 인식과 학습장이라는 사실을 기억해야 한다.

가장 소중한 것은 가장 가까운 곳에 존재한다. 캠퍼스의 나무는 계명의 구성원들이 가장 가까운 곳에서 만날 수 있는 존재이다. 나무를 자신의 몸처럼 생각하는 '생태의식'은 계명대학교가 지향하는 융합의 교육 철학이다.

계명대학교 사학과 교수 강 판 권

차례

동산캠퍼스

대명캠퍼스

성서캠퍼스

부록

동산캠퍼스

DONGSAN CAMPUS

계명대학교 창립 1899

계명대학교 캠퍼스의 나무 이야기

은행나무에 맺은 희망의 빛

사과나무와 선교박물관

1899년 어느 날, 한 그루의 사과나무가 대구에 도착했다. 대구에 처음으로 사과나무를 가져온 사람은 미국 개신교 북장로회 소속 의료선교사 존슨(Woodbridge Odlin Johnson, 1869-1951)이었다. 그는 계명대학교 부설 동산의료원의 전신인 제중원을 연 주인공이다. 그가 가져 온 사과나무 중 2세목이 현재 동산의료원 의료선교박물관 입구에 살고 있다. 이곳의 사과나무는 우리나라에서 숙종시절 정재승이 중국 북경에서 사과나무를 도입한 지 2세기 뒤의 일이다. 그가 사과나무를 심은 것은 이 나무가 의료선교를 상징하기 때문이다. 존슨이 의료선교를 위해 대구에 오면서 지구상에 존재하는 많고 많은 나무 중에서도 사과나무를 가져온 뜻은 무엇일까.

사과나무는 에덴동산에 살고 있었던 나무였다. 구약성경에는 동산 한 가운데 나무 열매라는 기록만 남아 있지만 밀턴이 실낙원에서 성경의 나무를 사과나무로 묘사하면서 이후 에덴동산의 최초 나무는 사과나무로 인식하기 시작했다. 아담과 이브가 나무의 열매를 먹고 선과 악을 알았다는 얘기는 사과를 '지혜의 과일'로 해석할 수 있는 여지를 남겼다. 그러나 사과를 의미하는 애플은 단순히 지금과 같은 사과를 의미하지 않는다. 사과와 비슷한 종류의 과일이 모두 애플이었다. 사과가 지혜의 열매라는 인식은 그리스시대까지 거슬러 올라간다. 성경에 등장하는 나무의 열매가 사과나무인지 다른 나무인지에 대한 논란은 크게 중요하지 않다. 성경에 등장하는 나무의 종류를 확인할 수 있는 그 어떤 증거도 결국 추측에 불과하기 때문이다. 다만 중요한 것은 성경에 등장하는 나무의 열매가 사과나무라고 믿는 증거가 역사적으로 상당히 많이 남아 있다는 사실이다. 존슨이 대구에 사과나무를 가져 온 것도 자신이 머물 곳에 에덴동산을 만들고 싶었기 때문이었을 것이다.

장미과의 갈잎떨기나무인 사과나무(*Malus pumila* Mill.)는 고대 그리스와 로마 사람들이 애용했다. 이후 사과나무 재배종이 유럽 전역에 전해졌다. 그 덕분에 뉴턴은 사과나무를 보고 만유인력의 법칙을 발견했다. 만유인력법칙은 지구와 태양 사이에 작용하는 것과 똑같은 힘이 지상의 모든 물체에도 작용하며, 나아가 우주의 삼라만상이 모두 같은 힘의 지배를 받는다는 사실을 증명한 것이다. 이처럼 한 그루의 사과나무는 인간이 몰랐던 사실을 일깨워주는 지혜의 나무였다. 빌헬름 텔은 아들의 머리에 사과를 올려놓고 맞힘으로써 활쏘기의 명성을 얻었고, 철학자 스피노자는 '내일 지구가 멸망하더라도 나는 한 그루의 사과나무를 심겠다.'고 말해 후세 사

선교박물관 사과나무 (*Malus pumila* Mill.)

람들에게 일상의 가치를 일깨웠고, 스티브 잡스는 한 쪽 귀퉁이가 잘린 사과 디자인으로 세계인들에게 정보의 바다를 제공했다.

의료선교박물관의 사과나무는 존슨 선교사의 지혜와 대구의 희망을 상징한다. 존슨이 사과나무를 대구에 가져온 또 다른 목적은 이 나무가 이곳에 잘 자라기 때문이다. 사과(沙果)는 모래땅에 잘 살기 때문에 붙인 이름이다. 그는 불모의 땅 대구에 사과나무를 심어 젖과 꿀이 흐르는 가나안 땅으로 만들고 싶었다. 사과의 맛은 곧 젖과 꿀을 상징할 만큼 달콤하다. 유럽에서 개량된 사과나무는 17세기에 미국으로 건너갔다. 미국으로 건너간 사과나무 재배는 곧 미국의 주요산업으로 발전했으며, 존슨이 미국에서 대구로 사과나무를 가져올 수 있었던 것도 길고 긴 사과나무의 재배 역사 덕분이었다. 이처럼 대구 최초의 사과나무는 하나님이 낳은 최초의 인류인 아담과 이브에서 시작하여 대구에 도착하기까지 유구한 역사를 담고 있다. 특히 의료선교박물관의 사과나무는 지금의 개량 사과와 달리 열매가 아주 작아서 원초적인 모습을 확인할 수 있으며, 그 모습에서 계명대학교의 출발을 확인할 수 있다. 이곳 사과나무에 달리는 열매의 모습은 동편의 종을 닮았다. 주렁주렁 달린 사과나무 열매가 바람에 흔들리면 사랑의 종소리가 들리는 듯하다. 종이 사람들을 모이게 하듯이, 이곳의 사과나무도 지금까지 수 많은 사람들을 하나님의 품으로 인도했다.

사과는 중국 화북지방 빈과(蘋果)의 방언이다. 사과를 의미하는 또 다른 한자는 내(柰)이다. 내는 기원전 2세기 사마상여(司馬相如, 기원전 179 - 기원전 117) 의 『상림부(上林賦)』에 등장한다. 상림은 중국 진나라와 한나라 황제의 정원이다. 사과와 함께 대구를 상징하는 나무 중 하나가 능금이다. 지금도 대구에서는 능금이라는 이름을 사용하고 있다. 일본의 나카이(中井猛之進, 1882-1952)가 붙인 학명(*Malus asiatica* Nakai) 중 종소명 아시아티카(*asiatica*)에서 보듯, 원산지는 아시아이다. 능금은 중국인들이 만든 한자 임금(林檎)에서 유래했다. 임금은 이 나무의 열매에 많은 새들이 앉은 모습을 나타낸 말이다. 중국의 능금 재배 기원은 3세기로 거슬러 올라간다. 중국 진대(晋代)의 『광지(廣志)』와 『왕희지첩(王羲之帖)』, 후한(後漢)의 『석명(釋名)』에서 능금의 다른 표기인 이금(里琴)과 내금(來檎)을 발견할 수 있기 때문이다. 이러한 능금의 원산지는 발해였다는 게 통설이다. 중국의 자료인 『본초습유(本草拾遺)』(739), 『수시통고(授時通考)』(1737)에서조차 능금의 원산지를 발해로 적고 있다.

우리나라의 능금은 중국의 능금 계통의 나무이다. 능금에 관한 최초의 기록은 『처용가(處容歌)』(879)에 등장하는 '머자'이다. 문헌기록상에는 『계림유사(鷄林類事)』(1096)에 나오는 '멋부(悶子訃)'일 것이다. 그러나 우리나라의 능금재배는 조선

후기에 이르러서야 크게 발전했다. 조선 전기는 물론 17세기 전반에 나온 『도문대작(屠門大嚼)』 단계에서도 능금의 주산지를 발견할 수 없기 때문이다. 우리나라 토종 능금은 『향약집대성(鄕藥集大成)』(1433)과 같은 의약서적이나 『훈몽자회(訓蒙字會)』 같은 자전류에서나 찾아볼 수 있을 뿐이다.

현재 의료선교박물관의 2세 사과나무는 100년이 지난 지금 풍전등화(風前燈火)처럼 위기에 놓여있다. 나무의 생태는 보는 사람으로 하여금 측은지심(惻隱之心)을 자아내게 할 만큼 몰골이 앙상하다. 온 몸은 온갖 풍상을 견디느라 상처투성이다. 그러나 여전히 해마다 열매를 맺는다. 나무는 결코 쉽게 죽지 않는다. 강인한 생명력을 지니고 있기 때문이다. 그러나 아무리 사과나무의 생명력이 강할지라도 영원할 수 없다. 그래서 현재 2세 사과나무의 '후계목(後繼木)'이 엄마 앞에 세 그루 살고 있다. 의료선교박물관의 사과나무는 단순한 나무가 아니라 '상징'이다. 상징은 물질을 넘어 정신의 영역이다. 의료선교박물관 앞의 한 그루 소나무가 한국의 상징이듯이, 이곳의 사과나무는 계명대학교의 창립과 정신을 상징한다.

선교박물관(스윗즈주택/대구시 유형문화재 제24호) 주변의 왕대와 등나무는 길손들의 지친 어깨를 일으켜 세우는 쉼터이다. 왕대 숲을 뒤로 하고 등나무 그늘에 앉아서 사과나무 꽃을 바라보면 사랑과 희망도 피어난다. 사과나무에 열매가 맺히는 날, 계명의 역경도 결실을 맺는다. 사과나무의 열매가 떨어지는 날, 세계를 향해 빛을 여는 꿈도 싹튼다.

선교박물관 사과나무 100년비

대구 최초의 서양 사과나무(대구광역시 보호수 제1호)

참느릅나무와 의료박물관

느릅나뭇과의 갈잎큰키나무 참느릅나무는 우리나라를 대표하는 귀한 존재이다. 참느릅나무의 학명(*Ulmus parviflolia* Jacquin)에는 원산지 표기가 없지만, 우리나라의 자생 나무 중에서도 자연생태를 대표하는 수종이다. 느릅나무는 학명에 일본 원산, 당느릅나무는 원산지에 중국 원산을 표기하고 있는 반면, 오스트리아의 식물학자 잭퀸(Nicolaus Joseph Jacquin, 1727-1817)은 한국을 원산지로 표기하는데 주저했다. 18세기와 19세기 식물학자들은 우리나라의 식물을 제대로 알지 못했을 뿐 아니라, 일본과 중국을 통해 동아시아의 식물을 이해했기 때문이다. 그래서 영어권에서는 참느릅나무를 중국 원산지로 이해하고 있다. 그러나 학명에 우리나라 원산지로 표기하지 않았더라도 의료박물관 (챔니스주택/대구시 유형문화재 제25호)의 참느릅나무는 계명대학교의 역사에서 중요한 의미를 갖는다.

1910년경 지은 의료박물관은 라이너(Reiner)가 살았던 집이다. 그 후 이 집에는 챔니스(Chamness)가 살았다. 그래서 이 집을 '챔니스주택'이라 부른다. 특히 이곳에는 1984~1993까지 동산병원장인 마펫(H.F Moffett)이 살았다. 의료박물관은 100년의 역사를 지닌 전통주택이다. 그런데 서양식 건물을 상징하는 의료박물관 앞과 옆의 세 그루 참느릅나무가 살고 있다는 것은 특별한 의미가 있다. 선교박물관과 참느릅나무의 동거는 서양과 한국의 융합정신을 보여주기 때문이다. 더욱 중요한 것은 선교박물관 앞의 참느릅나무의 상징성은 대명캠퍼스로 이어진다는 점이다. 대명캠퍼스의 정문 가로수도 참느릅나무이다.

참느릅나무와 의료박물관의 만남은 결코 우연이 아니라 하나님의 뜻이다. 미국 북장로회 선교사들이 하나님의 뜻에 따라 계명대학교를 창립하면서 한국을 대표하는 참느릅나무를 심은 것은 교육의 '현지화' 과정을 보여준다. 교육과 문화는 이식과정에서 반드시 격의과정, 즉 변용과정을 거친다. 참느릅나무는 서양의 교육을 우리나라로 이식되는 하나의 기준이다. 참느릅나무를 통한 선교사와 계명대학교의 운명적인 만남은『삼국사기(三國史記)』에 등장하는 평강공주와 온달장군의 운명적인 만남을 연상케 한다. 평강공주는 보물 팔찌 수십 개를 팔꿈치에 걸고 궁궐을 나와 혼자 온달의 집까지 찾아가서 시집을 가겠다고 청했다. 눈먼 온달의 노모는 다음과 같이 거절했다. "내 아들은 가난하고 보잘 것 없기에 귀인이 가까이 할 수 있는 사람이 아닙니다. 누구의 속임수로 여기까지 왔습니까? 내 자식은 굶주림을 참다못해

의료박물관 참느릅나무 (*Ulmus parviflolia* Jacquin)

느릅나무 껍질을 벗기려고 산 속으로 간지 오래입니다."

평강공주는 마침 산에서 내려오는 온달과 마주쳤다. 그에게 자기의 생각을 이야기하니 온달이 불끈 화를 내며 말했다. "이는 어린 여자가 취할 행동이 아니니 반드시 여우나 귀신일 것이다. 나에게 가까이 오지 말라!"고 하며 돌아보지도 않고 가버렸다. 평강공주는 끈질기게 온달의 초가집 사립문 밖에서 '노숙'하면서 이튿날 아침에 다시 들어가 드디어 허락을 받았다.

느릅나무 껍질, 즉 유백피(楡白皮)는 온달이 노모를 봉양한 것처럼 어려운 시대를 이기는데 아주 긴요했다. 의료박물관의 참느릅나무도 계명대학교의 아주 힘든 시절을 견디게 해준 나무이다. 느릅나무 껍질이 구황식물이라는 사실은 중국 북위(北魏)의 가사협(賈思勰)이 편찬한 『제민요술(齊民要術)』이나 조선 명종 때 나온 『구황촬요(救荒撮要)』 등에서 확인할 수 있다. 느릅나무를 심는 방법과 이익을 자세하게 언급하고 있는 『제민요술』의 "한번 수고하면 영원히 편안하다."는 구절을 떠올리면, 의료박물관 참느릅나무의 위대성에 다시 한 번 고개 숙인다. 더욱이 느릅나무가 지닌 '고향'의 이미지를 기억한다면, 의료박물관의 참느릅나무의 존재 가치는 무궁무진하다. 느릅나무가 고향을 상징하는 유래는 중국 한나라를 세운 고조(高祖) 유방(劉邦)이 고향인 섬서성(陝西省) 풍(豊)에서 두 그루의 나무를 심어 토지신으로 삼은 데서 유래한다. 그래서 고향을 흰느릅나무를 의미하는 '분유(枌楡)'라 한다. '분유동계(枌楡同契)'는 고향을 같이 한다는 뜻이다. 한나라를 창업한 한고조가 고향에 느릅나무를 심은 뜻이나 계명대학교를 창립한 선교사들이 참느릅나무를 심은 뜻은 결코 다르지 않다. 계명대학교와 선교사의 만남은 곧 '분유동계'이다. 이곳 참느릅나무 아래서 청록파 시인 박목월(朴木月, 1915-1978)의 『청노루』를 읊으면서 고향을 떠올리면 아련한 시절이 한층 그리워지거나 이응준의 장편소설 『느릅나무 아래 숨긴 천국』의 제목처럼 천국의 시간을 즐길 수도 있을 것이다.

머언 산 청운사(靑雲寺) 낡은 기와집
산은 자하산 봄눈 녹으면
느릅나무 속잎 피어 가는 열두 굽이를
청노루 맑은 눈에 도는 구름

의료박물관은 계명대학교의 보루(堡壘)이다. 그래서 이곳의 참느릅나무도 계명대학교의 보루이다. 보루는 작은 성을 의미한다. 언덕에 위치한 의료선교박물관도 보루와 같다. 보루 같은 곳에 참느릅나무를 심은 것도 뜻 깊은 일이다. 느릅나무는 옛날부터 목재의 가치가 아주 높았다. 중국의 『한서(漢書)-한안국전(韓安國傳)』과 『수경(水經)』에 나오는 것처럼, 중국에서는 흉노족을 방어하기 위해 느릅나무로 보루(堡壘)를 만들었다. 중국의 '천하제일관(天下第一關)'으로 불리는 산해관(山海關)을 '유관(楡關)'으로 부는 것도 이곳의 보루를 느릅나무로 만들었기 때문이다.

신라시대에는 느릅나무에 월지국(月氏國)에서 가져온 쇠북종을 매달았다. 그래서 『삼국사기』에 따르면 신라시대에는 궁궐을 지을 때 느릅나무를 사용하지 못하게 했다. 느릅나무는 늦은 봄에 잎보다 깍지가 먼저 생긴다. 그래서 중국 한나라 때의 농서인 『범승지서(氾勝之書)』에 나오는 것처럼 이즈음에 내리는 비를 '유협우(楡莢雨)'라 한다. 5월 경 느릅나무에 꽃이 피면 중국에서는 과거시험을 치렀다. 그래서 과거시험을 '유책(楡策)'이라 한다. 의료박물관의 참느릅나무에 꽃이 피는 계절은 계명대학교의 창립기념일이다. 참느릅나무에 꽃이 피는 계절에 창립의 정신을 기리는 백일장이니 독서경연대회라도 연다면 얼마나 뜻 싶을까. 느릅나무를 알면 돈도 보인다. 느릅나무의 잎이 나기 전 가지 사이에 나는 열매를 유협(楡莢)이라 한다. 중국 한나라 고조 때 나온 동전 유협전(楡莢錢)도 여기서 빌린 이름이다. 중국의 동전 모델은 진시황제 때 만들었다. 진시황제 때 만든 반량전(半兩錢)의 디자인을 몰라도 우리나라 조선시대 상평통보를 연상하면 쉽게 짐작할 수 있다. 진시황제 때 만든 반량전의 디자인은 이른바 '천원지방(天圓地方)'을 의미한다. 이는 '하늘은 둥글고 땅은 네모나다'는 중국인의 우주관을 담고 있다. 손톱만한 느릅나무의 열매는 종이처럼 얇다. 열매 한가운데 납작한 종자가 들어 있다. 이는 바람에 쉽게 날아갈 수 있도록 한 느릅나무의 지혜이다. 계명대학교 행소박물관에는 유협전을 만든 판이 소장되어 있다. 그 판을 꺼내서 이곳 참느릅나무에 열매가 맺는 날, 계명대학교의 역사를 새기는 것도 좋으리라.

아까시나무와 교육역사박물관

교육역사박물관 아까시나무 (*Robinia pseudoacacia* L.)

박화목(朴和穆, 1924-2005) 작사, 김공선(金公善, 1924-2014) 작곡의 『과수원길』에는 콩과의 갈잎큰키나무 '아까시나무'가 많은 사람들의 추억을 걸어 올린다. 1972년에 만든 동갑내기 박화목과 김공선이 빚은 『과수원길』은 국민애창 동요지만, 가사 중 아카시아 꽃은 현재 아까시나무로 이름이 바뀌었다.

동구 밖 과수원길 아카시아꽃이 활짝 폈네
하아얀 꽃 이파리 눈송이처럼 날리네
향긋한 꽃냄새가 실바람타고 솔솔
둘이서 말이 없네 얼굴 마주보며 쌩긋
아카시아꽃 하얗게 핀
먼 옛날의 과수원길

선교박물관과 교육역사박물관(블레어 주택/대구시 유형문화재 제26호) 사이에 살고 있는 아주 키가 큰 나무도 아카시아나무가 아니라 아까시나무이다. 리나이우스(린네)가 붙인 아까시나무의 학명(*Robinia pseudoacacia* L.)에 이 나무의 이름에 담긴 비밀이 숨어 있다. 학명 중 속명인 '로비니아(*Robinia*)'는 16세기 스페인의 로빈 대령이 이 식물을 유럽에 전했기 때문에 붙인 것이다. 학명 중 종소명인 '프세우도아카키아(*pseudoacacia*)'는 아카시아와 유사하다는 뜻이다. 그러니 아까시나무는 로빈 대령이 갖고 온 아카시아와 비슷한 나무라는 뜻이다. 우리말 '아까시'도 '아깝다'는 뜻이다. 경상북도 칠곡군에서 매년 개최하고 있는 '아카시아축제'는 '아까시나무축제'로 이름을 바꿔야할 것이다.

우리나라 사람들은 아까시나무를 오해하고 있다. 왜냐하면 일본이 우리나라의 소나무를 죽이기 위해서 아까시나무를 고의로 심었다고 믿기 때문이다. 북미 원산의 아까시나무는 1900년 초에 우리나라에 도입했다. 처음 심은 곳은 경인 철도변과 용산의 육군본부 자리였다. 아까시나무를 처음 도입할 때 일제 강점기 초대 총독인 데라우치 마사타케(寺內正毅)는 독일의 총영사 크루크에게 당시 노량진과 제물포 간의 경인 철도변에 심을 수종에 대해 물었다. 독일 총영사는 데라우치에게 중국 산동성의 독일령 청도(青島)에 자국에서 옮겨와 심은 아까시나무가 잘 자란다고 대답했다. 이런 과정을 거쳐 아까시나무는 당시의 프랑스인 불어 교사 에밀 마텔이 번식력을 걱정하여 산지에는 심지 말 것을 건의했음에도 총독부 당국은 우리나라 전역에 심기 시작했다. 이렇게 시작한 아까시나무는 봄마다 벌에게 훌륭한 꿀을 제공하지만, 아직도 우리나라 사람들에게 칭찬받지 못하는 나무로 살고 있다. 그래서 전국에 아주 큰 아까시나무를 찾아보기란 쉽지 않다. 그러나 선교박물관과 교육역사박물관 사이의 아까시나무는 전국에서도 보기 드물 만큼 아주 멋진 나무이다. 경상북도 성주군 지방초등학교 근처 길가에는 90살 먹은 아까시나무가 살고 있다.

아까시나무의 특징 중 하나는 『과수원길』 가사에도 등장하듯이 향긋한 꽃이다. 아까시나무에 꽃이 피는 날 환장할 봄날을 맞이할 수 있다. 배가 고픈 시절에는 꽃송이를 통째로 먹기도 했던 아까시나무의 꽃은 청순한 향기와 탐스러운 꽃송이 덕분에 많은 사람들의 사랑을 받는다. 나이가 지긋한 사람들이 아까시나무의 잎을 보면 어린 시절 가위 바위 보로 놀이하던 추억을 떠올릴 것이다. 가족과 함께 왔다면 아빠와 딸, 엄마와 아들이 각각 한 조를 만들어 가위 바위 보로 9-19개에 이르는 잎을 세면서 놀이에 열중하면 아까시나무 아래에서 반나절을 거뜬히 즐길 수 있다. 좀 더 시간을 낼 수 있다면 근처에 살고 있는 아까시나무와 같은 콩과의 자귀나무의 잎을 주워서 비교하면 다른 점을 발견할 수 있을 것이다. 아까시나무의 잎은 어긋나면

교육역사박물관 아까시나무

서 홀수지만 자귀나무는 마주나면서 짝수이다. 그곳에 앉아 눈을 감으면 선교박물관 옆에 살고 있는 물푸레나뭇과의 수수꽃다리(라일락) 꽃향기가 코를 멎게 할지도 모른다. 혹 가을에 이곳을 찾는다면 떨어진 열매를 주워서 열어보고 검고 작은 씨앗이 각각 방안에 숨어 있는 것을 발견하는 순간, 갑자기 열매가 놀라서 뛰어나올지도 모른다.

작곡가 김공선도 황해도 황주를 그리워하면서 『과수원길』을 만들었다. 그래서 이곳의 아까시나무는 찾는 사람 중 나이가 많은 사람들에게는 달콤한 추억을 선사할 것이고, 젊은 사람들에게는 희망을 선사할 것이다. 더욱이 아까시나무에 꽃이 피는 날 이곳에서 음악회라도 연다면 하늘도 감동하리라. 아까시나무가 선사하는 감동은 중국의 북경 근교의 가로수를 통해서도 느낄 수 있고, 미국의 루즈벨트 대통령이 심은 테네시강 유역의 아까시나무, 그리고 프랑스 동부의 산악지대와 독일 서부지역의 아까시나무 숲에서도 만끽할 수 있다.

아까시나무는 『과수원길』 노래 가사에서 볼 수 있듯 탐스러운 꽃과 아름다운 향기가 사람을 유혹하고도 남는다. 특히 아까시나무는 그 어떤 나무보다 꿀을 많이 제공한다. 아까시나무는 잎이 다소 늦게 나기 때문에 초봄에도 죽은듯한 모습이다. 잎이 돋기 전 아까시나무의 껍질을 보면 검은 빛을 띤다. 그래서 영어권에서는 아까시나무를 '검은 아까시나무'를 의미하는 '블랙 로커스트(Black Locust)'라고 한다. 아까시나무는 가지에 가시가 달려 있기 때문에 만질 때 조심해야 한다. 아까시나무를 자괴(刺槐)라 부르는 것도 가시 때문이다. 그러나 자괴의 '괴'는 회화나무를 의미한다. 아까시나무는 회화나무와 많이 닮아서 멀리서 보면 구분하기조차 어렵다. 두 나무 모두 같은 콩과라서 닮은 것이다.

이 세상에 나쁜 나무는 존재하지 않는다. 다만 인간의 기준에서 선악을 구분하는 순간 나쁜 나무가 생길 뿐이다. 나쁜 나무와 좋은 나무를 구분하지 않고 그 자체로 사랑하는 방법은 나무가 인간을 위해서 존재하지 않는다는 기본적인 상식만 기억하면 충분하다. 아까시나무에 대한 오해는 소나무에 대한 집착에서 비롯된 것이다. 소나무만큼 아까시나무도 귀한 존재이다. 그래서 의료선교박물관 내에 아주 나이가 많고 키가 큰 아까시나무가 살고 있다는 것은 행운이다. 이곳의 한 그루 아까시나무는 계명대학교의 자랑을 넘어 대한민국의 자랑이다. 앞으로 이곳의 아까시나무가 천수를 누릴 수 있도록 하는 것은 계명대학교의 몫이자 의무이다.

용버들과 은혜정원

버드나무의 특징은 부드러움이다. 부드러움은 강한 것을 이긴다[柔勝强]는 말처럼 버드나무는 그 어떤 나무보다 강인한 생명력을 지니고 있다. 우리나라 "버들가지가 딱딱한 장작을 묶는다."는 속담도 부드러운 것이 딱딱한 것을 이길 수 있다는 뜻이다. 중국 명대 이시진의 『본초강목(本草綱目)』에 "양류(楊柳)는 세로로 두든 가로로 두든 거꾸로 꽂든 바로 꽂든 모두 산다."는 표현은 버드나무의 강인한 생명력을 가장 잘 표현한 내용이다. 은혜정원은 선교사들의 무덤이지만, 버드나무처럼 부드러운 이름이자 아름다운 정원이다. 은혜정원 옆에는 버드나뭇과의 왕버들을 비롯한 나무들이 살고 있지만, 용버들(*Salix matsudana* for. *tortuosa* Rehder)은 이 정원의 이름과 가장 잘 어울리는 나무이다.

용버들은 잎이 용처럼 생겨서 생긴 이름이다. 용버들을 '고수버들' 혹은 '파마버들'로 부르는 것도 잎의 모양을 빌린 별명이다. 갈잎큰키나무 용버들의 한자는 운용류(雲龍柳) 혹은 용조류(龍爪柳)이다. 운룡류는 용이 구름을 타고 올라가는 모습을 강조한 이름이고, 용조류는 용의 발톱을 닮아서 붙인 이름이다. 지구상에는 용버들을 포함한 버드나무의 종류가 300종이고, 우리나라에는 약 40종이 살고 있다. 버드나무는 '버들'로 줄여 부른다. 버드나무를 나타내는 한자는 크게 두 가지다. 하나는 류(柳)이고, 다른 하나는 양(楊)이다. 류와 양은 엄격하게 구분해서 사용하지 않았다. 오히려 류와 양을 동시에 사용한 예가 적지 않다. 우리나라에 버드나무[楊柳]에 대한 최초의 기록은 『삼국사기』 백제 무왕 35년(634) 춘삼월 "궁궐의 남쪽에 못을 파고 20여 리 물을 끌어 사방의 언덕에 버드나무를 심었다"는 내용이다.

은혜정원은 봉분을 중시하는 우리나라 유교전통의 무덤과 달리 표석만이 무덤의 주인을 알려준다. 이곳에는 계명대학교와 관계를 맺은 선교사와 선교사의 부인들이 잠들어 있다. 은혜정원의 표석에는 죽은 자의 생년과 함께 얼굴 사진을 넣었다. 은혜정원을 바라보면 경건한 마음이 우러나지만 결코 슬프지 않다. 이름에서 보듯이 이곳은 단지 죽은 자의 무덤을 의미하지 않고 아름다운 정원이기도 하다. 은혜정원은 이름에 맞게 따뜻하고 평온하다. 죽은 자의 무덤 앞에서 편안한 마음을 갖기란 결코 쉽지 않지만, 은혜정원은 그 어떤 곳보다 마음이 편하다. 오히려 죽은 자들이 찾는 사람들에게 버드나무 가지를 꺾어서 위로할 것 같다. 옛날에 이별할 때 버드나무를 꺾어주었던 것도 강인한 생명력 때문이었다. 최경창(崔慶昌, 1539-1583)의

은혜정원 용버들 (*Salix matsudana* for. *tortuosa* Rehder)

『절양류(折楊柳)』에서 확인할 수 있다.

절양류(折楊柳)

버들가지를 꺾어서 천 리 머나먼 님에게 부치오니(折楊柳寄與千里人)
뜰 앞에다 심어두소서 날인가 여기소서(爲我試向庭前種)
하룻밤 지나면 새잎 모름지기 돋아나리니(須知一野新生葉)
초췌한 얼굴 시름 쌓인 눈썹은 이내몸인가 알아주소서(憔悴愁眉是妾身)

버드나무는 고향을 상징하는 나무이다. 바빌론에 유배되어 있던 이스라엘인들도 '바빌론의 물'인 유프라테스 강의 둑을 따라 자라고 있는 버드나무에 거문고를 걸어놓고 고향을 생각하면서 슬픔에 겨워 눈물을 흘리곤 했다. 이백(李白, 701-762)의 아래 시에서도 감상할 수 있다.

춘야낙성문적(春夜洛城聞笛)

어느 누가 부는 옥피리 소리 은은히 들려와(誰家玉笛暗飛聲)
그 소리 봄바람타고 낙양거리 곳곳에 울린다(散入春風滿洛城)
이 밤의 곡조 중 이별가인 절양류의 곡조에 있으매(此夜曲中聞折柳)
그 어이 고향 생각 일으키지 않을 사람 있으랴(何人不起故園情)

은혜정원의 용버들은 이 정원에 찾아오는 나쁜 기운을 막는 지킴이이다. 버드나무는 사악한 기운을 제거하는 벽사력(辟邪力)을 지니고 있었다. 이런 예는 중국 북위시대 가사협(賈思勰, ?-?)의 『제민요술(齊民要術)』의 "정월 초하룻날 아침에 버드나무가지를 꺾어 문간에 달아두면 백 가지 귀신이 들어오지 못한다."는데서 확인할 수 있다. 우리나라에서도 오월의 버드나무 가지를 꺾어 문 위에 걸어두면 사악한 귀신을 물리칠 수 있다는 설이 있다. 사람들이 버드나무를 이렇게 생각한 것은 이 나무가 음을 물리칠 수 있는 양기를 가졌으며, 잎 가장자리에 톱니가 있는 점, 그리고 강인한 생명력 때문이다. 옛날 궁궐에서도 청명(淸明)과 한식(寒食) 때 버드나무를 꺾어 불을 지폈다. 이것 역시 벽사의 기능을 가진 버드나무를 태워 악귀를 없애고 새봄을 맞이하려는 뜻이다.

은혜정원의 모든 분들은 남녀를 불문하고 아름다운 사람이다. 부드러운 버드나

은혜정원

무의 가지는 미인의 눈썹(柳眉)에 비유된다. 버드나무 가지처럼 허리가 가늘고 예쁜 사람을 '유요(柳腰)'라 불렀다. 중국 전국시대 초나라의 영왕(靈王)은 가는 허리의 여자를 아주 좋아했다. 초나라 여자들은 왕의 눈에 띄기 위해 허리를 가늘게 하는 데 혈안이었다. 그래서 많은 여자들이 굶기까지 했다. 특히 왕의 은혜만을 기다리는 후궁들은 허리를 가늘게 하기 위해 굶다가 죽는 사람이 속출했다. 그래서 초왕의 후궁을 '세요궁(細腰宮)'이라 불렀다. 허리 가는 여자는 왕만 좋아한 게 아니었다. 당나라의 시인 한유(韓愈)와 백거이(白居易)는 사랑하는 첩을 버드나무 가지를 의미하는 '유지(柳枝)'라 불렀다. 옛날 사람들은 칫솔이 없던 시절 집 밖에서 잠을 잘 때 한유와 백거이가 사랑한 연인의 이름 유지, 즉 버들가지로 양치질을 했다. 양치질은 양지(楊枝)에서 유래했다.

『한서(漢書)·서역전(西域傳)·선선국조(鄯善國條)』에 따르면, 버드나무는 타클라마칸 사막 동쪽 누란국의 성스러운 나무였다. 주몽의 어머니 '유화(柳花)'부인이 물의 신 하백(河伯)의 딸이라는 점도 이 나무를 신령스럽게 생각했기 때문이다. 만주족에게 버드나무는 천지개벽 및 인간 창조의 여신으로 숭배하고 있다. 만주족은 버드나무를 하늘의 일과 땅을 일에 통달한 하늘나무로 여겼다. 흉노족은 매년 용성에서 버드나무 가지를 세워 만든 제단에서 제사를 지냈다.

무릉도원의 이미지를 제공한 중국 동진(東晋)에서 남조(南朝)시기까지 살았던 도연명(陶淵明, 365-427)은 『오류선생전(五柳先生傳)』에서 자신의 호를 다섯 그루의 버드나무를 의미하는 오류선생으로 삼았다. 그가 자신의 호를 오류선생으로 삼은 것은 집 앞에 다섯 그루의 버드나무가 있었기 때문이다. 그 이유는 버드나무가 중국 주나라 때 서민의 무덤에 심은 데서 알 수 있듯이 평범한 나무였기 때문이다. 은혜정원의 용버들도 결코 화려하지 않는 평범한 나무이다. 우리나라 어디서든지 만날 수 있는 버드나무지만, 버드나무는 그 어떤 나무보다 정화력(淨化力)이 탁월하다. 몸에 세상의 더러운 것을 품고서도 자신을 깨끗하게 만들 수 있는 나무가 버드나무이다. 중국의 경우 송대에 이르러 버드나무를 본격적으로 가로수로 심기 시작했다. 우리나라의 신작로에도 버드나무가 즐비했지만 지금은 거의 사라지고 없다. 은혜정원의 용버들은 정원은 물론 박물관을 정화시키는 천사이다.

청라언덕과 작곡가 박태준

청라언덕은 동심과 사랑의 장소이다. 공개적인 사랑이 어려웠던 시절, 언덕은 밀회의 장소였다. 그래서 청라언덕은 그 이름만으로도 낭만으로 가득하다. 청라(靑蘿)는 담쟁이의 푸른 모습을 의미하는 한자어이다. 그러나 아쉽게도 이곳에는 담쟁이덩굴이 많지 않다. 이곳을 한층 낭만의 언덕으로 만든 것은 담쟁이가 아니라 작곡가 박태준(朴泰俊, 1900-1986) 덕분이다. 대구 출신의 박태준은 이은상 작사에 곡을 붙인 『동무생각[思友]』으로 작곡가로서의 명성을 얻었다.

> 봄의 교향악이 울려 퍼지는, 청라언덕 위에 백합 필적에
> 나는 흰 나리 꽃향기 맡으며, 너를 위해 노래 노래 부른다
> 백합 같은 내 동무야, 네가 내게서 피어날 적에 모든 슬픔이 사라진다

어릴 적 여자 친구를 그리워하는 노랫말은 가슴 벅찬 첫사랑의 추억을 한층 발효시킨다. 청라언덕에는 『동무생각 노래비』가 있다. 이 언덕에서 작곡가 박태준을 기리는 것은 단순히 노랫말에 '청라언덕'이 등장하기 때문이 아니다. 박태준은 계명대학교와 인연이 깊은 계성학교에 다녔으며, 1924년에서 1931년까지 모교에서 재직했다. 더욱이 박태준은 계명대학교의 교가를 작곡했다.

『동무생각』의 가사에 등장하는 청라언덕과 백합은 푸른색과 흰색의 상징이다. 푸른색과 흰색은 계명대학교의 상징색이기도 하다. 계명대학교는 창립 115주년을 기념하여 교석(校石)을 제정했다. 계명대학교의 교석은 청금석(靑金石, LAPIS LAZULI)이다. 계명대학교 본관 앞에 설치한 청금석은 신석기 시대부터 인류의 역사를 통해 사랑받아 온 준보석이다. 푸른색이 섞인 문양은 우주적 진리를 닮아 성스러운 돌로 간주되었다. 청금석은 갈대아 우르 지역(기원전 40세기)의 고분에서 출토된 바 있고, 『길가메시 서사시』(기원전 18세기)에 언급된 바 있으며, 투탄카문(기원전 14세기)의 황금마스크에 사용되었으며, 모세가 십계명을 받은 돌로도 알려져 있다. 푸른색은 인간의 궁극적인 가치이고 계명대학교의 교육이념인 '진리와 정의와 사랑의 나라'를 지향하며, 세상의 다양한 흐름 속에서 구현의 길을 열어가는 계명의 의지를 상징한다. 그래서 계명대학교 대명캠퍼스와 성서캠퍼스 본관의 지붕 색깔도 푸른색이다.

Since 1899

청라언덕
대구가 고향인 작곡가 박태준(朴泰俊, 1901~1986)
이 곡을 짓고 노산 이은상이 노랫말을 붙인 가곡이
'동무생각(思友)'이다
바로 이곳이 푸른(靑) 담쟁이(蘿) 넝쿨이 휘감겨있던
청라언덕이고 백합화는 그가 흠모했던 신명학교
여학생이란다
박태준의 꿈과 추억이 서린 이 곳에 노래비를 세운다
이 언덕을 찾는 이들의 가슴에 청라언덕의 노랫
소리가 울려퍼지길 기원하면서...
2009년 6월
대구 중구 문화원
계명대학교 동산의료원
글씨 석저 추진호
동무생각
작곡:박태준
작사:이은상
봄의 교향악이 울려 퍼지는
청라언덕 위에 백합 필적에
나는 흰나리 꽃 향내 맡으며
너를 위해 노래 노래 부른다
청라언덕과 같은 내 맘에
백합같은 내 동무야
네가 내게서 피어날 적에
모든 슬픔이 사라진다

동무생각 노래비

백합의 하얀색은 김성태(金聖泰, 1910-2012)의 『한송이 흰 백합화』에서 이미지를 알 수 있다.

가시밭의 한송이 흰 백합화
고요히 머리숙여 홀로 피었네
인적이 끊어진 깊은 산속에
고요히 머리숙여 홀로 피었네
어여뻐라 순결한 흰 백합화야
그윽한 네 향기 영원하리라.

『한송이 흰 백합화』의 가사는 구약성경 『아가서』 "여자들 중에 내 사랑은 가시나무 가운데 백합화 같도다."에서 착상한 것이다. 『마태복음』에서도 "또 너희가 어찌 의복을 위해 염려하느냐. 들의 백합화가 어떻게 자라는가 생각해 보라, 수고도 아니하고 길쌈도 아니 하느니라."라고 백합을 노래했다. 『마태복음』에 등장하는 백합은 신의 간택을 상징한다. 백합은 흰색 덕분에 순수와 처녀성을 상징한다. 1333년 이탈리아의 화가 시모네 마르티니(Simone Martini, 1285-1344)의 《수태고지》에는 마리아와 천사 가브리엘 사이에 백합화가 등장하는 것도 백합이 처녀성을 상징하는 것을 보여준다. 마리아가 백합을 선택한 이후 백합과 순수 및 처녀성은 불가분의 관계로 인식되었다.

계명대학교의 교화(校花)는 물푸레나뭇과의 이팝나무 꽃이다. 이팝나무의 꽃은 백합꽃처럼 순백의 상징이다. 『동무생각』에서 백합꽃이 피어날 적에 모든 슬픔이 사라질 것이라 여겼듯이, 이팝 꽃이 피어날 적에도 모든 슬픔이 사라질 것이다. 그러나 아쉽게도 청라언덕에는 백합이 많지 않다. 『동무생각』에 등장하는 청라의 푸른색과 백합의 흰색이 진정 계명대학교의 상징색으로 자리매김하려면 언덕에 담쟁이덩굴과 백합이 무성해야 한다.

백합꽃은 꽃이 길어서 가장 흔한 백합을 '나팔백합'이라 부른다. 식물의 경우 꽃대가 길면 '나팔'이라는 이름을 붙인다. 백합의 긴 꽃대를 잡고 『동무생각』을 부르면 어떨까. 언덕에 살고 있는 또 하나의 '나팔'은 능소화과의 능소화(凌霄花)이다. 긴 꽃대가 마치 나팔을 닮은 능소화를 '중국의 트럼펫 덩굴(Chinese Trumpet Creeper)'이라 부른다. 창조적인 생각만 허락하면 백합의 꽃으로 『동무생각』과 『계명대학교 교가』를 연주하는 날도 올 것이다. 이처럼 청라언덕은 단순한 언덕이 아니라 푸른색과 흰색을 상징하는 곳이다. 푸른색과 흰색은 가장 척박한 곳에서 가장 기름진 땅을 만들었던 계명의 정신이다. 계명의 정신은 무한한 상상력을 통한 창조의 힘이다.

"나는 흰 나리 꽃향기 맡으며, 너를 위해 노래 노래 부른다"는 노래의 가사처럼 청라언덕에서는 계명정신을 기억하면서 자신과 누군가를 위해 노래 부르는 시간을 가져야 한다. 자신과 누군가를 위해 노래 부르기 위해서는 무엇보다도 청라와 백합처럼 맑고 순백한 마음을 가져야 한다. 자신을 맑고 순백하게 만들지 않고서는 누군가를 위해 노래 부를 수 없기 때문이다. 희생정신이 숭고한 것은 하늘 우러러 한 점 부끄러움이 없기 때문이다.

청라언덕에는 박태준의 작품세계를 설명한 간판이 있다. 그의 작품 중에서『동무생각』과 함께 큰 인기를 끌었던 작품은『오빠생각』이다.

뜸북 뜸북 뜸북새 논에서 울고
뻐꾹 뻐꾹 뻐꾹새 숲에서 울제
우리 오빠 말타고 서울 가시면
비단 구두 사가지고 오신다 더니

기럭 기럭 기러기 북에서 오고
귀뚤 귀뚤 귀뚜라미 슬피 울건만
서울 가신 오빠는 소식도 없고
나뭇잎만 우수수 떨어집니다

『오빠생각』은 1925년 11월에 방정환이 만든 잡지《어린이》에 실렸다.『오빠생각』에 담긴 일제강점기의 아프고 슬픈 삶은 청라언덕에도 고스란히 배어 있다. 그러나 언덕은 슬픔과 아픔을 넘는 고개이다. 그래서 계명대학교의 청지기들은 청라언덕을 넘어 가나안의 땅(the Land of Promise) 대명캠퍼스로 길을 나섰다.

청라언덕

대명캠퍼스

DAEMYUNG CAMPUS

계명대학교 창립 1899

계명대학교 캠퍼스의 나무 이야기

은행나무에 맺은 희망의 빛

대명캠퍼스

히말라야시다와 바위산

히말라야는 '세계의 산'이다. 세상에서 가장 높은 곳에 사는 나무가 히말라야시다(이하 시다로 줄임)이다. 사람들은 가장 높은 곳에서 사는 나무를 가장 낮은 곳으로 옮겨왔다. 그러나 낮은 곳으로 내려온 시다는 적지 않은 고통을 받으면서 살아가고 있다. 사람들이 이 나무를 자신들이 살고 있는 곳으로 옮겨온 것은 그만큼 쓸모가 많았기 때문이었다. 특히 우리나라의 경우에는 해방이후 조림(造林)에 필요한 수종이 많지 않았기 때문에 시다의 선택은 불가피했을지도 모른다. 다만 나무의 생태를 정확하게 이해하지 못하고 옮기는데 급급한 나머지 시다의 삶은 고단하기 그지없다. 계명대학교 대명캠퍼스의 시다도 이런 과정에서 큰 수난을 당했다.

대명캠퍼스의 시다는 학교를 상징하는 나무였다. 그러나 문제는 바위산을 깎아서 만든 캠퍼스에 시다를 심는 자체가 거의 불가능에 가까웠다. 계명대학교에서 시다가 살기에 적합하지 않은 바위산에 굳이 시다를 심었던 것은 나름대로 특별한 이유가 있었다. 시다는 기독교에서 아주 신성하게 여기는 나무이기 때문이다. 이 나무의 신성한 의미는 학명에 숨어 있다. 이 나무의 학명(*Cedrus deodara* (Roxb. ex D.Don) G.Don) 중 종소명인 '데오다라'는 '신목(神木)'을 뜻한다. 이는 시다가 우리나라의 느티나무, 회화나무, 은행나무처럼 오래 사는 신령스러운 나무라는 뜻이다. 시다와 바위산은 대명캠퍼스의 정신을 상징한다. 대명캠퍼스 쉐턱관 후문에는 바위산을 기념하는 표석이 남아 있다. 그러나 이곳의 표석은 눈에 잘 띄지 않아 지나치기 쉽지만 잘 드러나지 않더라도, 하느님이 시나이 산(山)에서 모세를 통하여 이스라엘 백성들에게 주었다는 10계명(Ten Commandments, 十誡命)을 바위에 새겼듯이, 이곳의 바위산은 세상을 향해 빛을 여는 계명(啓明)의 상징이다.

대명캠퍼스의 시다 조림사업은 눈물겨울 정도로 힘들었다. 바위산을 깎은 후 흙을 넣고 물을 주는 등 각고의 노력으로 황량했던 대명캠퍼스는 노천강당을 중심으로 울창한 시다의 숲으로 바뀌었다. 그러나 2005년 태풍으로 노천강당 주변의 시다는 모두 넘어져 지금은 소나무로 교체했다. 그나마 현재 대명캠퍼스에는 본관 뒤편을 비롯해 일부에서만 살고 있다. 그러나 앞으로 대명캠퍼스의 시다는 특별히 관리하지 않으면 언제 태풍으로 넘어질지 모른다. 대명캠퍼스의 시다에 대해 특별히 관심을 가져야할 이유는 이 나무의 뿌리가 높이 자라는 키에 비해 깊게 뻗지 않기 때문이기도 하지만, 이곳의 시다는 대명캠퍼스와 기독교 정신과 맞물려 있기 때문이다.

히말라야시다 (*Cedrus deodara* (Roxb. ex D.Don) G.Don)

대명캠퍼스를 상징하는 시다는 영어식 이름이고, 현재 우리나라에서는 개잎갈나무로 부른다. 학명에 등장하는 '시다'는 개잎갈나무를 뜻하기도 하지만 삼나무와 비슷한 각종 침엽수를 말한다. 그래서 시다를 '히말라야삼나무'로 부른다. 소나뭇과의 늘푸른큰키나무 시다를 개잎갈나무로 부르는 것은 잎을 갈지 않는 나무라는 뜻이다. 나무 이름의 '개'자는 개살구, 개망초 등에서 보듯이 대개 '가짜'를 의미한다. 중국과 북한에서는 히말라야에 사는 이 나무를 '눈 소나무', 즉 '설송(雪松)'이라 부른다. 시다의 다른 이름 중에서 기독교와 관련한 이름은 백향목(柏香木)이다. 백향목은 속명인 '케드루스(*Cedrus*)'를 한자로 표기한 이름이다.

우리나라 『성경』 번역본에는 시다가 백향목으로 번역되어 있다. 『구약성서』에는 백향목이 70번이나 등장한다. 기독교에서 시다를 숭상한 것은 무엇보다도 이 나무가 지닌 위풍당당한 모습 때문이다. 곧게 뻗은 시다의 모습은 그 자체로 숭배의 대상이다. 특히 레바논 등지에서 수 천 년 동안 살아가는 백향목을 보면 절로 고개를 숙일 수밖에 없다. 대명캠퍼스의 시다도 좁은 캠퍼스를 아주 넓은 공간으로 만드는 주인공이었다. 시다는 짙은 잎과 큰 키 덕분에 몇 그루만 살고 있어도 아주 울창한 느낌을 줄만큼 넉넉한 나무이다. 2년마다 열리는 열매는 부모인 소나무의 열매인 솔방울보다 훨씬 크다. 더욱이 실크처럼 부드러운 얇은 막으로 조직되어 있는 시다 열매의 속을 보면 경이로워서 입을 다물 수 없다. 시다는 백향목의 '향'에서 알 수 있듯이 열매에서 짙은 향기가 묻어난다.

시다는 『성경』에서 부귀에 영광을 상징한다. 다윗과 솔로몬은 궁전을 지을 때 시다를 수입했다. 솔로몬이 7년 걸쳐 건축한 예루살렘 성전 공사에 동원된 인력은 이스라엘인 3만 명, 일꾼 15만 명, 감독관 3,300명이었다. 솔로몬이 유독 시다에 관심을 둔 것은 이 나무로 만든 궁궐을 통해 자신의 권력을 자랑하기 위해서였다. 더욱이 남유다 말기의 왕들은 나라가 위기에 처했는데도 서로 경쟁적으로 시다로 집 짓는 데 열을 올렸다. 그래서 시다는 교만과 허세를 상징하는 나무로 전락했다.

『성경』에 중요한 나무로 등장하는 시다는 성찰의 상징나무로 등장한다. 문명사적으로 나무를 함부로 베는 국가 혹은 민족은 살아남지 못했다. 나무는 모든 생명체의 가장 기본적인 삶의 터전이기 때문이다. 나무를 남벌하는 순간, 생명체의 기본이 무너진다. 계명대학교가 지금까지 어려운 시기를 잘 극복하면서 성장할 수 있었던 것은 대명캠퍼스의 척박한 바위산에 시다를 심었던 정신 덕분이었다. 그래서 대명캠퍼스의 한 그루 시다는 다른 나무와 비교하면 정신적인 가치가 훨씬 크다.

대구광역시의 시목은 소나뭇과 젓(전)나무지만, 상징수는 시다이다. 대구광역시에는 젓나무를 거의 찾아볼 수 없지만 동대구역에서 범어네거리까지 이어지는 시다

가로수는 전국에서 가장 아름다운 명소이기 때문이다. 시다는 땅으로 뿌리를 얕게 내리기 때문에 가로수용으로 적합하지 않지만, 이미 살고 있는 나무는 최선을 다해서 가꾸고, 특히 나무를 사랑하는 마음을 가지고 있으면 얼마든지 오랫동안 함께 살아갈 수 있다. 동대구로의 시다는 대부분 버팀목에 의지해서 살아가고 있지만 대구를 찾는 사람들에게는 강한 인상을 준다. 그런데 정작 대구에 살고 있는 사람들 중 적지 않은 사람들이 교체를 주장한다.

시다는 나무들끼리 뿌리를 엮어서 위험을 방지한다. 그러나 도시로 내려온 시다는 그런 장치를 하지 못한 채 살아갈 수밖에 없어서 태풍이 잦은 우리나라에서 살기가 무척 힘들다. 시다는 한 그루의 나무를 선택하는 것이 얼마나 중요한지를 일깨워 주는 나무이다. 인간이 나무를 선택할 때 가장 먼저 생각할 것은 나무의 특성이다. 인간이 나무의 특성을 안다는 것은 나무에 대한 이해이자 예의이다. 한 존재와 존재 간의 소통은 상대방에 대한 정확한 이해에서 출발한다. 인간의 기준에서 나무를 선택하면 결국 나무는 인간과 함께 살아갈 수 없다. 대명캠퍼스의 시다도 당시로서는 최선의 선택이었을지라도 나무의 특성을 충분히 고려한 선택은 아니었다. 대명캠퍼스의 시다 선택은 성서캠퍼스의 백은관(자연관), 영암관(인문관), 봉경관(사회관) 주변까지 이어졌지만, 지금 시다의 모습을 보면 선택은 결코 성공하지 못했다.

현재 대명캠퍼스와 성서캠퍼스 시다에 대한 관리가 소홀하다. 계명의 정신을 상징하는 시다는 다른 어떤 나무보다 반드시 잘 관리해야할 나무이다. 태풍에 가지가 잘리고, 의족으로 연명하고 있는 시다의 모습이 안쓰럽더라도 시다를 통해 계명의 창립정신을 잊지 말고 기억해야 하기 때문이다. 고난의 시절을 잊는 국가와 민족이 성공할 수 없듯이, 창립정신을 잃어버린 대학교도 성공할 수 없다.

이런 바위산을
깎아 오늘을 마련했다

대명캠퍼스 바위산

배롱나무와 아담스관

배롱나무는 어느 시인에게 사랑을 일깨워 준 나무였다.

배롱나무를 알기 전까지는
많은 나무들 중에 배롱나무가 눈에 보이지 않았습니다

가장 뜨거울 때 가장 화사한 꽃을 피워놓고는
가녀린 자태로 소리 없이 물러서 있는 모습을 발견하고

남모르게 배롱나무를 좋아하게 되었는데
그 뒤론 길 떠나면 어디서든 배롱나무가 눈에 들어왔습니다

지루하고 먼 길을 갈 때면 으레 거기 서 있었고
지치도록 걸어오고도 한 고개를 더 넘어야 할 때
고갯마루에 꽃그늘을 만들어놓고 기다리기도 하고

갈림길에서 길을 잘못 들어 다른 길로 접어들면
건너편에서 말없이 진분홍 꽃숭어리를 떨구며
서 있기도 했습니다

이제 그만 하던 일을 포기하고 싶어
혼자 외딴섬을 찾아가던 날은
보아주는 이도 없는 곳에서 바닷바람 맞으며
혼자 꽃을 피우고 있었습니다
꽃은 누구를 위해서 피우는 게 아니라고 말하듯

늘 다니던 길에 오래 전부터 피어 있어도
보이지 않다가 늦게사 배롱나무를 알게 된 뒤부터
배롱나무에게서 다시 배웁니다

사랑하면 보인다고
사랑하면 어디에 가 있어도
늘 거기 함께 있는 게 눈에 보인다고

도종환, 『배롱나무』(『부드러운 직선』)

계명대학교를 설립한 에드워드 아담스는 계명대학교에 사랑을 심어준 분이었다. 이곳에 아담스 박사의 흉상을 모셨다. 그는 선교사로서는 처음으로 대한민국 국민훈장을 받을 만큼 계명대학교를 위해 헌신했다. 대명캠퍼스에서 처음 만나는 건물을 아담스관으로 삼은 것도 뜻 깊다. 법인 초대 이사이며 부산에서 성창목재를 설립한 정태성 장로가, 일부는 미국 위스칸주 니나(Neenah)에 있는 제일장로교회에서 기증한 건물로 올라가는 돌층계 옆에 배롱나무가 살고 있다. 배롱나무는 이들을 위한 계명인의 헌사이다. 붉은 배롱나무의 꽃은 계명인의 붉은 마음, 즉 단심(丹心)이다. 일편단심은 곧 배롱나무 꽃과 같은 붉은 마음이다. 우리나라 무덤가나 사당 근처에 배롱나무를 심는 것도 같은 이치이다.

배롱나무(*Lagerstroemia indica* L.)는 한자 백일홍(百日紅)을 우리말로 바꾼 것이다. 젊은 사람들은 배롱나무에 익숙하지만 나이 든 분들은 백일홍에 익숙하다. 백일홍은 중국 송나라의 시인 양만리(楊萬里, 1127-1206)의 '누가 꽃이 백일동안 붉지 않고, 자미화가 반년동안 꽃핀다는 것을 말하는가(誰道花無百日紅, 紫薇長放半年花).'에서 처음 등장한다. 학명에는 배롱나무의 원산지를 인도로 표기하고 있다. 배롱나무는 이름에서 알 수 있듯이 꽃이 특징이다. 배롱나무의 꽃이 반드시 백일동안 피는 것은 아니다. 그러나 대개 나무의 꽃이 10일을 넘기지 못하는 것과 비교하면 배롱나무의 꽃은 여름내 볼 수 있으니 거의 100일간 볼 수 있는 셈이다. 꽃은 한 송이에서 오랫동안 피는 것이 아니라 수많은 꽃들이 원추상의 꽃차례를 이루어 차례로 핀다.

중국에서는 배롱나무를 '자미화(紫薇花)'라 부른다. 자미는 '붉은 배롱나무'라는 뜻이다. 한자 '미(薇)'가 배롱나무를 뜻한다. 강희안의 『양화소록(養花小錄)』에서도 백일홍은 자미화의 속명(俗名)으로 풀이하고 있다. 특히 중국의 당나라 현종은 배롱나무를 아주 좋아했다. 그는 삼성(三省: 중서성, 상서성, 문하성) 중 자신이 업무를 보던 중서성에 배롱나무를 심고, 개원원년(開元元年, 713)에 중서성을 '자미성(紫薇省)'으로 고쳤다. 그래서 중서성을 미원(薇垣:배롱나무가 있는 관청)이라 부른다. 이처럼 당 현종이 중서성을 자미성으로 바꾼 것은 옛날부터 제왕의 별을 '자미

배롱나무

배롱나무 (*Lagerstroemia indica* L.)

성(紫薇星)'이라 불렀기 때문이다. 배롱나무가 관청과 관련한 내용은 당나라 시인 백낙천(白樂天)의 시에서도 확인할 수 있다.

사륜각에서는 문서 정리 끝나고(絲綸閣下文書靜)
종고루에서는 물시계 소리 길기만 하네(鐘鼓樓中刻漏長)
해질녘 홀로 앉아 누구와 함께 하려나(獨坐黃昏誰是伴)
자미화가 자미랑과 짝이 되었네(紫微花對紫薇郎)

당나라 시인 백거이는 『자미화(紫薇花)』에서 자신을 '자미옹(紫薇翁)'이라 불렀다.

자미화가 자미옹을 마주하고 있으니(紫微花對紫薇翁)
이름은 같으나 모습은 같지 않네(名目雖同貌不同).
꽃향기를 독점하여 여름풍경을 감당하고(獨點芳菲當夏景)
안색을 가지고 봄바람에 의탁하지 않네(不將顔色托春風).
심양의 관청에 키 큰 두 그루 배롱나무 있고(潯陽官舍雙高樹)
홍선사의 스님 계신 뜰에는 한 그루 배롱나무는
아주 무성하네(興善僧庭一大叢)
어찌 소주의 안치한 곳(何似蘇州安置處)
화당의 난간 아래 달 밝은 밤에 보았던 것만 하리오(花堂欄下月明中)

중국 당나라 현종이 사랑한 배롱나무 덕분에 우리나라 궁궐이나 관청에서도 배롱나무를 자주 만날 수 있다. 대명캠퍼스에서도 배롱나무를 곳곳에서 만날 수 있다. 그 중에서 아담스관 앞에 배롱나무가 가장 많이 살고 있다. 본관 앞, 노천강당 근처에는 최근에 개량한 흰배롱나무도 살고 있다. 태양이 작열하는 더운 여름, 배롱나무의 꽃은 아담스의 열정을 닮았다.

배롱나무를 때론 '간지럼나무'라 부르기도 한다. 이 이름은 손톱으로 나무를 긁으면 모든 가지가 움직여 간지럼 타는 듯해서 붙인 이름이다. 그래서 '파양수(爬癢樹)'라 부른다. 제주도에서 이 나무를 '저금 타는 낭'으로 부르는 것도 간지럼 타는 나무라는 뜻이다. 일본에서는 이 나무를 '사루스베리(さるすべり)'라 부른다. 이는 '원숭이가 미끄러지는 나무'라는 뜻이다. 나무껍질이 워낙 매끈해서 원숭이조차도 미끄러진다는 뜻이다. 그래서 '후랑달수(猴郎達樹)'라 부른다. 배롱나무의 또 다른 이름은 만당화(滿堂花)다. 이 나무가 뜰에 가득하다는 뜻이다. 사람들은 이 같은 배롱나

무의 껍질에 겉과 속이 같다는 의미를 부여해서 죽은 자에 대한 변함없는 존경을 드러내는 나무로 삼았다.

배롱나무가 우리나라에 언제 들여왔는지 알 수 없지만, 현재 가장 오랫동안 살고 있는 나무는 부산광역시 부산진에 살고 있다. 이곳의 배롱나무는 800살이다(천연기념물 제168호). 우리나라 어디든 배롱나무를 만날 수 있지만 대구시 동구 신숭겸 장군 유적지의 배롱나무도 볼만하다. 유적지 안에는 400살 정도 먹은 배롱나무가 다섯 그루 살고 있다. 고려 태조 왕건을 위해 목숨 바친 신숭겸 장군의 유적지에 배롱나무가 있다는 것은 남다른 의미를 지닌다.

배롱나무의 아름다움에 한번 빠지면 고려 말 목은(牧隱) 이색(李穡, 1328-1396)처럼 시를 남길 것이다.

> 푸르고 푸른 솔잎은 사시에 늘 푸른데(靑靑松葉四時同)
> 신선의 꽃 봉우리 백일동안 붉게 핀 것 또 보네(又見仙葩百日紅)
> 옛것과 새것이 서로 이어 하나의 색으로 바뀌니(新舊相承成一色)
> 조물주의 교묘한 생각 헤아리기 어려워라(天公巧思儘難窮)

아담스관 배롱나무

목련과 윌슨관

대명캠퍼스 정문에서 왼편에 자리 잡은 윌슨관은 가장 은밀한 공간이다. 이곳에는 경북 안동지방을 중심으로 선교 활동을 한 윌슨 선교사의 깊은 사랑도 숨 쉬고 있다. 그는 에드워드 아담스 박사가 정년으로 귀국한 후에 계명대학교의 발전에 물심양면으로 기여했다.

윌슨관 앞에는 느티나무, 개잎갈나무 등과 함께 목련이 윌슨의 학생에 대한 사랑을 대변한다. 4월 경 이곳을 찾아 박목월의 시에 붙인 노래를 부르면 금방 윌슨 목사가 달려올 것 같다.

사월의 노래

목련꽃 그늘 아래서 베르테르의 편질 읽노라.
구름꽃 피는 언덕에서 피리를 부노라.
아~ 멀리 떠나와 이름 없는 항구에서 배를 타노라.

윌슨관 목련 (목련과, *Magnolia kobus* DC.)

돌아온 4월은 생명의 등불을 밝혀 둔다.
빛나는 꿈의 계절아 눈물어린 무지개 계절아!
목련꽃 그늘 아래서 긴 사연의 편질 쓰노라.
클로버 피는 언덕에서 휘파람 부노라.
아~ 멀리 떠나와 깊은 산골 나무 아래서 별을 보노라.
돌아온 4월은 생명의 등불을 밝혀 든다.
빛나는 꿈의 계절아 눈물어린 무지개 계절아!

갈잎큰키나무 목련(木蓮)은 글자대로 '나무의 연(蓮)'이라는 뜻이다. 이 나무의 꽃 모양이 연을 닮아서 붙인 이름이다. 한말의 명미당(明美堂) 이건창(李建昌, 1852-1898)은 목련의 뜻을 잘 살린 시를 남겼다.

목련(木蓮)

꾸미는 것은 당연히 없애야 하고(雕飾固當去)
진흙인들 어찌 혼탁하게 하리오(淤泥豈必渾)
치열하게 설법을 새롭게 해서(熾然新說法)
육지와 언덕에서 사네(陸地又高原)

상상력이 돋보이는 이건창의 시는 이곳에서 상상력을 통해 창작에 몰두하고 있는 미술대학 학생들의 앞날을 밝힐지도 모른다.

목련의 또 다른 이름은 신이(辛夷)이다. 신이의 신은 이 나무가 쓴 맛이고, 올라오는 싹의 밑 둥이 화살촉처럼 띠(荑)를 닮아 붙인 것이다. 『본초강목』에 따르면, 신이의 다른 한자 이름에는 신치(辛雉), 후도(侯桃), 방목(房木), 목필(木筆), 영춘(迎春) 등이 있다. 신치는 신이와 발음이 비슷해서 붙인 이름이고, 후도는 목련의 싹이 올라올 때 작은 복숭아열매를 닮아서 붙인 이름이다. 목련은 처음 싹이 올라 올 때 그 모습이 붓 머리 같기도 하다. 그래서 중국 북쪽 사람들은 '목필'로, 남쪽 사람들은 목련 꽃이 가장 일찍 피기 때문에 '영춘'이라 불렀다. 일반적으로 목련은 백목련이다. 하얀색이 마치 옥 같아 옥란(玉蘭)이라 한다. 매월당(梅月堂) 김시습(金時習, 1435-1493)은 『목련(木蓮)』에서 이 나무를 다음과 같이 소개하고 있다. "잎은 감과 같고, 꽃은 백련과 같고, 꽃송이는 창이자(蒼耳子)와 같고, 열매는 붉다. 스님들이 목련이라 부른다." 목련은 그 종류 헬 수 없을 만큼 많다. 우리나라 천리포수목원은

목련

세계에서 가장 많은 목련의 종류를 만날 수 있는 곳이다. 천리포수목원의 만든 민병갈이 이곳에 세계의 목련을 심은 것은 그의 어머니가 가장 사랑한 나무가 목련이었기 때문이다. 민병갈의 나무에 대한 사랑과 어머니에 대한 깊은 사랑 덕분에 우리는 쉽게 세상에 존재하는 거의 모든 목련을 만날 수 있다. 윌슨의 사랑도 한 그루의 목련으로 태어났는지도 모른다.

중국의 시 중에도 목련을 목필로 표현한 게 있다. 그 중 하나가 노고(盧肇, ?-?)의 『목필화(木筆花)』다.

목필화(木筆花)

부드럽기는 새로 나온 대나무 같고 대롱은 처음부터 가지런하네
(軟如新竹管初齊)
기름진 흰색 연한 붉은 색깔 가질만 하네(粉膩紅輕樣可携)
누가 시인과 함께 기꺼이 구경하리(誰與詩人偎檻看)
필묵으로 시제를 정하는 것도 좋을터(好于筆墨幷分題)

목련 중에는 갈잎큰키 자목련(紫木蓮)이 있다. 꽃이 붉은 목련을 말한다. 다른 이름 중 하나는 자옥란(紫玉蘭)이다. 이 역시 깨끗한 꽃을 강조한 것이다. 중국 원산의 자목련에는 백목련과 함께 전설이 전한다.

옛날 옥황상제의 예쁜 딸이 다른 총각들에게는 관심이 없고, 오직 북쪽 나라의 왕만 사모했다. 옥황상제의 딸은 북쪽 왕이 결혼한 것도 모르고 아버지의 정략적 결혼에 염증을 느껴 집을 나가 그를 찾아 나섰다. 딸은 그곳에 도착한 뒤에야 그가 결혼한 사실을 알았다. 그녀는 충격을 받아 자살하고 말았다. 북쪽 나라 왕은 옥황상제의 딸이 자신을 사모하여 죽은 것을 알고 장사 지낸 후, 자신의 아내인 왕비마저 죽여 같이 장사지냈다. 이 소식을 들은 옥황상제는 그들을 가엽게 여겨 두 사람의 무덤에서 각각 꽃을 피게 했다. 공주의 무덤에서는 백목련이, 왕비의 무덤엔 자목련이 피었다. 그 뒤로 두 목련의 꽃 봉우리가 모두 북쪽을 향했으며, 같은 자리에서 피지 않았다.

회양목과 감부열관

계명대학교 초대학장을 지낸 감부열 선교사(Rev. Archibald Campbell)를 기념한 감부열관은 계명대학교의 대명캠퍼스 시대에 학교의 위상을 높인 건물이다. 이곳에서 계명대학교의 수준 높은 음악가들이 많이 배출되었기 때문이다. 신학자이자 목사였던 감부열 선교사는 그림 솜씨도 뛰어난 예술가였다. 이 건물 앞에는 한 그루의 느티나무가 우뚝 서 있지만, 사람들의 눈길을 거의 끌지 못하는 회양목과의 회양목이 생 울타리 역할을 하고 있다. 회양목은 아주 키가 작은 떨기나무라서 거의 사람들의 관심을 끌지 못하지만, 참 귀한 나무이다.

회양목이 귀한 것은 이 나무가 학명(*Buxus microphylla* var. *koreana* Nakai)에서 보듯 우리나라 원산이기 때문이기도 하지만, 이 세상에 존재하는 나무 중에서 가장 야무지기 때문이다. 우리나라 나무 중에서 가장 야무진 회양목은 이곳에서 살았던, 그리고 지금 활동하고 있는 사람들의 스승이다. 감부열을 비롯한 계명대학교의 발전에 헌신한 사람들의 자세도 바로 눈에 잘 띄지 않으면서도 자신의 자리를 빛내면서 살아가는 회양목의 삶과 닮았다. 세상은 눈에 잘 드러난 사람보다 회양목처럼 눈에 잘 드러나지 않는 사람들의 헌신으로 유지되고 있는지도 모른다. 큰일을 하면서도 결코 자랑하지 않는 것이 하나님의 말씀이듯이, 회양목의 삶은 조선시대 양반들에게도 큰 스승이었다. 그래서 양반마을이 많은 경상도에는 다른 곳에서 보기 드문 나이 많은 회양목을 만날 수 있다. 특히 경상북도 안동의 도산서원 내 도산서당 마당 담 쪽에 회양목 중에서도 아주 키가 큰 한 그루가 살고 있다. 경상남도 밀양시 퇴로의 삼은정에는 도산서당의 회양목보다 키가 큰 한 그루가 살고 있다. 강원도 횡성의 풍수원성당 사제관 앞의 회양목도 우리나라에서 아주 귀한 존재이다.

대부분의 나무는 물을 운반하는 물관세포가 크고, 나무를 지탱해주는 섬유세포는 작다. 그러나 회양목은 물관과 섬유의 지름이 거의 같은 유일한 나무다. 아울러 물관이 나이테 전체에 걸쳐 골고루 분포하고 있기 때문에 나무질이 곱고 균일할 뿐 아니라 치밀하고 단단하기까지 하다. 그래서 회양목은 가공하기도 쉬워서 상아나 옥을 대신하는 재료다. 회양목은 주로 석회암지대에 자란다. 강원도 회양(淮陽: 북한지역)에서 많이 생산했기 때문에 붙여진 이름이다. 그러니 회양목도 춘양목, 풍산가문비, 설령오리나무 등과 같이 지명을 빌린 나무이름이다. 중국에서는 황양(黃楊) 혹은 황양목(黃楊木)이라 부른다. 이는 나무의 껍질이 황색이기 때문에 붙인 이름이다.

늘푸른 작은키 회양목은 아주 더디게 자란다. 대나무가 하루에 30센티 정도 자란다면, 회양목은 1년에 얼마나 자랄까. 경기도 화성군 태안면에 위치한 용주사에 살고 있는 회양목은 우리나라에서 가장 키 큰 나무다. 이곳의 회양목은 키가 5미터가 넘으며, 둘레는 20센티이다. 이 나무는 조선시대 정조가 심었다고 하니 약 200살 정도이다. 이는 1년에 키는 2.5센티, 둘레는 0.1센티 성장한 것이다. 『본초강목』에는 속설을 인용하면서 1년에 1촌(寸) 자라는 것으로 기록하고 있다. 1촌은 약 3센티이니 정조가 심은 나무의 크기와 비슷한 내용이다. 그런데 『본초강목』에는 윤년에는 회양목이 성장하지 않고 오히려 준다는 속설에 대해서는 사실과 다르다는 점을 지적하고 있다. 실험 결과 윤년에는 성장이 줄어드는 게 아니라 멈춘다. 그러나 용주사의 회양목은 이미 죽어서 그 흔적만 남았다. 죽은 모습이 백발노인처럼 성스럽다. 우리나라 유일의 회양목 천연기념물은 강원도 여주 효종대왕릉(孝宗大王陵:寧陵)의 회양목(천연기념물 제459호)이다. 나이는 300살이다.

회양목은 재질이 우수하여 그 쓰임새가 아주 많았다. 우리에게 가장 잘 알려진 쓰임새는 도장의 재료이다. 그래서 이 나무를 흔히 '도장나무'라 부른다. 회양목의 또 다른 쓰임새는 호패였다. 회양목으로 만든 호패는 주로 생원(生員)과 진사(進士)들이 사용했다. 서양에서는 이 나무로 상자를 만들기도 했다. 그래서 일본의 식물학자 나까이가 붙인 학명 중 북수스(*Buxus*)는 '상자'를 뜻한다. 영어권에서 회양목을 '박스 트리(Box Tree)'라 부른다. 아울러 암수꽃이 다른 회양목은 재질이 우수한 반면 더디게 자라기 때문에 큰 나무를 구하기 어렵다. 그래서 이 나무의 사용을 엄격하게 제한했다. 『삼국사기(三國史記)』에는 5품과 6품의 관리들에게 수레 안장을 만들 때 회양목을 사용하지 말 것을 규정하고 있다.

회양목은 키가 작은 만큼 잎도 작다. 그래서 학명 중 미크로필라(*microphylla*)는 '잎이 작다'는 뜻이다. 회양목의 잎은 1센티미터에도 미치지 못하지만 제법 도톰하면서도 윤기까지 있다. 회양목도 이른 봄에 꽃이 피고, 꽃이 피니 열매도 맺는다. 중국의 구양수(歐陽修)도 이러한 회양목에 대해 큰 관심을 가졌다. 감부열관 생울타리 회양목에 꽃이 필 때 벌들이 찾아들어 합창한다. 봄에 벌들의 즐거운 합창소리가 대명캠퍼스에 울려 퍼지는 행복한 순간을 맞을 수 있다. 꽃이 핀 자리에 앙증맞은 열매를 보기 위해 몸을 낮추는 순간, 맑은 가을 하늘이 텅 빈 가슴을 채운다.

감부열관 회양목 (*Buxus microphylla* var. *koreana* Nakai)

수수꽃다리와 대명쉐턱관

쉐턱관 앞의 수수꽃다리는 대한민국에서 가장 자랑스러운 나무이다. 이곳의 수수꽃다리처럼 멋진 모습의 나무를 찾아보기 힘들기 때문이다. 그래서 이곳의 수수꽃다리에 꽃이 피면 모든 근심을 날려버릴 수 있고, 사랑을 찾아 이곳을 찾는 사람들로 북적댄다. 이 건물의 이름은 미국 위스콘신(Wisconsin)주 니나(Neenah)에 사는 기독교계 독지가 쉐턱씨 부처(Ruth and Frank Shattuck)를 비롯해 미국인 100여명, 한국인 60여명의 모금으로 만들었기 때문에 붙였다. 이 얼마나 아름다운 모습인가. 이 건물 앞 수수꽃다리의 꽃 향기는 이분들의 아름다운 모습이다. 성서캠퍼스 봉경관 앞에도 이곳의 수수꽃다리처럼 아름다운 '라일락거리'가 있다.

수수꽃다리 꽃은 사랑을 부른다. 독일의 경우 5월을 '라일락 타임'이라 불렀다. 라일락이 피는 5월에 처녀들이 라일락 꽃송이를 들여다보고 다니는 축제가 열린다. 이는 라일락꽃이 넷으로 갈라졌지만 간혹 돌연변이가 생겨 다섯 갈래인 꽃도 찾을 수 있다. 이렇게 찾은 다섯 갈래의 꽃을 삼키면 여인의 사랑이 변치 않는다고 믿었기 때문이다. 그래서 이러한 꽃을 '행운의 라일락'이라 불렀다. 그러나 영국에서는 라일락꽃이 슬픔을 의미하는 보라색이라서 집에 꽂아두지 않았다. 영국의 민속에는 라일락꽃을 몸에 지닌 여자는 결혼한 후 반지를 낄 수 없는 때를 만난다하여 약혼 후 라일락을 한 송이 보내면 파혼을 의미했다. 일본의 아이누족은 이 나무의 목재가 썩지 않아 30년이 지나면 돌이 된다고 믿었다. 그래서 그들은 묘비목이나 흙을 파는 연장으로 사용했다.

수수꽃다리는 세계에서 한국 산이 가장 우수하다. 그러나 우수한 한국의 수수꽃다리는 '미스김라일락'이란 이름으로 세계를 지배하고 있다. 이는 1947년 미국인 엘윈 M. 미더(Elwin M. Meader)가 북한산 기슭에서 이 꽃의 종자를 채집하여 미국에 가져간 뒤 품종을 개량한 '작품'이다.

물푸레나뭇과의 갈잎떨기나무인 수수꽃다리(*Syringa oblata* var. *dilatata* (Nakai) Rehder)는 이 나무의 꽃대가 수수를 닮아 붙인 이름이다. 예전엔 라일락을 비롯해 다양한 이름으로 불렀지만 현재 수수꽃다리로 부르고 있다. 이 나무의 특징은 꽃이다. 이 나무의 꽃을 드러내는 대표적인 노래가 『베사메 무쵸』다.

대명쉐턱관 수수꽃다리 (*Syringa oblata* var. *dilatata* (Nakai) Rehder)

대명쉐턱관 수수꽃다리

베사메 베사메 무초
고요한 그날 밤 리라꽃 피는 밤에
베사메 베사메 무초
리라꽃 향기를 나에게 전해다오

노래에 등장하는 '리라'가 바로 수수꽃다리다. 물론 라일락과 수수꽃다리가 다르다는 학자들도 있지만 현재 거의 구분할 수 없다. 일본의 식물학자 나카이가 붙인 학명 중 속명인 '시린가(*Syringa*)'는 '작은 가지로 만든 피리'를 의미하는 '시린크스(syrinx)'에서 왔다. 이는 이 나무의 가지를 강조한 것이다. 학명 중 종소명인 '딜라타타(*dilatata*)'는 '넓어진'을 의미한다. 이는 무엇을 의미하는지 정확하지 않다. 중국에서는 이 나무를 정향(丁香)이라 불렀다. 한자 '정'은 꽃의 위가 벌어지면서 아래로 화통이 긴 모양을 본 뜬 것이고, '향'은 이 나무의 향기를 의미한다. 정향의 다른 이름은 정향화(丁香花), 자정향(紫丁香), 백결화(百結花), 용초자(龍梢子), 정객(情客), 계설향(鷄舌香) 등이다. 일본에서는 찰황지화(札幌之花)라 부른다. 중국에는 정향과 관련한 다음과 같은 얘기가 전한다.

옛날에 어린 서생이 과거 시험을 치러 북경에 갔다. 가는 도중에 주막에서 한 아가씨를 보았다. 그런데 서생은 그 아가씨의 자태가 아주 아름다웠을 뿐 아니라 글씨에도 능통하다는 것을 알고 곧 사모했다. 아가씨 또한 서생의 마음을 알고 두 사람은 평생을 같이 살기로 약속했다. 어느 날 늦은 밤 두 사람이 후원(後院)에서 사랑을 나누면서 시를 주고받았다. 그런데 아가씨가 시를 읊는 순간 아가씨의 아버지가 나타나 가문을 훼손한다면서 나무랐다. 아가씨는 서생을 사랑하는 마음을 아버지께 간곡하게 말씀드렸으나 아버지는 아가씨의 마음을 받아들이지 않았다. 그러자 아가씨는 그 자리에서 목숨을 끊었다. 서생은 아주 비통하여 과거 시험으로 부귀영화를 누리겠다는 마음이 사라졌다. 다음 해 아가씨의 무덤에 한 그루의 정향이 나왔다. 서생은 그 정향이 아가씨의 화신임을 알고 항상 물과 비료를 주었다. 정향이 무럭무럭 자라 향기가 사방으로 퍼져나갔다. 서생은 매일 정향 아래서 책을 보았다.

당나라 시인 두보(杜甫)의 시는 정향의 특징을 잘 드러내고 있다.

정향(丁香)

정향의 몸은 부드럽고 약하고(丁香體柔弱)
부드럽고 약한 가지 어지러이 섞여있네(亂結枝猶墊)
가는 잎은 가벼운 털을 띠고(細葉帶浮毛)
성긴 꽃은 흰색을 피우네(疏花披素艶)
작은 서재 뒤에 깊게 심어(深栽小齋後)
은자(隱者)들이 차지하도록 하고 싶네(庶使幽人占)
뒤늦게 짙은 향을 내는 난초와 사향노루에 떨어져(晩墮蘭麝中)
한가로이 몸이 부서지려 하네(休懷粉身念)

삶에 지칠 때 이곳을 찾아 프랑스의 작곡가 쇼송(Ernest Amedee Chausson, 1855-1899)의 『라일락이 필 무렵』을 생각하면서 걷다보면 어느새 기분이 좋아질 것이다. 특히 수수꽃다리의 향기는 밤에 더욱 짙어지니, 수수꽃다리 향기를 맡으면서 밤하늘의 별을 헤는 시간은 더 없는 축복일 것이다.

대명쉐턱관 수수꽃다리

담쟁이덩굴과 대명본관

대명본관 담쟁이덩굴 (*Parthenocissus tricuspidata* (Siebold & Zucc.) Planch.)

포도과의 갈잎덩굴성 담쟁이덩굴(*Parthenocissus tricuspidata* (Siebold & Zucc.) Planch.)은 계명대학교를 상징하는 조영(造營)이다. 계명대학교의 건물은 붉은 벽돌과 담쟁이덩굴을 기본 모델로 삼고 있기 때문이다. 이 같은 조영은 미국 동부에 위치한 8개 명문 사립대학[브라운(Brown)·컬럼비아(Columbia)·코넬(Cornell)·다트머스(Dartmouth)·하버드(Harvard)·펜실베이니아(Pennsylvania)·프린스턴(Princeton)·예일(Yale)]의 총칭하는 아이비리그(Ivy League)에서 차용한 것이다. 미국은 아이비지만 계명대학교는 담쟁이덩굴이다. 영어권에서는 담쟁이덩굴을 '보스턴 아이비(Boston ivy)' 혹은 '제퍼니즈 아이비(Japanese Ivy)'라 부른다. 아이비는 '송악'을 의미하는 라틴어 '헤레드라(*Heredra*)'를 영어로 풀이한 이름이고, 흔히 '서양담쟁이덩굴'로 풀이한다. 담쟁이덩굴과 아이비는 덩굴성 식물이라는 점에서는 공통점을 갖고 있다. 또한 잎 모양도 비슷하다. 프랑스 식물학자 플랑숑(Planchon, 1823-1888)이 붙인 담쟁이덩굴의 속명인 '파르테노키수스(*Parthenocissus*)'는 '처녀'를 의미하는 그리스어 '파르테노스(parthenos)'와 '담쟁이덩굴'을 의미하는 그리스어 '키소스(cissos)'의 합성어다. 종소명 '트리쿠스피다타(*tricuspidata*)'는 '잎 모양이 3개로 뾰족하게 올라온 것'을 말한다. 그러나 아이비는 송악과 더불어 두릅나뭇과에 속한다.

담쟁이덩굴의 한자에는 산에 오르는 호랑이를 의미하는 '파산호(爬山虎)'가 있다. 담쟁이덩굴은 끝에 둥근 흡착근(吸着根)이 있어서 담 벽이나 암벽에 붙으면 잘 떨어지지 않는다. 담쟁이덩굴은 마치 스파이더맨처럼 담 벽이나 암벽에 올라가는 전문가이다. 그래서 이름도 '담을 잘 타고 올라가는 쟁이'이다. 담쟁이덩굴의 또 다른 한자 이름은 땅의 비단을 의미하는 '지금(地錦)'이다. 여름에 대명캠퍼스의 본관과 성서캠퍼스의 영암관(인문관)을 보면 담쟁이덩굴을 왜 지금이라 부르는지 확인할 수 있다.

대명캠퍼스의 본관은 우리나라 대학교의 본관과 다른 특징을 갖고 있다. 본관은 대명캠퍼스에서 가장 높은 언덕에 위치하고 있지만 결코 높지 않다. 2층으로 이루어진 본관은 그 자체로 예술 작품으로 부를 수 있을 만큼 아름답다. 그래서 이곳에서 많은 영화와 드라마를 촬영했다. 그러나 만약 담쟁이덩굴이 없다면 본관의 아름다움은 결코 높이 평가할 수 없을 것이다. 본관처럼 담쟁이덩굴이 건물에서 살 수 있는 것은 붉은 벽돌 때문이다. 만약 붉은 벽돌이 없다면 담쟁이덩굴이 벽을 타고 들어가 건물을 무너뜨릴 수도 있다. 본관은 붉은 벽돌 덕분에 담쟁이덩굴을 통해 완벽한 벽면녹화를 만들었다. 물론 담쟁이덩굴 속에는 먹을 것이 많아서 각종 벌레들이 살고 있지만, 담쟁이덩굴이 연출하는 벽면녹화의 아름다움에 비하면 그 정도의 불편은 보잘 것 없다. 아름다움은 결코 하루아침에 이룰 수도 없거니와 고통 없이는 얻을 수도 없다. 대명캠퍼스 본관의 벽에 담쟁이덩굴이 전부 덮기까지는 아주 오랜 세월이 흘렀으며, 담쟁이덩굴이 지금까지 탈 없이 잘 살 수 있기까지는 학교 당국의 각고의 노력 덕분이었다.

많은 사람들이 본관의 담쟁이덩굴을 칭찬하면서도 사계절 동안 담쟁이덩굴의 삶을 관찰하는 경우는 드물다. 본관의 아름다운 모습을 제대로 보려면 반드시 1년 동안 담쟁이덩굴의 삶을 봐야만 한다. 담쟁이덩굴의 봄은 '지금상춘등(地錦常春藤)'이라는 별칭에서 보듯이 푸른 잎을 만드는 시기이다. 담쟁이덩굴의 잎 만드는 과정을 보면 정말 경이롭다. 흡착근을 앞으로 내밀면서 잎을 만드는 과정은 전문가의 능력이 어떤 것인지를 엿볼 수 있다. 담쟁이덩굴의 여름은 꽃을 만드는 시기이다. 그런데 담쟁이덩굴을 본 사람들 중에서 꽃을 본 사람은 거의 없다. 10~20cm 정도의 넓은 잎 속에서 피어나는 꽃이 잘 보이지 않기 때문이기도 하지만, 무엇보다도 꽃이 피는 줄조차 모르기 때문이다. 가지 끝 또는 잎겨드랑이에서 나온 꽃대에 맺는 담쟁이덩굴의 황록색 꽃은 마치 엄마 품에 안긴 아기처럼 앙증맞다. 그러나 담쟁이덩굴의 꽃은 무수히 많기 때문에 모두 열매를 맺지 못하고 대부분 땅으로 떨어진다. 여름에 본관 벽 앞에 다가가면 땅에 떨어진 담쟁이덩굴의 꽃을 볼 수 있다. 담쟁이덩굴의 낙화(落花)를 보는 순간 황홀경에 젖는다. 겨우 2.5mm에 불과한 담쟁이덩굴의 꽃잎이지만, 아름다움은 그 어떤 나무의 꽃잎과 비교해도 뒤지지 않는다. 본관 주위를 돌면서 담쟁이덩굴의 낙화만 구경해도 꽤 많은 시간이 필요하다.

꽃이 피고나면 열매를 맺는다. 담쟁이덩굴의 열매도 큰 잎 때문에 관찰하지 않으면 쉽게 볼 수 없다. 담쟁이덩굴의 열매를 보는 순간 잎과 함께 부모인 포도를 닮았다는 것을 알 수 있다. 담쟁이덩굴의 열매는 지름이 6~8mm 정도라서 포도의 절반에도 크게 미치지 못하지만, 모습만은 부모를 빼 닮았다. 본관 담쟁이덩굴의 열매를 제대로 보려면 잎이 떨어진 겨울을 기다려야만 한다. 담쟁이덩굴의 열매는 잎이 돋는 봄까지 계속 달려 있다. 건포도처럼 생긴 담쟁이덩굴의 검게 익은 열매는 새들의 좋은 양식이다. 담쟁이덩굴의 열매는 잎들이 바람에 흔들릴 때 잎 틈으로 들어오는 햇살을 먹고 자란다. 그래서 담쟁이덩굴의 열매는 바람이 불면 기분이 좋아 방긋 방긋 웃는다. 바람이 불 때 본관 벽 앞에 앉아서 담쟁이덩굴의 잎을 바라보면 환상의 장면을 목격할 수 있다. 담쟁이덩굴이 바람 따라 흔들리는 물결은 말로 형언할 수 없을 만큼 아름답다. 특히 석양이 본관의 담쟁이덩굴을 비출 때, 그 자리에 있다는 사실이 꿈만 같다.

본관 담쟁이덩굴을 등지고 앞을 바라보면 계명대학교의 교목인 은행나무 두 그

대명본관 담쟁이덩굴

루와 마주한다. 은행나무를 마주하면서 앉아 있으면 담쟁이덩굴이 소곤소곤 얘길 나눈다. 덩굴성 나무는 서로 몸을 맞대고 있기 때문에 늘 소곤소곤 도란도란 얘길 나누면서 살아간다. 나무들끼리 나누는 얘기를 들을 수 있는 귀를 가진 사람은 무척 행복하다. 나무들은 세상의 소리에 늘 민감하다. 그래야만 온갖 시련도 거뜬히 이길 수 있기 때문이다. 사람도 나무의 이야기를 들을 수 있어야만 행복하게 살아갈 수 있다.

대명캠퍼스의 담쟁이덩굴은 대구광역시의 명물이다. 대명캠퍼스의 본관처럼 아름다운 담쟁이덩굴은 거의 찾아볼 수 없기 때문이다. 최근에 본관의 담쟁이덩굴보다 역사도 깊고 대구 최고(最古)의 건축물이자 대구광역시 유형문화재 제30호인 대구 제일교회의 담쟁이덩굴은 건물을 훼손한다는 이유로 모두 사라졌다. 이제 대구광역시에는 대명캠퍼스 본관의 담쟁이덩굴이 가장 오랜 역사를 지녔다. 대명캠퍼스의 담쟁이덩굴도 제일교회의 담쟁이덩굴처럼 건물을 훼손한다는 이유로 언젠가 사라질지도 모른다. 그러나 제일교회의 역사적 가치에는 담쟁이덩굴의 역사도 함께할 때만 의미를 갖듯이, 대명캠퍼스 본관의 역사적 가치도 담쟁이덩굴과 불가분의 관계에 있다는 것을 결코 잊지 말아야 한다. 건물의 생명을 연장하기 위해 살아 있는 생명을 제거하는 발상은 위험하기 짝이 없다. 하나님의 뜻으로 건물을 세웠듯이, 담쟁이덩굴도 하나님의 모습이다.

대명캠퍼스 본관 뒤편은 매우 은밀하다. 몰래 숨어서 혼자만의 시간을 즐길 수 있는 공간이기 때문이다. 성서로 이사하기 전까지는 본관 뒤편에는 쉽게 들어갈 수 없었지만, 지금은 누구나 들어갈 수 있다. 본관 뒤편으로 가는 길은 두 곳이다. 한 곳은 서쪽이고, 다른 한 쪽은 동쪽이다. 서쪽과 동쪽 모두 히말라야시다가 살고 있다. 동쪽의 은밀한 곳에서는 아침에 앞산을 바라볼 수 있어서 좋고, 서쪽의 은밀한 곳에서는 저녁에 석양을 품을 수 있어서 행복하다.

플라타너스와 대명노천강당

플라타너스를 바라보면 영국의 워즈워드 시인의 『무지개』의 내용처럼 가슴이 뛴다. 한국 사람들이 애송하는 플라타너스의 시는 아마 김현승의 『플라타너스』일 것이다.

꿈을 아느냐 네게 물으면,
플라타너스
너의 머리는 어느덧 파아란 하늘에 젖어 있다.

너는 사모할 줄 모르나
플라타너스
너는 네게 있는 것으로 그늘을 늘인다.

먼 길에 올 제
호올로 되어 외로울 제
플라타너스
너는 그 길을 나와 같이 걸었다.

이제 너의 뿌리 깊이
나의 영혼을 불어 넣고 가도 좋으련만
플라타너스
나는 너와 함께 신(神)이 아니다!

이제 수고로운 우리의 길이 다하는 오늘
너를 맞아 줄 검은 흙이 먼 곳에 따로이 있느냐?
플라타너스
나는 너를 지켜 오직 이웃이 되고 싶을 뿐
그 곳은 아름다운 별과 나의 사랑하는 창이 열린 길이다.

(『문예』, 1953.6.)

대명노천강당 양버즘나무 (*Platanus occidentalis* L.)

플라타너스는 대명캠퍼스의 상징나무 중 하나이다. 대명캠퍼스에서 학창시절을 보낸 사람들은 노천강당과 본관으로 올라가는 길목, 그리고 동서문화관 앞의 플라타너스와 함께 낭만의 시간을 즐겼을 것이다. 플라타너스는 학명(*Platanus occidentalis* L.)에 등장하는 이름이고, 우리나라에서는 버즘나무라 부른다. 북한에서는 '방울나무'라 부른다. 플라타너스(*Platanus*)는 그리스어로 '잎이 넓다'는 뜻이다. 이는 이 나무의 잎을 강조한 이름이다. 사실 이 나무의 잎은 상당히 넓다. 중국에서 버즘나무를 '법국오동(法國梧桐)', 즉 프랑스오동으로 부르는 것도 잎을 강조한 것이다. 우리나라에서 부르는 버즘나무는 나무의 껍질이 버짐과 닮아 붙인 이름이다. 대명캠퍼스의 버즘나무를 보는 순간 왜 이 나무의 이름에 껍질을 강조했는지 알 수 있을 만큼 매력적이다. 나이든 버즘나무의 껍질은 귀티가 줄줄 흐른다. 그래서 버즘나무는 고품격 나무이다. 북한에서는 열매를 강조했다. 세 개의 공이 방울처럼 달렸다는 이 나무의 또 다른 한자이름인 '삼구현령목(三球懸鈴木)'도 열매를 강조했다.

리나이우스가 붙인 학명에는 버즘나무의 원산지를 동양으로 표기하고 있지만, 대개 버즘나무의 원산지는 발칸반도에서 히말라야 지역에 이른다. 버즘나무는 이탈리아, 프랑스, 영국, 일본, 이란 등 세계 곳곳에 심는 나무이다. 그리스에서는 기원전 5세기경에 가로수로 심었으며, 코스 섬에는 기원전 5세기 경 제자를 가르친 '히포크라테스의 버즘나무'가 살고 있다. 현재 우리나라 가로수 중에서도 버즘나무가 차지하는 비중이 아주 높다. 이처럼 버즘나무를 가로수로 심는 것은 이 나무가 번시와 매연에 강했기 때문이다. 그래서 이 나무를 토양을 정화시키는 나무, 즉 '정토수(淨土樹)'라 부른다. 대명캠퍼스의 버즘나무도 가로수의 역할을 담당하고 있다. 특히 노천강당 단상의 버즘나무는 아주 독특한 모습으로 살고 있다. 노천강당의 단상은 이곳의 버즘나무를 살리기 위해 설계되어 있기 때문이다. 이곳의 버즘나무를 통해 대명캠퍼스를 조성할 때 한 그루의 나무에 대해서도 얼마나 정성을 들였는지를 확인할 수 있다. 그런데 우리나라에서 볼 수 있는 버즘나무는 대부분 양버즘나무이다. 이 나무를 한자로 '미국오동'으로 부른다. 이 나무의 원산지는 미국이다. 버즘나무 중에는 단풍버즘나무도 있다. 단풍처럼 잎이 붉게 물드는 나무이다. 이 세 나무 중 잎 가운데 열편이 길고 열매가 2-6개 정도 달리면 버즘나무, 가운데 열편의 길이와 폭이 비슷하고 열매가 주로 2개씩 달리면 단풍버즘나무, 가운데 열편이 길이보다 폭이 더 넓으면 양버즘나무다.

『성경』, 『창세기』 30장에도 버즘나무가 등장한다. 그런데 우리나라 개신교에서 사용하는 『성경』에는 버즘나무로, 공동번역 『성경』에는 플라타너스로 번역했다.

대명노천강당 플라타너스

개신교 성경에 등장하는 신풍나무는 바로 버즘나무다. 아래 성경 내용에서도 버즘나무 껍질의 특성을 알려준다.

> 야곱은 미루나무와 복숭아나무와 플라타너스의 푸른 가지를 꺾어 흰 줄무늬가 나게 껍질을 벗겼다. 야곱은 껍질을 벗긴 그 가지를 물 먹이는 구유 안에 세워 놓고 양떼가 와서 그것을 보면서 물을 먹게 했다. 양들은 물을 먹으러 와서 거기에서 교미했다. 양들은 그 나뭇가지 앞에서 교미한 후 줄무늬가 있거나 얼룩진 새끼를 낳았다. 야곱은 그런 양 새끼들을 가려 놓았다. 라반의 양떼 가운데 줄무늬가 있거나 검은 것은 그 양떼에서 가려내었다. 야곱은 이렇게 자기 양떼를 라반의 양과 섞이지 않게 가려내었다. 그런데 야곱은 양떼 중 튼튼한 것이 교미할 때만 그 나뭇가지를 구유 안에 세워놓았다. 결국 약한 새끼들이 라반의 것이 되고 튼튼한 것은 야곱의 것이 되었다. 이에 야곱은 큰 부자가 되었다.

대명캠퍼스와 달리 성서캠퍼스에는 버즘나무가 한 그루도 살지 않는다. 히말라야시다는 대명캠퍼스의 전통을 계승했지만, 버즘나무는 전통을 계승하지 않았다. 그러나 버즘나무는 청주IC에서 시내까지 아주 멋진 가로수에서 보듯, 경상북도 영천시 임고초등학교 운동장에서 보듯, 역사와 전통을 지닌 귀한 나무이다.

벽오동과 대명의양·바우어관

벽오동과의 갈잎큰키나무 벽오동(*Firmiana simplex* (L.) W.F.Wight)은 큰 꿈을 상징한다. 벽오동은 푸른 오동이라는 뜻이다. 벽오동과 관련해서 떠올리는 것이 봉황이다. 한국에 나와 있는 식물 관련 책에는 거의 예외 없이 봉황과 관련한 나무는 오동이 아니라 벽오동이다. 그런데 이규보의 시 "벽오동이 시든 가을 봉황새는 근심하네(碧梧秋老鳳凰愁)."에서 보듯 봉황이 벽오동에 앉지만, 작자 미상의 글 "봉황새는 오랫동안 오지 않고 오동잎만 부질없이 무성하구나."에서는 오동나무를 언급하고 있다(『대동운보군옥』). 중국 양억의 시 『작은 정원의 가을 저녁(小園秋夕)』 중 "아름다운 우물가의 기울어진 오동나무는 봉황을 기다리는 듯 하고(玉井梧傾猶待鳳)"에서 보듯이 봉황은 오동나무와 연결되어 있다.

오동이든 벽오동이든 오동과 봉황의 관계를 언급한 가장 이른 시기의 자료는 아마 『시경(詩經) · 생민지십(生民之什)』, 『권아(卷阿)』일 것이다. "봉황이 저 높은 산 등성이에서 우네./오동나무가 산 동쪽 기슭에서 자랐네./오동나무 무성하고 봉황소리 조화롭네(鳳皇鳴矣/于彼高岡/梧桐生矣/于彼朝陽/菶菶萋萋/雝雝喈喈)." 그런데 한국의 식물학자들은 『시경』에 등장하는 오동을 모두 벽오동으로 해석하고 있다. 벽오동과 봉황을 연결할 때 단골로 등장하는 것이 바로 작자 미상의 아래 노래이다.

벽오동 심은 뜻은 봉황을 보잣더니
내가 심은 탓인지
기다려도 아니 오고
밤중에만 일편명월(一片明月)이
빈 가지에 걸려있네

의양 · 바우어관 앞의 벽오동도 큰 꿈을 꾼 사람들을 상징한다. 대명동 본관 건물을 완공한 후 대신동 임시교사의 대학을 이전하고, 본관 2층에 임시로 도서열람실을 개설했다. 그러나 임시 열람실은 도서관으로서는 턱없이 부족한 공간이었다. 그래서 도서관 건립을 위한 모금운동을 벌였다. 이 때 이 운동에 적극적으로 나선 사람이 이미 본관 건립에 많은 돈을 기부한 바 있는 바우어(Bauer)였다. 미국 펜실바니아주 필라델피아에 살고 있던 바우어의 재정후원으로 1958년 7월 18일에 도서관

벽오동 (*Firmiana simplex* (L.) W.F.Wight)

건물이 준공되었다. 지하 1층으로 시작한 이 건물은 1967년 정재호(鄭載護) 삼호그룹 회장의 재정적 후원으로 2층과 교수연구관이 만들어졌다. 이곳의 벽오동에는 바우어 씨와 정재호 회장의 꿈도 서려 있다.

대구광역시의 팔공산 자락에 동화사(桐華寺)가 있다. 이 절은 신라 흥덕왕 때 심지란 사람이 겨울인데도 오동 꽃이 피었으므로 붙인 이름이다. 오동나무든 벽오동이든 꽃이 핀다. 그런데 동화사에는 봉서루(鳳棲樓)가 있다. 봉서루는 바로 봉황이 깃든다는 뜻이다. 과연 동화사는 벽오동인가, 오동인가. 고려 태조 왕건이 팔공산에서 전투한 곳 중 하나도 동수(桐藪)였다. 동수는 오동나무 숲인가, 아니면 벽오동숲인가. 분간하기 어렵다. 벽오동이든 오동이든 꿈을 꾸는 자만이 큰일을 만들 수 있다.

벽오동에 앉은 봉새는 벽오동의 열매를 먹지 않고 오로지 대나무의 열매만 먹는다. 그러나 대나무의 열매는 나무가 죽을 즈음에나 맛볼 수 있다. 대나무는 죽을 지경에 이르러서야 꽃을 피워 열매를 맺기 때문이다. 대나무가 꽃을 피우는 것은 스스로 뿌리로 번식할 수 없을 때이다. 그러나 대나무가 언제 죽을 지도 모르는 상황에서 봉새는 하염없이 그날을 기다린다. 어찌 보면 무척 어리석은 짓처럼 보이지만 큰 꿈을 꾸는 자들은 언제나 참고 견디는 법이다. 성서캠퍼스 영암관 동편 '뻴쭘로'에 벽오동이 살고 있다. 학기 중에 이곳을 수 없이 많은 학생들이 지나간다. 이곳을 지나는 학생들도 벽오동을 통해 봉새처럼 큰 꿈을 꿀 수 있을 것이다. 오동나무는 영암관 뒤편의 학생회관과 산관 사이 언덕에 살고 있다.

대명의양·바우어관 벽오동

독일가문비와 수산관

소나뭇과의 독일가문비는 크리스마스트리를 대표한다. 독일가문비는 가문비의 독일 이름이다. 마치 포플러의 이름에 이태리의 이름을 붙여 이태리포플러라고 부르는 것과 같다. 대명캠퍼스 수산관(Susan) 앞에 살고 있는 독일가문비는 대명캠퍼스와 성서캠퍼스를 통틀어 가장 나이가 많을지도 모른다. 독일가문비가 수산관 앞에 살고 있는 것은 건물의 이름인 수잔과 잘 어울린다. 수잔은 계명대학교의 설립자 중 한 분인 에드워드 아담스의 부인이다. 수잔은 남편이 돌아가신 후에도 남편의 유산을 모두 계명대학교에 기증했을 만큼 고결한 정신을 가진 분이었다. 독일가문비가 크리스마스트리로 세상을 밝히는 것과 닮았다.

우리나라에서는 독일가문비 군락지를 쉽게 찾아볼 수 없다. 계명대학교는 대명캠퍼스와 성서캠퍼스에서 전국에서 쉽게 찾아볼 수 없을 만큼 독일가문비가 많다. 독일가문비는 50미터정도까지 자랄 만큼 키가 큰 늘 푸른 나무이다. 그래서 독일가문비는 겨울철 수산관의 쓸쓸한 분위기를 한층 따뜻하게 만든다. 독일가문비처럼 늘 푸른 나무에 꽃이 피는 것을 보는 순간 행복지수는 올라간다. 독일가문비는 6월경에 지난 해 가지 끝에서 핀다. 열매는 아래로 늘어진다. 길을 걷다가 독일가문비에 핀 꽃과 열매를 만나는 사람은 행운아이다. 대명캠퍼스와 성서캠퍼스의 독일가문비에 만족하지 못하는 사람은 전국 최대 독일가문비 숲인 덕유산자연휴양림을 가보길 바란다. 이곳의 독일가문비는 100여전 전에 심은 인공 숲이다. 산 속 깊숙한 곳에서 살고 있는 이곳 독일가문비를 보는 사람은 그 웅장함에 감동해서 쉽게 발길을 돌릴 수 없다.

독일가문비가 처음부터 크리스마스트리로 인기를 끌었던 것은 아니었다. 북유럽 부족들은 추위 속에서도 잎을 달고 있는 나무를 숲의 도깨비 집이라 여겼다. 그래서 도깨비들을 달래고 겨울날의 행운을 빌기 위해 그 가지에 선물을 매다는 의식을 가졌다. 북유럽 부족들처럼 나무 가지에 선물을 매대는 풍속은 로마에서도 확인할 수 있다 로마인들은 농신제(農神祭) 기간에 광채 나는 금속을 나무에 달았고, 중세시대를 거치면서 12월 24일 아담과 이브의 축제에는 야생 사과나무를 전나무에 매달아 '천국의 나무'로 형상화했다.

18세기에 성 보니파티우스는 이교도 부족들에게 삼국일체의 원칙을 설명할 때도 삼각형 모양의 뒤집힌 전나무를 사용했다. 이때부터 나무를 잘라 거꾸로 매다는 개

념이 널리 퍼졌다. 19세기 초까지 크리스마스트리는 프로이센 귀족들 사이에 보편적으로 퍼져 있었다. 그러나 이 같은 관습은 가톨릭교회에서 배척당했고, 개신교 교회에서도 회의적이었다. 그러다가 빅토리아 여왕과 결혼한 앨버트 공이 자신의 크리스마스 경험을 소개한 후부터 똑 바로 선 크리스마스트리가 대중들에게 인기를 끌었다.

전나무는 유럽에서 '크리스마스트리'로 사용해서 더욱 유명하다. 이 나무는 아래와 같은 얘기가 전한다.

> 옛날 유럽의 한 숲 속에 나무꾼과 딸이 살고 있었다. 마음씨 착한 소녀는 숲을 몹시 사랑하여 항상 숲속에 나가 요정들과 함께 시간을 보냈고, 날씨가 추워서 나갈 수 없는 날엔 요정들을 위해 전나무에 작은 촛불을 켜 놓았다. 아버지는 성탄절 이브에 딸에게 좋은 선물을 주기 위해 깊은 숲으로 나무를 하러 들어갔다가 그만 길을 잃었다. 그런데 알 수 없는 불빛이 반복해서 보여 집까지 무사히 다다르게 되었다. 숲 속의 요정들이 친구인 소녀의 아버지를 위해 불빛으로 인도한 것이었다. 그때부터 유럽에서는 귀한 손님이 오실 때에는 집 앞의 전나무에 촛불을 켜두고 맞이하는 풍속이 생겼으며, 성탄절에도 새로 태어난 아기예수를 영접하는 뜻으로 전나무에 촛불을 밝히고 아름답게 장식했다.

크리스마스트리로 각광받고 있는 전나무는 최세진의 훈몽자회(訓蒙字會)에 따르면 한자이름은 '전나모 회(檜)'이다. 그러나 우리나라의 옛 문헌에는 전나무를 흔히 삼(杉)으로 표기하고 있기 때문에 혼란스럽다. 중국에서도 전나무를 송삼(松杉) 혹은 냉삼(冷杉)으로 표기하고 있다. 그러나 오늘날 우리가 알고 있는 일본 원산의 삼나무는 따뜻한 곳에서 자라기 때문에 전나무가 지금의 삼나무일 수 없다. 전나무의 또 다른 한자는 종(樅)이다. 이 한자는 곧게 자라는 전나무의 모습을 본뜬 글자이다. 우리나라에서 사용하는 '회'는 현재 중국에서는 향나무를 의미한다. 이처럼 전나무는 문헌상 잘 살피지 않으면 오해할 수 있는 나무이다.

러시아의 식물학자 막시모비츠(Maximowicz, 1827-1891)가 붙인 전나무의 학명(*Picea abies* (L.) H.Karst.) 중 아비에스(*Abies*)는 '전나무'를 의미하는 라틴이름이다. 홀로필라(*holophylla*)는 '갈라지지 않는 잎'을 뜻한다. 전나무의 웅장한 모습은 강원도 월정사 입구와 전북 내소사 입구에서 만날 수 있다. 경남 합천의 해인사 팔만대

수산관 독일가문비 (*Picea abies* (L.) H.Karst.)

독일가문비

장경판 보관 건물인 수다라장, 그리고 경남 양산의 통도사와 전남 강진의 무위사 기둥의 일부 등에서 보듯이 전나무는 중요한 사찰의 목재로 사용했다. 전나무는 소나무 다음으로 우리나라에서 중요한 건축재로 사용했다, 경복궁을 보수할 경우에도 소나무가 부족하면 전나무를 사용했다. 합천해인사 장경각 북쪽에는 '학사대(學士臺)'가 있다. 이곳은 신라시대 최치원이 사용한 지팡이에서 태어난 나무라는 전설이 남아 있다. 최치원이 머물렀던 해인사 입구 홍류동 농산정 건너편 유허비 앞, 해인사 일주문에서도 늠름한 전나무와 소통할 수 있다. 성서캠퍼스 동산도서관 앞에서 전나무를 만날 수 있다.

최근 세계에서 사용하고 있는 크리스마스트리 중에서 가장 인기를 끌고 있는 나무는 소나뭇과의 구상나무라는 사실이 알려졌다. 놀라운 것은 구상나무의 원산지가 우리나라 제주도 한라산이라는 사실이다. 우리나라의 구상나무가 세상에 알려진 것은 미국의 하버드대 식물학 교수인 윌슨 박사 덕분이었다. 그는 1915년에 제주도 한라산에서 구상나무와 분비나무의 차이점을 분류했다. 그 동안에는 구상나무와 분비나무를 구분하지 못했다. 구상나무는 제주도 말 '쿠살낭'에서 유래했다. '쿠살'은 제주말로 성게를, '낭'은 제주도말로 나무를 뜻한다. 구상나무의 잎이 성게가 시처럼 생겼다.

비사광장 전나무

자귀나무와 백학관

백학관은 아주 '예쁜 집'이다. 대명캠퍼스에서 학창시절을 보낸 사람들에게 백학관은 '꿈의 궁전'이었다. 힘든 60-70년대를 보낸 학생들이 백학관처럼 아름다운 서양식 건물을 현장에서 볼 수 있는 기회가 거의 없었기 때문이다. 백학관은 어디서 보든 아름답지만, 노천강당 자귀나무에서 바라보면 더욱 아름답다. 백학관의 아름다움은 자귀나무와 닮았기 때문이다.

여름에 피는 꽃 중 자귀나무는 강렬한 인상을 준다. 자귀나무는 바람이 세게 불거나 비가와도 잎을 오므린다. 더욱이 밤이면 짝수의 자귀나무 잎은 애인처럼 끌어안고 잔다. 자귀나무의 이런 모습을 보고 여러 가지 이름을 붙였다.

부부의 화목을 상징하는 자귀나무는 『구약성경 · 창세기』에 아주 귀한 존재로 등장한다.

> 르우벤이 밭에 나갔다가 자귀나무를 발견하고 어머니에게 드렸다. 라헬이 이것을 알고 레아에게 졸랐다. '언니, 아들이 캐온 자귀나무를 좀 나누어 주구려.' 그러나 레아는 '네가 나에게서 남편을 빼앗고도 무엇이 부족해 이제 내 아들이 캐온 자귀나무마저 달라고 하느냐?' 하며 역정을 냈다. 그러자 라헬은 '언니, 아들이 캐온 자귀나무를 주면 오늘 밤 그분을 언니 방에 드시도록 하리라'했다. 저녁 때 야곱이 밭에서 돌아오자 레아가 나가서 맞으며 '당신은 오늘 밤 제 집에 드셔야 합니다.'하며 자기 아들이 캐온 자귀나무로 치른 값을 해 달라고 했다. 야곱은 그 날 밤 레아와 한 자리에 들었다. 하느님은 레아의 호소를 들으시고 그녀에게 아기를 점지해 주셨다. 그리하여 레아는 야곱에게 다섯 번째 아들을 낳아 주었다.

콩과의 갈잎중간키 자귀나무의 다른 이름 중 가장 잘 알려진 것은 '합혼수(合昏樹)'와 '합환수(合歡樹)'이다. 합혼수는 자귀나무의 잎이 합하는 모습을 강조한 것이다. 밤에 잎을 합한다고 '야합수(夜合樹)'라고도 한다. 어둑하면 잎을 합하는 모습은 곧 기쁨이기에 합환수이다. 아울러 이런 모습이 정이 있으니 '유정수(有情樹)'라 부른다. 기쁨을 나누면 근심마저 잊으니 자귀나무를 '근심을 잊는다'는 '망우(忘憂)'라

백학관 자귀나무 (*Albizia julibrissin* Durazz.)

부른다. 이외에도 중국 사람들은 자귀나무에 '맹갈(萌葛)', '오뢰수(烏賴樹)', '황혼목(黃昏木)', '시리쇄수(尸利灑樹)'등의 이름을 붙였다. 아울러 중국 사람들은 자귀나무를 '청상(靑裳)'이라 불렀다. 청상은 곧 푸른 치마를 뜻한다. 자귀나무의 잎 달린 푸른 가지를 보면 마치 푸른 치마와 닮았다.

푸른 치마는 비단과 같다. 조심스럽게 자귀나무 잎을 만지면 비단결처럼 부드럽다. 그래서 중국인은 물론 서양 사람들도 이 나무를 '비단나무(silk tree)'라 불렀다. 이 나무가 비단 같으니 어찌 사랑하지 않을 수 있겠는가. 아름다운 마음을 비단에 비유하듯, 비단 같은 자귀나무는 사랑할 수밖에 없는 존재이다. 그래서 예부터 사람들은 사랑이 영원하길 기원하면서 집 뜰에 자귀나무를 심었다. 사랑을 상징하는 자귀나무에 얽힌 전설도 있다. 중국 순임금이 후난성 창오(倉梧)에서 죽자, 두 아내 아황(娥皇)과 여영(女英)은 이 소식을 듣고 상강(湘江)에서 피를 토하면서 죽었다. 이때 죽은 두 사람의 영혼이 자귀나무로 바뀌었다. 아울러 중국 사람들 중 이런 전설을 가진 자귀나무를 사랑한 사람도 적지 않았다. 중국 동진(東晉)의 양방(楊方, ?-?)은 다음과 같은 시를 남겼다.

합환시(合歡詩)

남령에 기이한 나무 있어(南嶺有奇樹)
봄이면 흰 꽃을 피우네(承春挺素華)
풍부하고 긴 꼬리는 긴 가지가 되고(豊翹被長條)
푸른 잎은 홍갈색의 가지를 덮네(綠葉蔽朱柯)
바람으로 거문고 같은 소리 내고(因風吐徽音)
향기로운 기운은 신선이 사는 곳으로 들어가네(芳氣入紫霞)
내 마음은 이 나무를 부러워하고(我心羨此木)
삼가 나의 집에 심어볼까 한다(愿徙著余家)
저녁에 자귀나무 아래 노닐고(夕得游其下)
아침에 꽃을 즐기고 싶네(朝得弄其葩)
저 나무의 뿌리는 깊고도 단단하지만(余根深且固)
나의 집은 얕고도 웅덩이라네(余宅淺且洿)
어느 때나 옮겨심기 좋으나(移植良無期)
장차 어떻게 할까 탄식하네(歎息將如何)

한국의 이름 자귀나무는 무슨 뜻일까. 아직 우리나라 식물학자들은 자귀나무의 뜻을 설명하고 있지 않다. 자귀나무의 이름은 고고학에서 그 단서를 찾을 수 있을지도 모른다. 고고학에서는 도끼를 '자귀'라 부른다. 아마 자귀나무가 도끼 자귀와 관련 있을 것이다. 자귀나무는 가래나무가 농기구 재료였던 것처럼 도끼자루에 적합한 나무였을 것이다. 그래서 이 나무를 자귀나무라 불렀을지도 모른다. 어떤 사람들은 자귀나무가 밤에 잎을 맞대고 자는 모습이 귀신같아서 붙인 이름이 아닐까 추측한다. 그런데 이 나무를 소가 좋아해서 '소쌀나무'라 부르는 것을 보면 농민들의 삶과 밀접한 나무이다.

이탈리아 식물학자 두라지니(Durazzini)가 붙인 학명(*Albizia julibrissin* Durazz.)에는 자귀나무의 특성을 알려주는 정보는 없다. 학명 중 알비지아(*Albizzia*)는 이탈리아 아이엔슬리에(Whitelaw Ainslie)를 기념하는 이름이고, 율리브리신(*julibrissin*)은 동인도 이름이다. 이 나무가 콩과에 속한다는 것을 확인하려면 늦여름 꽃이 진 후 달리는 열매를 보면 알 수 있다. 박태기나무 열매와 아주 닮았다. 자귀나무는 중국원산이지만, 목포 유달산 및 제주도에서 자생하는 왕자귀나무(*Albizia coreana* Nakai)는 우리나라 원산이다.

대명캠퍼스는 물론 성서캠퍼스에도 자귀나무는 흔히 볼 수 있다. 특히 성서캠퍼스 본관 뒤편에는 여러 그루의 자귀나무가 초여름부터 뜨거운 여름까지 캠퍼스를 사랑으로 가득 채운다. 자귀나무에 꽃이 필 때, 나무 밑에 앉아서 백학관을 바라보는 사람은 사랑도 가득 채울 수 있다. 꽃은 볼에 화장할 수 있을 만큼 부드럽다. 꽃이 바람에 흔들리면 그 매력에 빠져 아무리 무미건조한 사람일지라도 자귀나무에게 눈길을 줄 수밖에 없다.

자귀나무

매실나무와 평생교육원 음악관

평생교육원 음악관 매실나무 (*Prunus mume* Sieb. et Zucc.)

평생교육원 음악관은 대명캠퍼스 후문에서 처음 만나는 건물이다. 낮은 곳에 자리 잡고 있는 탓에 사람들의 관심을 끌지 못하지만 대명캠퍼스 본관 앞에서 바라보면 대구의 명산인 앞산을 한 눈에 바라볼 수 있다. 이 건물과 본관 사이에는 매실나무가 많이 살고 있다.

장미과의 갈잎중간키 매실나무의 이름은 이 나무의 열매를 의미한다. 매실나무는 때론 매화나무로 부른다. 매화나무는 이 나무의 꽃을 강조한 이름이다. 그러나 지볼트와 주카리니가 함께 붙인 학명(*Prunus mume* Sieb. et Zucc.)에는 이 나무에 관한 구체적인 정보는 없다. 단지 자두를 의미하는 프루누스(*Prunus*)와 매실나무를 의미하는 일본어 무메(*mume*), 즉 우메(うめ)만 언급하고 있다. 매실나무는 사군자(四君子: 梅·蘭·菊·竹) 중 하나다.

매실나무는 다른 나무보다 꽃이 일찍 핀다. 그래서 매실나무를 꽃의 우두머리를 의미하는 '화괴(花魁)'라 한다. 매화나무는 꽃이 피는 시기에 따라 이름을 달리한다. 일찍 피기에 '조매(早梅)', 추운 날씨에 핀다고 '동매(冬梅)', 눈 속에 핀다고 '설중매(雪中梅)'라 한다. 아울러 매화는 색에 따라 '백매(白梅)'와 홍'매(紅梅)'로 나눈다. 우리나라의 화가의 경우 대개 18세기까지는 백매를 선호했으나 19세기부터 홍매도 선호했다. 19세기 홍매도(紅梅圖) 중에서 가장 빼어난 작품은 조희룡(趙熙龍, 1797-1859)의 『홍매도대련(紅梅圖對聯)』을 꼽는다.

매화나무의 원산지는 중국의 사천(四川)이지만, 우리나라 어느 곳이든 매화를 볼 수 있다. 특히 전남 광양시 다압면 도사리에서는 전국에 매화 소식, 즉 매신(梅信)을 이른 시기에 전한다. 이 마을은 매화가 많아 '매화마을'이라 부른다. 매화꽃이 한창인 3월에 '매화축제'도 연다. 중국 양자강이남 지역도 거의 이 시기에 매화꽃을 볼 수 있다. 그래서 매화를 볼 수 있는 음력 2월을 '매견월(梅見月)'이라 부른다.

우리나라에서 가장 오래된 매화나무는 정당매(政堂梅)다. 이 나무는 『양화소록(養花小錄)』의 편찬자인 강희안(姜希顔, 1417-1464)의 조부인 강회백(姜淮伯)이 심은 나무이다. 지리산 자락의 단속사(斷俗寺)에 살고 있는 정당매는 600년의 세월을 견딘 탓에 현재 키도 작을 뿐 아니라 죽은 가지도 적지 않다. 정당매 앞에는 매화를 심은 뜻을 기린 비각이 있다. 정당매는 강회백의 벼슬이 정당문학(政堂文學)을 지냈기 때문에 붙인 이름이다. 조선 전기의 문신인 김일손(金馹孫)은 『정당매기(政堂梅記)』를 남겼다.

우리나라를 대표하는 화가 중 한 사람인 김홍도도 매화를 무척 사랑했다. 하루는 어떤 사람이 매화나무를 팔려고 왔지만, 김홍도는 돈이 없어 살 수 없었다. 마침 어떤 사람이 김홍도에게 그림을 청하고 그 사례비로 3천 냥을 주자, 김홍도는 2천 냥으로 매화나무를 사고 8백 냥으로 술을 사서 친구들과 함께 마셨다. 그래서 이를 '매화음(梅花飮)'이라 한다. 김시습도 눈 속에 소를 타고 다니면서 매화를 찾을 만큼 사랑했다. 우리나라 전통시대 학자 중에서 퇴계 이황만큼 매화를 사랑한 사람도 드물 것이다. 그는 매화 관련 시를 정리하여 직접 『매화시첩(梅花詩帖)』을 간행했다. 아래 시에도 등장하듯 도산서당 동편 절우사에는 지금도 퇴계가 사랑한 매실나무가 살고 있다.

> 후조당 아래 한 그루 매실(後凋堂下一株梅)
> 봄 저물어 빙상에서 홀로 피었네(春晩氷霜獨擅開)
> 어찌 말하랴 조정의 문서가 전날 내려와(豈謂天書下前日)
> 아름다운 약속이 깨어졌음을(能令佳約坐成頹)
>
> 매실이 나를 속인 게 아니라 내가 매실을 저버리니(梅不欺余余負梅)
> 맑고 깊은 회포를 서로 펴는 것이 막혔네(幽懷多少阻相開)
> 풍류가 도산 절우사에 있지 않았다면(風流不有陶山社)
> 심사가 여러 해 전부터 모두 무너졌으리(心事年來也盡頹)

동방오현(東方五賢) 중 한 사람인 한훤당 김굉필선생의 외증손이자 퇴계의 제자인 한강 정구(寒岡 鄭逑, 1543-620)는 자신의 고향 성주에 백매원(百梅園)을 만들어 수양했다. 중국 남송 시대의 송백인(宋伯仁)이 편찬한 『매화희신보(梅花喜神譜)』에는 매화도(梅畵圖) 백 폭이 수록되어 있다. 때론 중국 사람들은 매화 백 폭을 돌에 새기기도 했다. 사람들은 백 폭 매화도를 『백매도(百梅圖)』라 불렀다. 한강 정구의 백매원도 이와 무관하지 않을 것이다.

한국 사람 못지않게 중국 사람들도 매화나무를 아주 좋아했다. 그래서 중국 송나라의 범성대(范成大)는 세계 최초의 매화나무에 관한 전문서인 『매보(梅譜)』를 편찬했다. 중국에서 매화가 문인화로 등장하는 시기는 대략 북송시대다. 선비들이 매화를 그린 것은 자신의 지조와 절개를 드러내기 위해서였다. 조선시대 조준(趙浚, 1346-1405)이 아낀 기생도 설매(雪梅)였다. 설매, 즉 설중매는 매화 중에서도 가장 아름다운 장면을 언급할 때 사용한다. 중국 남송시대 방악(方岳, 1199-1262)의 『설매(雪梅)』에서 확인할 수 있다.

> 매화 피어도 눈 내리지 않으면 생기 있는 경치가 아니고(有梅不雪不精神)
> 매화와 눈이 있어도 시심이 일어나지 않으면 속물이다(有雪無試俗了人)

매실나무

저녁 무렵에는 시도 지었고 때마침 하늘에 눈도 내리매(薄暮試成天又雪)

매화와 눈과 시 세 가지 어울려 봄을 만끽할 수 있네(與梅併作十分春)

임포는 매화도에 절대적인 영향을 준 사람이다. 그는 매화를 아내 삼고 학을 아들로 삼아 숨어 살았던 사람이다. 그의 작품 『산원소매(山園小梅)』에 등장하는 시어(詩語)는 후대에 매화도의 단골 화제(畵題)였다. 이때부터 달과 함께 그린 '월매도(月梅圖)', 물가에 가지가 거꾸로 자라는 도수매(倒垂梅) 등이 유행했다. 중국의 매화 그림은 아주 많지만 북송의 휘종도 〈사매산금도(蜡梅山禽圖)〉를 남겼다.

고려시대 김부식이 편찬한 『삼국사기(三國史記)』에 매실이 처음 나온다. 매실은 신맛이 강하다. 신 맛을 생각하면 입안에서 침이 돌게 마련이다. 중국 삼국시대 조조는 매실의 신 맛을 이용하여 위기를 모면한 사람이다.

중국 삼국시대 위나라의 조조가 대군을 거느리고 출병하였습니다. 그런데 길을 잃어 군사들이 몹시 피로하였습니다. 아무리 둘러보아도 물 한 방울 보이지 않자, 군졸들은 모두 갈증을 느껴 행군조차 할 수 없었습니다. 이에 조조는 큰 소리로 군졸을 향해 '저 산을 넘으면 큰 매화나무 숲이 있다. 여기서 열매를 따 먹자'고 외쳤습니다. 이 말을 들은 군졸들은 매실을 생각하니 금방 입안에 침이 돌아 갈증을 해소할 수 있었습니다.

『세설신어(世說新語)』에 나오는 이 말을 매림지갈(梅林止渴: 매실이 갈증을 그치게 함)이라 한다.

매화가 사군자인 덕분에 많은 사람들이 칭찬을 아끼지 않았다. 그러나 수많은 매화 관련 작품 중 독립운동을 하다가 베이징 감옥에서 죽은 이육사(李陸史 1904~1944)의 『광야』 만큼 매화의 의미를 강하게 전달하는 작품도 드물 것이다.

까마득한 날에
하늘이 처음 열리고
어디 닭 우는 소리 들렸으랴.

모든 산맥들이
바다를 연모(戀慕)해 휘달릴 때도

차마 이곳을 범하던 못하였으리라.

끊임없는 광음(光陰)을
부지런한 계절이 피어선 지고
큰 강물이 비로소 길을 열었다.

지금 눈 내리고
매화(梅花) 향기(香氣) 홀로 아득하니
내 여기 가난한 노래의 씨를 뿌려라.

다시 천고(千古)의 뒤에
백마(白馬) 타고 오는 초인(超人)이 있어
이 광야(曠野)에서 목놓아 부르게 하리라.

매실나무 열매

잣나무와 동산관

잣나무는 학명(*Pinus koraiensis* Siebold & Zucc.)에 한국 원산[koraiensis]을 당당하게 기록하고 있는 나무이다. 그래서 잣나무는 대한민국을 상징하는 나무이다. 더욱이 잣나무는 절개를 상징한다. 우리나라 사람들이 잣나무 절개의 상징으로 여긴 대표적인 사례는 신라 경덕왕 때 충담(忠談)이 화랑 기파랑(耆婆郎)을 추모하여 지은 『찬기파랑가(讚耆婆郎歌)』이다. 계명대학교 인문국제학대학 국어국문학전공에 재직했던 유창균 선생의 풀이로 읽으면 다음과 같다.

동산관 잣나무 (*Pinus koraiensis* Siebold & Zucc.)

목며울 이르며

나남 사난 라리

구룸 조추 간 므스기하

몰개 믈서리여귀

올의 즈시 이시소라

일오 나릿 갈아/야 디니기 시온

좇라며

아라! 자싯 가지 그기 고비

눈이 모올 花判이라.

슬픔을 지우며 나타나 밝게 비친 달이

흰 구름을 따라 멀리 떠난 것은 무슨 까닭인가

모래가 넓게 펼쳐진 물가에

기랑의 모습이 거기에 있도다

깨끗하게 인 냇물의 자갈에

郎이여! 그대의 지님과 같으신 마음의 가운데를 따라 가고자 하노라

아! 잣나무의 가지가 너무도 높고 사랑스러움은

눈조차 내리지 못할 그대의 殉烈이로구려(殉烈과 같구려)

咽烏爾處米 露曉邪隱月羅理

白雲音逐于浮去隱安支下 沙是八陵隱汀理也中

耆郎矣皃史是史藪邪 逸烏川理叱磧惡希

郎也持以支如賜烏隱 心未際叱肸逐內良齊

阿耶 栢史叱枝次高支好 雲是毛冬乃乎尸花判也

대명캠퍼스 동산관은 계명대학교 최초 한국인 학장을 역임한 동산(童山) 신태식 박사를 기념한 건물이다. 이 건물 앞 잣나무는 동산 선생의 교육철학을 상징한다.

우리나라에는 잣나무를 호로 삼았던 사람도 적지 않다. 그 중 진주목사 김시민(金時敏)의 손자인 백곡(栢谷) 김득신(金得臣, 1604-1684)을 들 수 있다. 그는 만년에 괴산읍 능촌리에 취묵당(醉墨堂)을 짓고 독서를 즐겼다. 그는 이곳에서 『사기(史記』의 『백이열전(伯夷傳)』을 1억 1만 3 천 번을 읽었다. 그래서 만취당을 억만재(億萬齋)라 부른다.

네덜란드 출신 지볼트(Siebold, 1796-1866)와 주카리니(Zuccarini, 1797-1848)가 붙인 잣나무의 한자는 우리나라의 경우 백(栢)이다. 그러나 중국의 경우 백은 잣나무가 아니라 측백나무이다. 중국에서 측백나무를 의미하는 한자 백을 우리나라에서 언제부터 잣나무로 이해했는지 알 수 없지만, 훈몽자회(訓蒙字會)에는 백을 잣나무로 표기하고 있다.

늘푸른큰키 잣나무의 다른 이름은 백자목(栢子木), 과송(果松), 홍송(紅松), 신라송(新羅松), 해송(海松), 유송(油松), 오수송(五鬚松), 오엽송(五葉松), 오립송(五粒松), 송자송(松子松) 등이 있다. 백자목은 잣나무 열매를 의미하고, 과송은 잣을 과일로 인식한 이름이다. 홍송은 붉은 소나무라는 뜻이지만 잣나무의 어느 부분이 붉은 지 알 수 없다. 단지 중국 청대의 사료에도 홍송을 잣나무로 표기하고 있다. 신라송은 잣나무가 신라에서 생산된다는 의미이다. 이 이름은 중국 사람들이 붙인 것이다. 그 만큼 신라에서 생산한 잣이 뛰어났기 때문이다. 신라송은 중국 명대에 나온 『본초강목』과 청대에 나온 『식물명실도고장편』 등에서는 해송자(海松子)로 부르고 있다. 두 작품에는 해송자가 신라에서 생산되며, 잣의 맛은 향기롭고 아름다워 중국에서 생산되는 잣과 맛이 다르다는 점을 언급하고 있다. 특히 『본초강목』에는 신라에서 잣을 바쳤다고 기록하고 있다. 유송은 잣에 기름이 있기 때문에 붙인 이름이고, 오수송과 오엽송 등은 잣나무의 잎이 다섯 개라는 의미이다.

최충헌의 아들 최우(崔瑀, 1180-1249)도 잣나무에 관심이 많았다. 『고려사(高麗史)·열전(列傳)』에 따르면, 그는 안양산(安養山)에 있는 잣나무를 옮겨다 집 뜰에 심었다. 그런데 안양산은 강도(江都)에서 몇 칠 걸리는 거리였다. 더욱이 옮기는 시기도 추운 겨울이었다. 그래서 이 작업에 참가한 어떤 사람이 다음과 같은 방(榜)을 붙였다. "사람과 잣나무 중 어느 쪽이 소중한가?" 고려 25대 충렬왕(忠烈王)의 비(妃)인 제국대장공주(齊國大長公主)은 민간에서 잣을 가두어들여 강남에 보내 장사까지 해서 돈을 많이 벌었다. 특히 그녀는 잣이 나지도 않은 지역까지 잣을 징수하여 백성들의 원성을 샀다.

울릉도처럼 섬에서 자라는 섬잣나무는 바닷바람을 맞고 자라는 탓에 잣나무에 비해 키가 작다. 대명캠퍼스는 물론 성서캠퍼스에도 섬잣나무가 적잖이 살고 있다.

동산관 잣나무

성서캠퍼스

SEONGSEO CAMPUS

계명대학교 창립 1899

계명대학교 캠퍼스의 나무 이야기

은행나무에 맺은 희망의 빛

은행나무·이팝나무와 정문 및 본관

학교든 집이든 정문은 전체 건물을 상징하는 얼굴이다. 따라서 정문을 어떤 모양으로, 어떤 색상으로 하느냐에 따라 전체 건물의 이미지도 달라진다. 세 지붕과 각각 8개의 기둥으로 이루어진 계명대학교 정문의 가장 큰 특징은 3000년 전의 그리스 식 건축이라는 점이다. 이 건축은 지성과 감성의 균형과 조화를 의미한다. 정문의 또 다른 특징은 동문과 남문, 그리고 대부분의 대학 정문과는 달리 자물쇠가 없다는 점이다. 이런 점에서 성서캠퍼스의 정문은 '자유의 문'이다. 자유의 문이 어디로 통하고 있는지에 대해서도 관찰해야 한다. 자유의 문은 대부분 대학의 정문들이 본관으로 통하는 것과는 달리 대학의 심장인 도서관으로 통하고 있다. 이는 정문이 대학의 얼굴인 것처럼 대학의 중심이 도서관임을 상징적으로 보여주는 것이다. 정문에 무슨 나무를 심느냐도 중요하다. 자유의 문에서 도서관으로 가는 길까지는 은행나무와 이팝나무가 있다. 정문의 은행나무와 이팝나무는 계명대학교의 교목(校木)과 교화(校花)이다.

은행나무는 소철과 함께 '살아 있는 화석'이며, 은행나뭇과에 하나뿐인 외로운 나무다. 암수 딴 그루인 은행나무는 갈잎큰키나무다. 은행나무의 고향은 중국 절강성에 위치한 천목산(天目山)이다. 이곳이 중생대이후 살아남은 은행나무를 확인할 수 있었기 때문이다. 은행이라는 이름은 중국 북송 때 구양수(歐陽脩, 1007-1072)와 매요신(梅堯臣, 1002-1060)의 시에 처음 등장한다. 그러니 은행이란 이름을 사용한 것은 지금부터 1000년 전의 일이다. 은행(銀杏)은 '은빛 살구'를 의미하는 한자이다. 이 한자는 이 나무의 열매가 살구나무 열매를 닮아서 붙인 것이다. 은행이라는 이름은 송나라 때 조공품(租貢品)으로 들어가면서 본격적으로 부르기 시작했다. 은행 이전의 이 나무 이름 중 가장 잘 알려진 것은 '압각수(鴨脚樹)'다. 이 이름은 잎이 마치 오리발과 닮아서 붙인 것으로 나무의 잎을 강조했다. 또 다른 이름 중 잘 알려진 것은 '공손수(公孫樹)'다. 이 이름은 열매가 손자 대에 열린다는 뜻이며, 열매를 강조했다. 열메를 강조한 또 다른 이름은 백과(白果)나. 열매의 육질을 벗기면 흰 색이 드러나기 때문에 붙인 이름이다. 식물도감에 등장하는 킹쿄는 린네(Linnaeus, 1707-1778)가 은행의 일본어 발음 긴난(Ginnan)을 잘못 읽고 붙인 이름이다. 서양 사람들은 오리발의 물갈퀴처럼 생긴 은행잎을 처녀의 머리에 비유했다. 학명의 빌로바(*biloba*)도 '두 갈래로 갈라진 잎'을 의미한다.

성서캠퍼스 정문의 은행나무와 이팝나무

은행나무 (*Ginkgo biloba* L.)

중국 각지에는 수 천 년 동안 살고 있는 은행나무가 많다. 특히 산동성(山東省) 거현(莒縣) 정림사(定林寺)에는 중국에서 가장 오래 살고 있는 은행나무가 살고 있다. 그래서 은행나무의 '비조(鼻祖)'라 부른다. 기원전 715년 노나라와 거나라 양국의 제후들이 이 나무 아래서 회의를 했다. 이 나무 주위에는 아직도 많은 사람들이 세긴 비석이 남아 있다. 우리나라의 경우 경기도 양평군에 위치한 용문사 앞의 은행나무가 1,100년 이상 아직 살고 있다.

은행나무를 찬미하는 글은 많다. 그 중 중국의 학자 곽말약(郭沫若, 1892-1978)은 은행나무를 '동방(東方)의 성자(聖者)'라 불렀다. 시인 구상은 은행나무의 암수를 아래와 같이 읊었다.

은행(銀杏): 우리 부부의 노래

나 여기 서 있노라.
나를 바라고 틀림없이
거기 서 있는
너를 우러러
나 또한 여기 서 있노라.

이제사 달가운 꿈자리커녕
입맞춤도 간지러움도 모르는
이렇듯 넉넉한 사랑의 터전 속에다
크낙한 순명의 뿌리를 박고서
나 너와 마주 서 있노라.

일월도 우리의 연륜을 묵혀가고
철따라 잎새마다 꿈을 익혔다
뿌리건만
오직 너와 나와의
열매를 맺고서
종신토록 이렇게
마주 서 있노라

(『개똥밭』)

비사광장 은행나무

이팝나무 (*Chionanthus retusus* Lindl. & Paxton)

본관은 전형적인 서양식 건물이지만 본관으로 가는 길은 곡선의 동양적인 조영이다. 본관으로 올라가는 길목의 물푸레나뭇과의 갈잎큰키 이팝나무(*Chionanthus retusus* Lindl. & Paxton)의 이름은 한국인의 애환을 담고 있다. 이팝나무 옆의 다섯 그루의 소나무는 한국을 상징하는 나무이고, 이곳에 소나무를 집단으로 심은 것은 근처에 살고 있는 낙우송과의 갈잎큰키 나무인 메타세쿼이아, 장미과의 갈잎큰키 나무인 능수벚나무 등이 가을에 잎을 떨어뜨리면 본관이 훤히 보이는 것을 막기 위해서이다. 이러한 조영은 한국 전통의 비보풍수를 차용한 것이다.

이팝나무는 팝콘을 연상케 하는 나무다. 나무 이름에 '팝'은 꽃이 팝콘처럼 피었을 때 붙이는 이름이다. 이팝나무의 '이팝'에는 두 가지 설이 있다. 하나는 이 꽃이 여름이 시작하는 입하(立夏) 쯤 피기 때문이다. 다른 하나는 백성들이 이 나무의 꽃을 보고서 조선왕조를 세운 이성계의 이씨 성을 가진 사람만 쌀밥을 먹는다고 생각했기 때문이다. 전자는 이 나무의 꽃이 피는 계절을 드러내는 얘기이고, 후자는 이 나무의 꽃이 지닌 특징을 드러낸 얘기이다.

이팝나무는 우리나라 사람들이 아주 좋아했기 때문인지 이 나무가 주로 살고 있는 남부 지방에 천연기념물이 많이 남아 있다. 아울러 얽힌 얘기도 적지 않다. 그중 한 가지를 소개하면 다음과 같다.

> 옛날 경상도 어느 마을에 열여덟 살에 시집 온 착한 며느리가 살고 있었다. 그녀는 시부모님께 순종하며 쉴 틈 없이 집안일을 하며 살았지만 시어머니는 늘 트집을 잡고 구박하며 시집살이를 시켰다. 그러나 동네 사람들은 이 집 며느리를 동정하고 칭송했다. 그러던 어느 날, 집에 큰 제사가 있어 며느리는 조상들께 드리는 쌀밥을 지었다. 항상 잡곡밥만 짓다가 쌀밥을 지으려니 혹 밥을 잘못 지어 시어머니께 꾸중 듣는 것이 두려워 며느리는 밥에 뜸이 잘 들었나 보기 위해 밥 알 몇 개를 먹어보았다. 그런데 그 때 마침 시어머니가 부엌에 들어갔다가 그 광경을 보고 제사에 쓸 밥을 며느리가 먼저 퍼먹었다며 온갖 학대를 했다. 며느리는 더 이상 견딜 수 없어 뒷산에 올라가 목을 매어 죽었다. 이듬해 며느리가 묻힌 무덤가에서 나무가 자라더니 흰 꽃을 나무 가득 피워 냈다. 동네 사람들은 이밥에 한이 맺힌 며느리가 죽어서 생긴 나무라 생각했으며, 이 나무를 이팝나무라 불렀다.

영국의 식물학자 린들리(Lindley, 1799-1865)와 팩스턴(Paxton, 1801-1865)이 함께 붙인 학명에서도 꽃을 강조하고 있다. 학명 중 '키오난투스(*Chionanthus*)'는 '흰 눈'을 의미하는 '키온(chion)'과 '꽃'을 의미하는 '안토스(anthos)'의 합성어다. 영어권에서는 이팝나무를 '프린지 트리(Fringe tree)', 즉 '하얀 술'이라 부른다. 이 역시 이팝의 꽃을 강조한 이름이지만, 꽃을 술에 비유한 게 우리나라 사람과 다른 점이다. 이팝나무의 한자 이름은 유소수(流蘇樹)와 육도수(六道樹) 등으로 사용한다. 유소수는 이팝나무의 꽃을 강조한 이름이고, 육도수는 이 나무의 용도를 강조한 이름이다. 이팝나무는 풍치수로 많이 심는다. 일본에서는 이팝나무를 차엽수(茶葉樹)라 부른다. 이는 이팝나무의 잎으로 차를 만들어 먹었기 때문에 붙인 이름이다.

이팝나무는 요즘 대구광역시를 비롯한 전국 곳곳에서 즐겨 심는 나무이다. 하얀 꽃이 많은 사람들을 유혹하기 때문이다. 성서캠퍼스 정문으로 올라가는 곳에 살고 있는 이팝나무는 단연 돋보이지만, 이곳의 이팝나무와 즐거운 시간을 보내는 방법 중 하나는 꽃과 함께 잎과 열매와 가지와 줄기를 사랑하는 것이다. 더욱이 이팝나무의 꽃만 관심을 두지 말고 꽃이 떨어진 뒤의 모습과 계절이나 시간대별로 관찰하는 자세를 가지면 훨씬 행복한 시간을 만들 수 있다. 특히 계명한학촌 계명서당 동편에 살고 있는 이팝나무의 부모인 물푸레나무와 함께 만나면 자신만의 충분한 시간을 즐길 수 있다.

행소박물관 이팝나무

호랑가시나무와 아담스채플

계명대학교 설립자 중 한 분인 에드워드 아담스를 기념한 아담스채플은 계명대학교의 교회이자 계명정신을 상징한다. 그래서 성서캠퍼스에서 가장 높은 곳에 자리 잡고 있다. 아담스채플로 가는 길은 두 곳이다. 그 중 계명한학촌 계명서당 쪽으로 올라가는 솔 숲길은 '가온 길'이다. 가온은 '중심'을 의미하는 우리말이며, 아담스채플이 계명대학교의 중심이라는 뜻이다.

계명한학촌 동편으로 올라가는 아담스채플의 또 다른 길은 계명대학교 학생들이 가장 힘들어하는 코스지만, 하나님의 뜻을 알 수 있는 일종의 '골고다언덕'이다. 하나님이 세상을 굽어보듯, 아담스채플에 힘들게 올라가면 성서캠퍼스는 물론 대구광역시의 절반 이상을 한 눈에 볼 수 있는 축복이 기다린다. 이곳으로 올라가는 길가에는 모과나무, 박태기나무, 수수꽃다리, 개잎갈나무 등 다양한 종류의 나무를 만날 수 있는 또 다른 축복을 만끽할 수 있다. 더욱이 채플 앞에는 단풍나뭇과의 중국단풍이 채플관을 수호신처럼 지키고 있다. 그러나 채플에서 가장 의미 있는 나무는 감탕나뭇과의 호랑가시나무이다. 이 나무가 예수그리스도를 상징하기 때문이다. 아담스채플관 주변에는 여러 그루의 호랑가시나무가 살고 있다.

감탕나뭇과의 늘푸른떨기나무(혹은 중간키 나무) 호랑가시나무(*Ilex cornuta* Lindl. & Paxton)는 '호랑이'와 '가시'의 합성어다. 이 나무의 이름에 호랑이와 가시를 합성한 것은 잎이 호랑이발톱을 닮았기 때문이다. 그래서 이 나무의 한자 노호자(老虎刺)도 호랑이 가시라는 뜻이고, 또 다른 한자 묘아자(猫兒刺)는 고양이 가시라는 뜻이다. 호랑이나 고양이 모두 날카로운 발톱을 가지고 있으니 같은 뜻이다. 호랑가시나무의 또 다른 한자 이름은 구골(枸骨)이다. 그런데 물푸레나무과의 구골나무의 한자도 같다. 두 나무의 한자는 같지만 모습은 다르다. 구골나무는 호랑가시나무와 달리 물푸레나무과에 속한다. 호랑가시나무는 5월경에 꽃이 피지만 구골나무는 11월 경에 핀다. 호랑가시나무는 열매가 9월경에 익고 붉지만, 구골나무는 열매가 다음해 5월에 익고 검은 색을 띤다. 중국 명청대의 식물도감에는 호랑가시나무를 구골나무로 표기하고 있다.

영국의 식물학자 린들리(Lindley, 1799-1865)가 붙인 학명 중 '일렉스(Ilex)'는 '서양호랑가시(holly)'를 의미한다. '코르누타(*cornuta*)'는 '각(角) 있는'을 의미한다. 학명에 등장하는 각은 이 나무의 잎 끝 부분에 가시가 있다는 뜻이다. 호랑가시나무는

아담스채플 호랑가시나무 (*Ilex cornuta* Lindl. & Paxton)

잎에 따라 가시의 수가 다르지만, 중국의 『본초강목』에는 다섯 개로 기록하고 있다.

호랑가시나무의 영어 이름은 '차이나 홀리(China Holly)'다. 이는 영어권에서 호랑가시나무를 중국 원산으로 인식하고 있다는 뜻이다. 『시경(詩經)』의 『소아(小雅)』에 "남산에 호랑가시나무 있네(南山有枸)"라는 구절이 있는 것으로 보아 중국에서 호랑가시나무가 아주 오랜 시절부터 있었다.

호랑가시나무는 크리스마스를 상징하는 나무이다. 이 나무가 크리스마스를 상징하는 이유는 다음과 같다. 십자가를 진 예수가 가시관을 쓰고 골고다 언덕을 오를 때, 이마에 파고드는 날카로운 가시에 찔려 피를 흘리며 고난을 받자 그 고통을 덜어주기 위해 몸을 던진 새가 있었다. 그 새가 바로 지빠귀과의 티티새인 '로빈'이었다. 로빈은 열심히 부리로 가시를 파내었고, 그 과정에서 자신도 가시에 찔려 가슴이 온통 붉은 피로 물들어 죽고 말았다. 그래서 지금도 가슴이 붉은 이 새가 바로 호랑가시나무의 열매를 잘 먹기 때문에 사람들은 이 나무를 귀하게 여기고 있다. 이에 따라 예수가 탄생한 성탄을 장식하는 전통이 생겼다. 호랑가시나무의 잎과 줄기를 둥글게 엮는 것은 예수의 가시관을, 붉은 열매는 예수의 핏방울을, 희면서도 노란 꽃은 우유 빛 같아서 예수의 탄생을, 나무껍질의 쓰디 쓴 맛은 예수의 수난을 의미한다.

호랑가시나무의 열매는 겨울 동안 볼 수 있다. 잎 사이로 구슬같이 생긴 둥근 열매는 꽤 딱딱한 잎과 잘 어울린다. 그 열매 안에는 네 개의 종자가 들어 있다. 이런 호랑가시나무는 우리나라 제주도를 비롯해서 주로 따뜻한 남쪽 지방에서 자란다. 제주도에서는 더러가시낭이라고 부른다. 이성복 시인도 이 나무를 기억하고 있었다.

호랑가시나무의 기억

(전략)
흐린 봄날에 연둣빛 싹이 돋는다 애기 손 같은 죽
음이 하나 둘 싹을 내민다 아파트 입구에는 산나물과
찬거리를 벌려놓고 수건 쓴 할머니 엎드려 떨고 있다
호랑가시나무, 내 기억 속에 떠오르는 그런 나무 이
름, 오랫동안 너는 어디 가 있었던가

(『호랑가시나무의 기억』)

아담스채플의 호랑가시나무는 성서캠퍼스의 다른 나무와 달리 특별한 의미를 갖는다. 호랑가시나무가 결코 이곳에 우연히 살고 있는 것이 아니기 때문이다. 설령 우연히 호랑가시나무를 이곳에 심었을지라도 이 나무를 심는 순간 특별한 의미가 생겼다. 많은 사람들이 연말에 가슴에 다는 이른바 '사랑의 열매'가 바로 이즈음에 붉게 익는 호랑가시나무의 열매이다. 계명대학교의 교육이념인 "진리와 정의와 사랑의 나라를 위하여"도 호랑가시나무의 열매에 숨어 있다.

계명대학교 학생들은 1년 동안 반드시 아담스채플에서 적지 않은 시간을 보내야만 한다. 그러나 이곳의 호랑가시나무를 만나지 않는다면 슬픈 일이다. 이곳의 호랑가시나무는 예수그리스도와 계명대학교를 있게 한 모든 청지기들의 사랑을 확인할 수 있는 참 스승이기 때문이다. 예수가 제자들을 가르칠 때 식물에 비유했듯이, 호랑가시나무는 하나님의 사랑을 실천하는 데 중요한 학습 자료이다.

호랑가시나무의 붉은 열매는 밤에도 선명하게 볼 수 있다. 아담스채플에서는 호랑가시나무의 붉은 열매와 함께 성서벌의 야경을 즐길 수 있다. 시내에서 아담스채플만큼 대구광역시의 야경을 즐길 수 있는 곳도 많지 않다. 누구나 학창시절 자신만의 비밀 공간 하나쯤 간직하기 마련이지만, 아담스채플의 야경은 그 어떤 곳보다 비밀 공간으로 적격이다.

아담스채플 호랑가시나무

등과 백은관

콩과의 갈잎덩굴성 등(*Wisteria floribunda* (Willd.) DC.)은 성서캠퍼스의 중요한 쉼터이다. 등이 쉼터 역할을 담당할 수 있는 것은 곧게 올라가는 나무와 달리 덩굴성이기 때문이다. 어떤 나무는 곧게 올라가기 때문에 희망을 주고, 등은 엉기성기 꼬여서 살아가기 때문에 그늘을 제공한다. 이처럼 모든 생명체는 각각 타고난 창의성을 잘 발휘해야만 누군가에게 희망을 줄 수 있다. 교육의 목적도 타고난 능력을 잘 발휘할 수 있도록 하는 데 있다.

성서캠퍼스에는 백은관 앞과 백은관 영암관 사이, 봉경관 앞, 공과대학 근처, 바우어관 근처, 명교생활관 앞, 오산관 앞 등 여러 곳에 등이 살고 있다. 등꽃은 땅을 향하지만 줄기는 칡처럼 덩굴식물인지라 하늘로 향한다. 그래서 등을 의미하는 한자 등(藤) 중 '등(滕)'은 칡의 갈처럼 '위로 오르다'는 뜻을 지니고 있다. 등의 한자가 풀초(艸) 부수인 것은 칡처럼 등도 나무이지만 곧은 나무와 달리 풀의 성질을 지녔기 때문이다. 현재 주위에서 흔히 보는 등은 참등이고, 등을 '등나무'로 부르기도 한다. 때론 꽃이 붉은 색을 띠고 있기에 '자등(紫藤)'이라 부른다. 그러나 등 꽃, 즉 등화(藤花)는 연보라색을 띠고 있다. 등나무는 아까시나무처럼 다른 나무보다 유달리 꽃이 많은 게 특징이다. 스위스의 식물학자 칸돌레(Candolle, 177-1841)가 붙인 학명 중 플로리분다(*floribunda*)도 바로 '꽃이 많다'는 뜻이다.

등꽃은 아주 탐스럽다. 사람들이 탐스러운 등꽃을 그냥 둘리 없다. 꽃에 독이 없다면 대부분의 꽃은 먹을 수 있다. 그래서 사람들은 등꽃도 먹었다. 그러나 진달래꽃처럼 꽃만 먹을 수도 있지만 대부분 다른 재료를 섞어 먹었다. 그래야 꽃에서 나오는 냄새를 제거할 수도 있고, 맛도 있기 때문이다. 등꽃은 당면(糖麵)을 섞어 떡을 만들면 맛있다. 이런 떡을 '등라병(藤蘿餠)'이라 한다.

등꽃이 지면서 서서히 잎도 돋아나고 열매도 열린다. 시원한 등 그늘에 앉아 고개를 등 끝으로 보면 주렁주렁 열린 열매를 볼 수 있다. 열매를 통해서 등이 콩과라는 것도 알 수 있다. 열매는 겉에 잔털이 많다. 열매의 모양은 작두콩처럼 길게 생겼다. 등은 여름에 그늘을 만드는 데 일등공신이지만, 등으로 만든 베게, 즉 등침(藤枕)까지 있다면 여름을 더욱 시원하게 보낼 수 있다. 또한 등침으로 잠을 자고 난 후 나무로 만든 술잔, 즉 등배(藤杯)로 물이나 술을 마신다면 금상첨화(錦上添花)일 것이다.

백은관 등나무 (*Wisteria floribunda* (Willd.) DC.)

등도 칡처럼 섬유질이 많기 때문에 여러 가지 제품을 만들 수 있다. 예컨대 등으로 종이를 만들 수 도 있다. 중국 절강성 등지에서는 등으로 만든 종이, 즉 등지(藤紙)를 사용했다. 종이는 닥나무와 뽕나무로 만들기도 하지만 섬유질이 많은 나무는 모두 종이를 만들 수 있다. 아울러 등으로 만든 직물, 즉 등포(藤布)도 있다. 동인도와 중국에서는 등으로 기름을 만들기도 했다. 등으로 만든 기름은 약으로 사용하기도 하지만, 회화(繪畫)의 안료(顔料:물감)로 사용했다. 조선시대 영조가 사용한 지팡이도 등으로 만들었다.

우리나라 어디든 등을 볼 수 있고, 마을마다 등으로 만든 정자를 볼 수 있을 만큼 등은 흔하다. 그런데 경상북도 경주시 현곡에 살고 있는 등은 아주 슬픈 사연을 담고 있다.

> 어느 마을에 열아홉 살, 열일곱 살 먹은 자매가 살고 있었다. 자매는 모두 이웃 집 청년을 사모했다. 그런데 전쟁이 일어나 이웃집 청년이 싸움터에 나갔다. 자매는 모두 눈물지으면서 청년이 돌아오길 기다리다 서로 같은 청년을 사모하고 있다는 것을 알았다. 다정했던 자매가 서로 양보하길 결심하던 차에 그 청년이 전쟁에서 죽었다는 소식을 들었다. 자매는 슬픔을 이기지 못하고 서로 얼싸안고 못에 몸을 던졌다. 그 뒤 연못가에 등나무 두 그루가 자라기 시작했다. 그런데 죽은 줄만 알았던 청년이 훌륭한 화랑이 되어 돌아왔다. 청년은 자매의 슬픈 소식을 듣고 연못에 몸을 던졌다. 그 화랑이 죽은 연못에 팽나무가 자라나와 등나무 두 그루가 팽나무를 감고 올라가 음력 3월에 탐스러운 꽃송이를 터뜨리고 그윽한 향기를 퍼뜨렸다.

이 얘기의 주인공은 신라시대 임금이 사냥한 용림(龍林)에 살고 있는 용등(龍藤, 천연기념물 제89호)이다. 지금도 이곳에는 등이 살고 있다. 그러나 등이 감고 있는 팽나무는 썩은 몸만 남아 있다. 그런데도 자매는 팽나무를 감고 해마다 꽃을 파운다. 중국의 시선(詩仙) 이태백은 『자등수(紫藤樹)』라는 시를 남겼다.

> 자등이 높은 나무에 걸렸으니(紫藤挂雲木)
> 덩굴에 핀 꽃은 분명 봄볕을 좋아하리(花蔓宜陽春)
> 빽빽한 잎에 숨어 새들이 노래하고(密葉隱歌鳥)
> 향기로운 바람 아름다운 사람을 머물게 하네(香風留美人)

칡은 오른쪽으로 감아서 올라가고, 등은 왼쪽으로 감아서 올라간다. 이 같은 모습을 본떠서 만든 한자가 '갈등(葛藤)'이다. 그러나 등 밑에 앉아서 시간을 보내는 사람은 모든 갈들을 잊을 수 있다. 등처럼 꼬여 있는 모습 자체가 갈등을 낳지는 않는다. 갈등은 자존을 잃을 때 생긴다. 자존은 자신이 이 세상에서 가장 위대한 존재라는 것을 깨달을 때 생긴다. 하나님은 모든 인간에게 각자의 달란트를 주었다. 인간은 하나님이 준 달란트를 발휘하는 것이 소명이다. 그래서 자신의 소명이 무엇인지를 깨닫는 과정이 공부이다. 등이 치열하게 살면서 꽃을 피우고, 열매를 만드는 것은 등이 소명을 다하는 모습이다. 등 아래서 꽃향기만 맡을 것이 아니라, 연인들과 사랑을 나누기만 할 것이 아니라, 자신의 소명이 무엇인지 깨달아야 한다.

백은관(白恩館)은 성서캠퍼스 조성 당시 처음으로 들어선 건물이다. 이 건물은 계명대학교 설립자 중 한 분인 최재화(崔載華)목사를 기념한 이름이다. 등의 수많은 꽃과 짙은 그늘이 삶에 지친 사람들의 어깨를 일으켜 세우듯이, 목사님의 은혜도 이곳에 사는 모든 계명인의 지친 삶에 활력을 불어넣고 있다.

등나무 꽃

느티나무와 영암관

영암관 느티나무 (*Zelkova serrata* (Thunb.) Makino)

느릅나뭇과의 갈잎큰키 느티나무(*Zelkova serrata* (Thunb.) Makino)는 우리나라에서 신령스런 나무, 즉 신목(神木)으로 꼽고 있는 나무다. 그래서인지 많은 사람들이 이 나무를 좋아한다. 사람들이 이 나무를 좋아하는 것은 껍질이 매끈하면서 넓게 퍼지는 가지, 그리고 여름의 무성한 잎 때문일 것이다. 성서캠퍼스에도 느티나무가 많이 살고 있다. 동문 앞의 계명대네거리를 비롯해서 동문 안쪽에서 체육관 뒤쪽까지, 영암관 오거리에서 스미스관으로 올라가는 가로수, 봉경관 앞 주변도 느티나무이다.

계명대학교 설립자 가운데 한 분인 강인구(姜仁求) 목사의 아호인 영암관 앞의 느티나무는 성서캠퍼스에서도 단연 돋보인다. 이곳 느티나무는 숲을 이루고 있을 뿐 아니라 아주 넓은 학습공간이기 때문이다. 영암관 앞의 느티나무는 중앙에 살면서 목백합과 개잎갈나무와 마주하고 있다. 이곳이 느티나무 학습공간으로 자리 잡을 수 있었던 것은 주차장을 없앴기 때문이다. 성서캠퍼스 건물의 특징 하나는 특별한 경우를 제외하고 건물 앞에 주차장을 만들지 않는 점이다. 이는 다른 대학교의 경우 대부분 건물 앞에 주차장을 만드는 것과 다른 점이다. 건물 앞에 주차장을 만들지 않는다는 것은 학생들의 학습권이 가장 중요하다는 교육 철학을 담고 있다. 이 같은 조영은 건물을 한층 아름답고 우아하게 만드는 요소이다.

느티나무는 21세기가 시작되면서 우리나라에서 '밀레니엄 나무'로 선정한 나무이다. 느티나무를 21세기를 상징하는 나무로 삼은 것은 이 나무가 우리 민족의 삶에 깊이 자리 잡고 있기 때문이었다. 김민수의 『우리말 어원사전』에 따르면, 느티나무의 이름은 누를 황(黃)의 '눝'과 회화나무의 괴(槐)의 합성어에서 '느뒤나모'에서 유래했다. 느티나무의 이름을 황과 괴와 관련해서 정한 것은 이 나무의 잎이 누렇고, 회화나무와 닮았기 때문이다. 물론 회화나무와 느티나무는 상당히 다른 나무이지만, 과거 우리나라 사람들은 느티나무를 회화나무와 비슷하다고 생각했다. 그래서 1527년 최세진(崔世珍, 1473-1542)이 지은 어린이용 한자 초학서인 『훈몽자회(訓蒙字會)』에 느티나무를 푸른 느릅나무인 청유수(青楡樹) 혹은 잎이 누른 느릅나무인 황유수(黃楡樹)라 불렀다. 어른들이 느티나무를 괴목(槐木)으로 불렀던 것도 이 나무를 회화나무와 비슷하다고 여긴 탓이다. 그래서 때론 느티나무를 '버금 홰나무'라 부른다. 중국 청나라 정초(鄭樵)가 지은 『통지(通志)』에 따르면, 느티나무를 느릅나무류로 본 것은 이 나무의 열매가 느릅나무 열매, 즉 유전(楡錢)을 닮았기 때문이다.

일본의 식물학자 마키노(牧野富太郎, 1862-1957)가 붙인 느티나무의 학명 중 '젤코바(*Zelkova*)'는 코카서스(Caucasus)에서 자라는 카르피니폴리아(*Z. carpinifolia*)의 토착어이고, 젤코우아(Zelkoua)에서 유래했다. 학명 중 종소명인 '세라타(*serrata*)'는 '톱니가 있는' 뜻이다. 이는 느티나무의 잎을 강조한 뜻이다. 영어에서도 톱니 있는 잎(Sawleaf)을 강조하고 있다. 이처럼 느티나무의 특징은 무엇보다도 잎인 셈이다. 그러나 우리나라에서는 느티나무가 회화나무를 닮아 한자 괴로 사용하지만, 중국에서는 한자 괴를 느티나무가 아닌 회화나무로만 사용한다. 중국에서 느티나무를 의미하는 한자는 거(欅)이고, 두보(杜甫, 712-770)의 시에는 거류(欅柳)로 등장한다. 느티나무를 의미하는 거는 고리버들을 의미하는 거(柜)와 함께 사용하며, 거류(柜柳)라고도 한다. 『이아』에는 느티나무를 거(椐)로 표기하고 있으며, 『시경』에서도 버드나무와 함께 등장한다. 느티나무를 의미하는 한자에는 이외에도 귀(櫷)와 규(槻)가 있다. 규는 잎이 둥근 느티나무를 의미한다. 느티나무는 중국의 경

영암관 느티나무

우 호남에 아주 많지만, 목재 가치는 높이 평가하지 않고 있다. 그러나 우리나라의 경우 느티나무 목재는 아주 높게 평가한다. 경상북도 영주시 부석사의 무량수전의 기둥이 바로 느티나무다.

우리나라에는 1000년 이상 사는 느티나무를 신목으로 삼고 있기에 전국에 천연기념물로 지정된 나무가 적지 않다. 또한 느티나무와 관련한 이야기도 많다. 그 중에서도 경상남도 의령군 유곡면 세간리의 '현고수(懸鼓樹)(천연기념물 제493호)'는 특별한 느티나무이다. 이 나무를 현고수라 부르는 것은 이 나무에 북을 달았기 때문이다. 이 느티나무에 북을 단 사람은 홍의장군 곽재우(郭再祐, 1552-1617)이다. 이곳에 태어난 곽재우 장군은 임진왜란 때 이 나무에 북을 달아 의병을 모았던 것이다. 마을 입구에 살고 있는 현고수 옆에 곽재우 장군의 생가가 있고, 그 근처에 기념관이 있다. 기념관 옆에는 천연기념물 은행나무(제302호)가 살고 있다. 곽재우의 무덤은 대구광역시 달성군 구지면에 있으며, 그를 모신 서원은 달성군 가태리 예연서원이다.

우리나라 사람들은 느티나무를 무척 좋아하지만 주로 잎만 사랑한다. 그러나 봄에 느티나무에 꽃이 많이 피는 것을 본 사람은 아주 드물다. 영암관 앞 느티나무에도 봄에 수 없이 많은 꽃이 핀다. 이곳을 지나는 사람들은 느티나무에 꽃이 떨어져 발에 밟혀도 무관심하다. 강인구 목사의 계명대학교에 대한 사랑도 느티나무의 꽃처럼 활짝 피었지만 떨어진 꽃처럼 기억하는 사람은 많지 않다. 영암관 로비 벽에는 강인구 목사의 약력을 새겨 놓았다. 한 존재의 전체 역사를 기억하는 일은 쉽지 않다. 그러나 한 존재의 전체 역사를 기억하지 않으면 결코 미래를 기약할 수 없다.

느티나무 중에서 봉경관 앞의 느티나무는 한 그루의 나무가 어떤 모습으로 살아가야할지를 가장 잘 보여주는 모범사례이다. 이곳의 느티나무는 가지를 마음껏 뻗었을 뿐 아니라 아주 균형을 잘 잡고 살아간다. 느티나무는 가지를 길게 뻗는 게 특징이지만, 삶의 공간이 부족하면 옆으로 뻗을 수가 없다. 가지를 마음껏 뻗지 못한 느티나무 중 대표적인 사례가 영암관 오거리 봉경관 서쪽에 살고 있는 느티나무이다. 모든 나무의 생명력은 균형에 달렸다. 사람도 마찬가지이다. 나무는 가지로 균형을 잡지만, 사정이 여의치 못하면 뿌리로 균형을 잡는다. 나무가 균형을 잡는 모습은 사람이 균형을 잡는 것과 같은 이치이고, 그런 감각을 '자기수용성감각'이라 부른다. 균형을 이룬 나무는 그렇지 못한 나무보다 훨씬 아름답다. 사람도 나무처럼 균형을 잡고 살아가는 사람이 아름답고, 그런 사람을 지도자라 부르다. 공자가 가장 강조한 것도 중용이었다.

백합나무·팽나무와 봉경관

목련과의 갈잎큰키 백합나무는 성서캠퍼스를 아름답게 만드는 주인공이자 대구광역시에서도 아주 보기 드문 가로수이다. 백합나무(*Liriodendron tulipifera* L.)는 북아메리카에서 도입한 나무이다. 리나이우스가 붙인 학명 중 속명인 리리오덴드론(*Liriodendron*)은 '백합'을 의미하는 그리스어 '레이리온(leirion)'과 '나무'를 의미하는 '덴드론(dendron)'의 합성어다. 이 나무는 튤립나무라고도 부른다. 학명 중 종속명인 '튤리피페라(*tulipifera*)'는 '튤립 꽃이 달려 있다'는 뜻이다. 이 이름은 꽃이 마치 튤립처럼 한 개씩 달려서 붙인 것이다. 혹은 이 나무를 미국에서 온 목련과 나무라는 뜻의 '미국목련'이라 부른다. 구한말에 도입한 튤립나무의 녹황색 꽃도 아주 아름답지만 노란 색으로 물든 이파리도 무척 곱다. 특히 잎은 플라타너스 잎과 닮아서 이 나무를 잘 모르는 사람들은 플라타너스라 오해하기 쉽다. 그러나 곁에서 자세히 보면 잎 끝 부분이 면도날로 자른 듯하다.

성서캠퍼스 봉경관(鳳卿館) 주변에는 온통 백합나무로 둘렀다. 봉경관은 계명대학교 설립이사이자 3·1독립만세운동을 주도한 이원영(李源永, 1886-1958) 선생을 기린 이름이다. 이곳 백합나무 중 동편과 서편의 나무들은 그런대로 생육상태가 좋지만 북쪽의 나무들은 햇볕을 제대로 받지 못해 생육상태가 썩 좋지 않다. 목백합의 꽃은 결코 화려하지 않지만 은근한 색이 아주 매력적이다. 그러나 백합나무는 나무를 어지간히 좋아하지 않고서는 아름다운 꽃을 볼 수 없다. 잎에 가려서 잘 보이지 않기 때문이다. 그러나 백합나무 꽃에 한 번 빠지면 절대 그 아름다움의 매력에서 빠져나오지 못한다. 백합나무는 영암관 앞과 옆에도 몇 그루 살고 있지만 봉경관 앞의 목백합의 잎이 물들면 정말 감당할 수 없을 만큼 아름답다. 특히 이곳의 백합나무를 사랑스러운 마음으로 안고 위로 바라보면 이 세상에서 볼 수 없는 황금 궁궐을 연상케 할 만큼 황홀하다.

한방에서는 백합나무를 '미국아장추(美國鵝掌楸)'라 부른다. 이는 이 나무의 잎이 거위의 빌을 닮은 개오동나무라는 뜻이다. 목백합의 열매는 다음해 잎이 나올 때까지 달려 있다. 벌어진 열매의 모양도 꽃모양과 비슷하다. 우리나라 남쪽에서는 백합나무를 가로수로 심기도 한다. 구한말부터 가로수로 본격 심기 시작했다. 대구광역시의 경우 계산오거리에서 대구시민운동장의 가로수가 목백합이다.

봉경관 앞에는 이 건물을 상징하는 팽나무가 이원영 선생의 기상처럼 우뚝 서 있

봉경관 백합나무 (*Liriodendron tulipifera* L.)

봉경관 백합나무

다. 느릅나뭇과의 갈잎큰키 팽나무(*Celtis sinensis* Pers.)는 느티나무와 은행나무 다음으로 우리나라에서 오래 살고 있는 나무가 많을 만큼 우리나라 사람들의 삶과 함께한 나무이다. 팽나무의 이름은 이 나무의 열매에서 빌린 것이다. 이 나무의 열매를 작은 대나무 대롱에 넣고 대나무 꼬챙이를 꽂아 공기 압축을 이용해서 탁 치면 팽하고 날아가는 것을 '팽총'이라 한다. 이 나무의 열매가 여기에 쓰인다고 팽나무라는 이름이 붙었다. 프랑스의 식물학자 페송(Persoon, 1762-1836)이 붙인 학명에도 이 나무의 열매를 강조하고 있다. 학명 중 '켈티스(*Celtis*)'는 '단맛을 가진 열매'에서 온 말이다. 영어권에서 이 나무를 '슈거 베리(Sugar berry)'라고 하는 것도 학명과 통한다. 그러나 영어권에서 이 나무를 '저팬니즈 핵베리(Japanese Hackberry)', 즉 '일본 팽나무'로 표기한 것은 학명에서 중국 원산으로 표기한 것과 다르다.

이 나무의 한자 이름인 박수(朴樹), 박수(樸樹), 박유(樸楡) 등은 모두 질박하다는 뜻을 가지고 있다. 이런 한자는 한방에서 사용하는 단어이다. 이는 이 나무의 껍질을 강조한 이름이다. 아울러 한자 박유는 이 나무가 느릅나무과에 속한다는 것을 넌지시 알려준다. 팽나무는 껍질만 아니라 느티나무처럼 부모인 느릅나무과에 속하기 때문에 재질도 좋을 수밖에 없다. 그래서 이 나무로 통나무배인 '마상이' 또는 '마상'을 만들었다.

일본에서도 이 나무를 소중하게 여겼다. 우리나라에서 5리마다 오리나무를 심었던 것처럼 일본에서는 이 나무를 1리마다 심어 이정표로 삼았다. 일본에서 팽나무를 이정표로 삼은 것은 중국 한나라 때 가로수로 사용한 회화나무가 자생하지 않은 데다가 진나라 때 가로수로 삼은 소나무가 개미로 잘 죽었기 때문이다.

부산시 구포동의 천연기념물 제309호를 비롯하여 팽나무를 마을의 당산나무로 삼고 있는 곳은 적지 않다. 그 중에서도 예천의 소나무 석송령처럼 팽나무가 땅의 소유주인 경우도 있다. '금목신(金木神)'이라 부르는 경남 고성의 팽나무는 삼락지 108-2번지 논밭의 소유주이다. 400여평의 땅에서 나오는 곡식으로 마을 사람들이 이곳에서 매년 동제(洞祭)를 지낸다. 이곳 사람들이 매년 팽나무에 동제를 지내는 것은 이 나무가 재앙을 막아준다고 믿기 때문이다. 경북 예천군 용군면 금남리의 '황목근(黃木根)'이라 부르는 팽나무도 땅 소유주다. 황목근은 성이 황색 꽃을 피우는 황씨요, 이름이 나무의 근본인 목근이다. 이 나무가 내는 세금도 있다. 한번도 세금을 체납하지 않아 '납세목(納稅木)'이라 부른다. 전남 무안군 현경면 가입리의 팽나무(천연기념물 제310호)는 3년에 한 번씩 마을 사람들이 볏짚으로 옷을 입힐 정도로 특별 대접을 받기도 한다. 이처럼 영호남지방의 곡창지대에 팽나무가 많은 것은 싹이 나오는 모습을 보고 그해의 풍작과 흉작을 점쳤기 때문이다. 이 지역 사람들은 새싹이 일제히 나오면 풍작, 그렇지 않으면 흉작이라 믿었다.

봉경관 앞의 팽나무는 이곳에서 살아가는 모든 사람들의 앞날을 지켜주는 수호신과 같다. 그래서 봉경관 앞의 팽나무는 돌로 둘러 보호하고 있다. 그러나 앞에서는 많은 학생들이 흡연하는 장소라서 정말 나무 보기에 민망하다. 이곳 팽나무의 열매가 익으면 땅에 떨어져 뒹굴지만 어느 누구도 관심을 갖지 않는다. 한 그루의 팽나무가 수 백 년 동안 살아남기 위해서는 이원영 선생처럼 누군가의 희생과 보호가 필요하다. 봉경관 주변의 목백합과 앞의 팽나무가 수 백 년 동안 살기 위해서는 이곳에 사는 사람들의 특별한 관심이 필요하다. 몇 백 년이 지난 뒤의 팽나무 모습을 상상해보면 가슴이 벅차다. 한 그루의 나무가 얼마나 오랫동안 사는지를 생각한 뒤에 심어야만 거목을 만날 수 있다. 사람을 키우는 것도 곧 나무를 키우는 것과 다를 바 없다. '인재(人才)'는 곧 '인재(人材)'이다.

봉경관 팽나무 (*Celtis sinensis* Pers.)

중국단풍과 보산관

단풍나뭇과의 중국단풍은 우리나라 단풍나무과 중에서 가장 많이 살고 있다. 그만큼 중국단풍은 빨리 자라면서 공해에도 강한 나무이다. 중국단풍은 중국이 원산이라는 뜻이다. 중국의 고대 신화집인 『산해경』에서는 단풍나무의 또 다른 이름을 '풍향수(楓香樹)'로 표기하고 있다. 그런데 풍향수는 청대의 식물도감에 잎이 오리를 닮은 삼각이라 설명하고 있는 점으로 보아 곧 중국단풍이다.

중국단풍의 학명 (*Acer buergerianum* Miq.) 중 아케르(Acer)는 단풍나무 학명에서 공통으로 등장한다. 이는 '갈라진다'는 뜻이다. 그 만큼 단풍나무의 특색은 잎의 갈림에 있는 셈이다. 중국단풍은 잎이 세 갈래로 갈라진다. 그래서 중국단풍을 한자로 '삼각풍(三角楓)'이라 부른다. 네덜란드 식물학자 미켈(Miquel, 1811-1871)이 붙인 학명 중 '부에르게리아눔(*buergerianum*)'은 일본 식물 채집가인 부에르게르(Buerger, 1804?-1858)를 의미한다. 이 사람이 일본에서 식물을 채집하면서 중국단풍나무에 관해서도 채집했던 모양이다. 그래서 미켈은 중국단풍나무의 학명을 붙이면서 그의 이름을 명기했다. 식물학자가 학명을 만들면서 관련 나무에 지대한 공헌을 한 동료나 후원자의 이름을 넣는 것은 흔한 일이다.

성서캠퍼스에도 중국단풍이 단풍나무 중에서 가장 많다. 그 중에서도 노천강당 뒤와 보산관(普山館) 사이, 그리고 영암관 뒤편, 아담스채플관 앞에 아주 많다. 보산관은 계명대학교 설립이사 신후식의 아호이다. 특히 보산관 근처의 중국단풍은 계명대학교의 진산(鎭山)인 궁산(弓山)과 인접해서 살고 있다. 이곳의 중국단풍은 성서캠퍼스 다른 곳의 중국단풍과 달리 행복한 공간에 살고 있다. 이곳 중국단풍은 후손을 제대로 남길 수 있는 공간에 살고 있기 때문이다. 다른 곳의 중국단풍은 바람을 타고 날아가는 씨앗을 흙이 있는 곳까지 날려 보내는 데 큰 어려움이 있지만, 이곳의 중국단풍은 바로 옆이 산이라서 후손을 남기는데 큰 어려움이 없다. 지금 보산관 옆에는 이곳의 중국단풍 후손들이 아주 많이 살고 있다.

모든 생명체는 자식들이 무럭무럭 자라는 모습을 볼 때 가장 행복하듯이, 이곳의 중국단풍도 자식들이 무럭무럭 자라고 있는 모습에 흐뭇한 미소를 짓는다. 더욱이 이곳 중국단풍은 노천강당 근처에 살고 있는 덕분에 성서캠퍼스를 마음껏 바라볼 수 있는 좋은 조건에서 살고 있다. 중국단풍을 가슴에 품고 성서캠퍼스 동편을 바라보면 캠퍼스가 아름다운 숲으로 변한다. 특히 중국단풍에 꽃이 피는 봄날, 꽃과 함

보산관 중국단풍 (*Acer buergerianum* Miq.)

중국단풍 열매

께 성서캠퍼스를 바라보면 캠퍼스의 나무에서 꽃과 잎이 돋으면서 마치 캠퍼스가 풍선처럼 부풀어 올라 하늘로 올라갈 것 같다. 많은 사람들이 중국단풍을 비롯한 단풍나무에 대해서는 아름다운 잎만 생각하지만 단풍나무에도 꽃이 핀다는 사실을 아는 순간, 나무의 매력은 몇 곱절 높아진다.

중국단풍의 꽃이 노천강당에 떨어질 때, 강당에 앉아서 하늘을 바라보면 '노천(露天)'의 의미를 알 수 있다. 이곳은 하늘을 마음껏 바라볼 수 있는 공간이다. 현대인들은 천지(天地)를 모르면서 살아간다. 그러나 천지를 모르는 생명체는 결코 행복하게 살아갈 수 없다. 요즘 사람들은 바쁜 일상과 자동차 문화 탓에 하루에 땅을 밟고 하늘을 보는 시간이 거의 없다. 현대인들의 이러한 삶의 방식은 생명이 어떻게 탄생하고, 어떻게 살아가는지를 제대로 알 수 있는 기회를 박탈한다. 그러나 아무리 싸늘한 시멘트에서 살아가는 사람일지라도 한 그루의 나무만 관찰하면 간접으로나마 천지를 알 수 있는 기회를 가질 수 있다.

보산관 앞, 노천강당에 살고 있는 중국단풍은 이곳에 사는 사람들에게 천지를 완벽하게 알 수 있는 기회를 준다. 하루에 한 번이라도 이곳에서 중국단풍과 함께 하늘을 마음껏 볼 수 있는 기회를 주는 교육이 계명의 미래를 밝힐 것이다. 그래서 이곳은 계명대학교 학생들의 인성교육에 가장 적합한 공간이다. 그러나 인성교육은 도덕교육이 아니다. 인성교육은 인간이 태어나면서 가진 잠재능력을 마음껏 발휘할 수 있도록 하는 것이 핵심이다. 하늘과 땅의 이치를 알고, 식물의 삶을 아는 것이 인성교육의 출발이어야 한다. 나무는 철저하게 천지의 이치를 알면서 살아가는 존재이다. 그래서 식물을 안다는 것은 천지의 이치를 아는 지름길이다. 천지의 이치를 아는 순간 자신의 존재를 깨닫고, 자신의 존재이유를 깨닫는 순간, 자신의 모든 에너지를 쏟아서 스스로 앞날을 개척한다.

성서캠퍼스의 중국단풍 중에서 영암관과 백은관 사이 등나무 숲 앞에 살고 있는 중국단풍은 가장 어른스럽다. 이곳의 중국단풍은 한 그루의 나무가 어떤 모습으로 살아가야할지를 잘 보여준다. 이곳 중국단풍 안에 들어가면 하늘이 잘 보이지 않을 만큼 웅장하다. 한 그루가 마치 숲을 이루고 있는 것과 같다. 영암관 화장실에서 이곳의 중국단풍을 바라보면 그 자태는 더욱 빛난다. 이곳의 중국단풍의 아름다운 자태는 결코 하루아침에 이루어지지 않았다. 무엇보다도 이곳의 중국단풍처럼 아름다운 모습을 간직하려면 마음껏 가지를 뻗을 수 있는 공간이 필요하다. 더욱이 간섭을 최대한 배제해야 한다. 중국 당나라의 작가 유종원의 『종수곽탁타전(種樹郭橐駝傳)』은 한 그루의 나무가 어떻게 자신의 능력을 최대한 발휘하면서 살아갈 수 있느냐를 보여주는 글이다.

살구나무와 의양관

중국 춘추말의 공자는 살구꽃이 필 즈음 제자들을 데리고 밖으로 나왔다. 일종의 야회수업인 셈이다. 공자가 가르친 곳에도 살구나무가 있었다. 그래서 공자가 살구나무 단에서 제자를 가르친 곳을 행단(杏壇)이라 한다. 지금 산동성 곡부현 공자 묘전(廟前)에 각을 세운 건물과 조그마한 살구나무가 있다.

의양관(義洋館) 앞에는 꽤 큰 살구나무가 살고 있다. 의양관은 1966년 대명캠퍼스 교수연구관 증축 때 재정적 후원을 했고, 1993년 부산 문현동 소재의 땅을 기증한 당시 삼호그룹 회장 의양(義洋) 정재호(鄭載護) 박사를 기념한 건물이다. 장미과의 갈잎중간키 살구나무(*Prunus armeniaca* var. *ansu* Maxim.)는 '살구(殺狗)'를 뜻한다. 한자에서 보듯 살구는 '개를 죽인다'는 뜻이다. 왜 고향을 연상시키는 나무 이름에 섬뜩한 이름을 붙였을까. 중국 청대의 『식물명실도고장편(植物名實圖考長編)』에 따르면 살구나무의 열매, 즉 행인(杏仁)은 독이 있기 때문에 사람과 더불어 개를 죽일 수 있었다. 살구나무의 이름은 바로 여기서 비롯되었다. 개살구도 있다. 개살구의 한자는 구행(狗杏)이다. 개살구는 살구열매보다 신 맛이 난다. 학명에도 살구나무의 특성을 알려주는 정보는 없다. 프루누스(*Prunus*)는 자두를 의미하고, 아르메니아카(*armeniaca*)는 흑해연안의 아르메니아를 뜻한다. 안수(ansu)는 살구를 뜻하는 일본어 '안즈(あんず)'다.

살구나무와 관련한 의사 동봉(董奉)의 얘기는 의양 선생의 뜻과 잘 어울린다. 의원 동봉은 여산(廬山)에서 은거하면서 치료비를 받지 않고 중환자가 나으면 살구나무 다섯 그루, 경환자가 나으면 한 그루를 심었다. 수년 후에 동봉의 집 근처의 살구나무는 수 십 만주로 늘어나 숲을 이루었다. 그는 살구나무의 살구가 익으면 창고에 쌓아두었다. 혹 살구를 사러 오는 사람이 있으면 창고에 가서 스스로 가져가게 했다. 단지 한 그릇의 곡식 당 한 그릇의 살구 열매만 가져가게 했다. 그런데 혹 어떤 사람은 동봉이 보지 않는 것을 알고 곡식을 적게 가져와 살구 열매를 많이 가져가는 사람도 있었다. 이럴 경우 호랑이가 그런 사람을 쫓아버렸다. 이 이후부터 사람들은 속이지 않고 정직하게 곡식과 살구 열매를 교환했다. 동봉은 살구 열매로 얻은 곡식을 모두 가난한 사람을 위해 사용했다. 『신선전(神仙傳)』에 나오는 이 얘기 때문에 살구나무 숲, 즉 행림(杏林)은 곧 '의사'를 아름답게 부르는 이름이다.

옛 사람들의 삶에 살구나무는 결코 없어서는 안 될 소중한 나무였다. 그래서 옛날

의양관 살구나무 (*Prunus armeniaca* var. *ansu* Maxim.)

살구나무

사람들은 살구나무에 신비한 힘이 있다고 믿었다. 산길을 갈 때 살구나무 지팡이나 살구나무 목탁을 들고 다니면 맹수가 덤비지 않는다고 믿었다. 이런 예는 기독교의 경전인 『구약성경』의 『민수기』에 등장하는 아론의 살구나무 지팡이에서도 확인할 수 있다.

> 이튿날 모세가 증거의 장막에 들어가 보니 레위 집을 위해 낸 아론의 지팡이에 움이 돋고 순이 나고 꽃이 피어서 살구 열매가 열렸더라(민수기, 17:8).

매화처럼 살구나무도 꽃이 먼저 핀다. 연분홍 살구꽃이 피는 날은 아주 아름다운 봄이다. 특히 살구꽃이 피는 시기는 지역마다 기후의 차이로 다르겠지만 대개 4월 5일 경이다. 이날은 우리나라의 경우 식목일이자 청명(淸明)·한식(寒食)과 맞물린다. 이 시기는 춥지도 덥지도 않아 꽃놀이하기에 정말 좋다. 옛날 선비들도 이 시기에 살구꽃을 구경하기 위해 길을 나섰다. 풍류를 즐기는 데 술이 빠질 수는 없다. 술집에서도 선비들이 꽃놀이를 즐길 수 있도록 대부분 살구나무를 심었다. 그래서 살구꽃이 피는 마을, 즉 행화촌(杏花村)을 '술집'이라 부른다. 이 말은 중국 당나라 시인 두목(杜牧, 803-852)의 『청명』이라는 시에서 유래했다.

> 청명 날 봄비가 부슬부슬 내리는데(淸明時節雨紛紛)
> 길가는 행인 너무 힘들어(路上行人欲斷魂)
> 목동을 붙잡고 술집이 어디냐고 물어보았더니(借問酒家何處在)
> 손들어 멀리 살구꽃 핀 마을을 가리키네(牧童遙指杏花村)

살구꽃이 만발한 술집에서 뜻을 같이하는 사람들과 술을 마시면서 비를 만나면 운치가 더할 것이다. 이 때 내리는 비가 바로 '행화우(杏花雨)'이다. 중국 명나라 때 화가 당인(唐寅)은 『관행도(觀杏圖)』, 『행화도(杏花圖)』를 그렸다. 우리나라 고려시대 이제현도 아들 달존에게 준 시 중에 살구나무와 관련한 게 있다(『和達尊杏花韻』). 중국 남북조 시대의 유신(庾信, 513-581)의 『살구나무 꽃[杏花]』에서도 풍류를 느낄 수 있다.

> 봄빛이 바야흐로 들판에 가득하니(春色方盈野)
> 나뭇가지마다 비취빛 봉오리 터진다(枝枝綻翠英)
> 어렴풋이 촌락을 비추면서(依稀暎村塢)

살구꽃이 산성에 만발해 있다(爛漫開山城)
꺾어서 손님을 대접하면 좋겠다(好折待賓客)
붉은 구슬 같은 살구꽃을 금쟁반에 바쳐 드려야겠다(金盤襯紅瓊)

사람들이 살구꽃 피는 시절 풍류만 즐긴 것은 아니다. 이 시기는 각지의 지방 시험 합격자들이 서울로 올라갔다. 중국 당나라 때 과거 시험에 합격한 사람들은 공식 행사나 환영행사에 참석했다. 그 중 행사의 핵심은 당나라의 수도 장안(長安)의 명승지인 곡강(曲江)가의 살구나무 꽃이 있는 행원(杏園)이었다. 그래서 살구나무를 과거 시험에 급제한 꽃을 의미하는 '급제화(及第花)'라 부른다.

살구나무는 아주 척박한 곳에서도 살아남는 아주 강인한 나무이다. 의양관 앞, 본관 서쪽 편, 영암관 뒤편 학생회관 서쪽 언덕 등에서 살고 있는 살구나무는 의양 선생의 강인한 정신이자 계명대학교의 봉사정신을 담고 있다. 살구나무는 중국의 황토고원을 숲으로 만들기 위해 선택한 나무 중 하나이다. 공자가 제자들을 살구나무 밑에서 가르친 것도 춘추 말 혼란의 시대에 제자들이 살아남을 수 있는 방법이었다. 대학은 지식을 전달하는 곳이 아니라 방법을 가르치는 곳이다. 그러나 지금의 대한민국 교육은 방법을 가르치지 않고 지식을 전달하는데 급급하다. 급급한 삶이 위태롭고 불안하듯이 지식 전달에 급급한 대학교육은 희망이 없다.

살구꽃

상수리나무와 동천관

본관과 마주하고 있는 동천관(東泉館)은 본관처럼 작은 언덕에 자리 잡고 있다. 이 건물은 1973년부터 현재까지 학교법인 계명대학교 이사와 이사장으로 재임 중인 정순모 이사장의 호를 붙인 것이다. 특히 동천관은 앞과 뒤를 거의 구분할 수 없는 독특한 구조이다. 오히려 건물의 뒤쪽이 정문처럼 느껴진다. 만약에 동천관의 뒷문이 막혔으면 최악의 건물로 평가받을 수도 있을 것이다. 동천관의 뒤편 숲은 성서캠퍼스 중에서도 가장 중요한 숲이었다.

동천관 뒤 숲에서는 참나뭇과의 상수리나무를 만날 수 있다. 북한에서도 상수리나무를 참나무라 부른다. 그러나 식물학적으로 참나무는 존재하지 않는다. 참나무는 참나뭇과의 상수리나무를 비롯한 굴참나무, 떡갈나무, 졸참나무, 신갈나무, 갈참나무 등을 일컫는 총칭이다. 갈잎 큰 키 상수리나무라는 이름이 붙여진 연유에는 몇 가지 전설이 있다. "임진왜란 때 의주로 피난 간 선조의 수라상에 먹을 것이 마땅치 않아 도토리묵을 자주 올렸다. 맛을 들인 선조가 궁으로 돌아와서도 도토리묵을 좋아해서 늘 수라상에 올랐다." 그래서 상수리나무를 임금의 수라상에 올랐다 해서 붙여진 이름이다. 다음과 같은 또 다른 얘기도 전한다. 황해도의 은율과 송화 사이에 구왕산이 있고, 그 중턱에 구왕굴이라는 석굴이 있었다. 예부터 전란이 일어나면 임금이 흔히 피난했다. 어느 날 양식이 떨어져 임금님에게 수라도 올릴 수 없게 되자 산 아래 사는 촌로가 기근을 이겨내는 양식이라면서 도토리 밥을 지어 바쳤다. 구왕굴과 구왕산은 도토리 밥으로 임금을 구했기 때문에 붙여진 이름이다. 상수리는 그 후 도토리를 임금의 수라상에 올려서 붙여진 이름이다. 두 전설 모두 상수리가 전쟁으로 임금이 피난해서 먹은 데서 생긴 것이다.

상수리나무는 열매인 도토리가 주요 특징이고, 상수리나무의 열매는 대표적인 구황열매임을 알 수 있다. 상수리나무의 열매는 굴참나무와 마찬가지로 2년 만에 익는다. 상수리나무의 열매는 굴참나무와 떡갈나무의 열매와 마찬가지로 털로 감싸져 있는 게 특징이다. 경상도에서 상수리나무를 '꿀밤나무'라 부는 것도 이 나무의 열매를 강조한 말이다. 한자로 상수리나무의 열매를 구(梂)라 한다. 이 한자도 나무에서 구한다는 뜻이다. 『이아주소』에 따르면 손염은 상수리나무의 열매를 작(柞)이라 풀이했다. 그러나 학명(*Quercus acutissima* Carruth.)에는 열매가 아닌 잎을 강조했다. 영국의 식물학자 캐러터스(Carruthers, 1830-1922)가 붙인 종소명 '아쿠티시마

동천관 상수리나무 (*Quercus acutissima* Carruth.)

동천관 상수리나무

(*acutissima*)'는 '잎이 가장 뾰족하다'는 뜻이다. 상수리나무의 잎은 다른 참나무 종류보다 길고 뾰족하다. 상수리나무의 잎은 누에의 먹이로 사용하기도 했다. 중국 청대 유조헌(劉祖憲)이 지은 『상견도설(橡繭圖說)』 중에는 상수리나무를 심는 방법과 기는 방법을 기록하고 있다.

상수리나무의 한자는 역(櫟), 상(橡), 허(栩), 저(杼) 등이다. 『이아주소』에는 떡갈나무를 의미하는 작(柞)도 상수리나무로 풀이하고 있다. 그런데 일반적으로 상수리나무를 의미하는 한자는 역과 상이다. 특히 상수리나무를 의미하는 한자 역은 『시경』과 『장자』 등 중국 고대 사료에 등장할 만큼 오랜 역사를 갖고 있다. 지금도 상수리나무의 역과 가죽나무를 의미하는 저(樗)를 합친 '역저(櫟樗)'를 '쓸모없다'는 뜻하는 단어로 사용하고 있다. 이러한 단어를 만든 사람은 중국 전국시대의 장자이다. 『장자(莊子)』 내편(內篇)의 『인간세(人間世)』에 나온다.

> 장석(匠石)은 상수리나무에 대해 다음과 같이 깔보았다. "그것으로 배를 만들면 가라앉을 것이요, 널을 만들면 쉬이 썩을 것이요, 그릇을 만들면 이내 깨질 것이요, 문을 만들면 나무진이 밸 것이요, 기둥을 만들면 좀이 먹을 것이다. 이처럼 이 나무는 아무데도 쓸모없기에 오래 사는 것이다.

『장자』에서 역저를 같이 묶어 표현한 것은 상수리나무가 가죽나무와 비슷했기 때문일 것이다. 쓸모없다는 뜻을 담고 있는 상수리나무의 한자 '역'은 우리나라에도 많은 영향을 주었다. 고려시대 이제현(李齊賢, 1287-1367)의 호 역옹(櫟翁)은 바로 상수리나무에서 따왔다. 이제현은 81세까지 살면서 충선왕, 충혜왕, 충목왕, 공민왕까지 무려 네 임금을 모셨을 뿐 아니라 다섯 차례나 중국에 다녀왔다. 그가 상수리나무를 호로 삼은 것도 『장자』의 우화에 나오는 것처럼 오래살고 싶었기 때문이다. 이 내용은 그의 작품 『역옹패설(櫟翁稗說)』 서문에 나온다. 그는 자신이 원하는 대로 장수했다. 그러나 그는 『장자』의 우화에 나오는 것처럼 쓸모없어서 장수한 게 아니라 쓸모 있으면서도 오래 산 사람이다.

남명 조식의 시 『영리(詠梨)』(『남명집』 권1)에도 역저 단어가 등장한다.

> 흩어진 배나무 문 앞에 서 있고(支離梨樹立門前)
> 신맛 나는 열매 이빨로 깰 수 없네(子實辛酸齒未穿)
> 그 사람과 주인이 함께 물을 버리고(渠與主人同棄物)

상수리나무 열매

차라리 저역을 가지고 천년을 보존하리라(猶將樗櫟保千年)

성현(成俔, 1439-1504)의 『용재총화(慵齋叢話)』에는 이방실(李芳實, ?-1362)이 상수리나무로 도적을 잡은 일화가 전한다.

젊었을 때 날래고 용맹스러웠던 이방실이 길에서 도적을 만나 빈집에서 묵었다. 그는 차고 있던 활과 화살을 풀어 도적에게 주면서 말하길 "너는 잠깐 여기 있어라"라고 하면서 측간에 걸터앉았다. 도적이 활을 가져다 힘껏 쏘았지만 이방실은 손으로 날아오는 화살집을 잡아 측간에 꽂아두었다. 한 통의 화살이 없어지자 도적이 절을 하면서 목숨만 살려달라고 애원했다. 그러나 이방실은 몸을 솟구쳐 수십 길이의 상수리나무를 구부려 나무 끝에 도적의 머리카락을 묶고 칼로 머리 가죽을 벗긴 후 뒤도 돌아보지 않고 가버렸다.

동천관 뒤 숲은 마치 삼한시대 신성지역이었던 소도(蘇塗)같은 분위기를 느낄 수 있다. 숲 안에는 조그마한 열린 공간이 있었다. 그러나 지금은 나무를 심어 공간이 사라졌다. 이러한 현상은 마치 『장자(莊子)』에 등장하는 중국 천지창조의 신인 혼돈(混沌)을 연상케 한다. 남해(南海)의 제왕(帝王)을 숙(儵)이라 하고, 북해의 제왕은 홀(忽)이며, 중앙의 제왕이 혼돈이었다. 숙과 홀이 때로 혼돈의 땅에서 만나니, 혼돈이 매우 잘 대접하므로 숙과 홀이 혼돈의 은덕을 갚으려고 다음과 같이 말했다. '사람은 모두 일곱 구멍이 있어서 이것으로 보고 듣고 먹고 숨 쉬고 하는데, 혼돈만은 가지고 있지 않으니 시험하여 뚫어 줍시다.' 그래서 숙과 홀이 하루에 한 구멍씩 뚫으니 칠일 만에 혼돈이 죽고 말았다.

인위적으로 나무를 심는 것도 좋지만 자연스럽게 두는 것은 더욱 좋다. 아름다운 숲은 허(虛)와 실(實)이 조화를 이루어야 한다. 특히 학교의 나무와 숲은 허와 실의 조화를 이루지 못하면 인간과 식물이 소통하기 어렵다. 캠퍼스에서 인간과 식물이 소통하지 못하면 인간은 식물을 더 이상 보호하지 않는다. 인간은 자신이 들어갈 수 있는 숲에 친근감을 느낀다. 인간이 들어갈 수 없는 숲은 오히려 두려움을 준다.

광나무와 체육대학

체육대학은 동문에서 오는 사람들은 주로 건물의 뒤편과 마주한다. 그래서 체육대학 뒤편에서는 물푸레나뭇과의 늘푸른 떨기나무인 광나무를 만날 수 있다. 광나무는 잎이 윤기가 나서 붙여진 이름이다. 광나무는 우리나라 남쪽지역에서 울타리용으로 많이 활용하고 있다. 계명대학교 본관 주변에서도 광나무 울타리를 만날 수 있다. 광나무는 떨기나무라서 키가 큰 나무를 거의 만날 수 없지만, 체육대학 뒤편의 광나무는 의외로 키가 크다.

광나무의 학명(*Ligustrum japonicum* Thunb.)에서는 이 나무의 특징을 알려주는 정보가 아주 적다. 스웨덴의 식물학자 툰베르크(Thunberg, 1743-1828)가 붙인 학명 중 속명인 '리구스트룸(*Ligustrum*)'은 고대 이탈리아에 있었던 '리구리아(Liguria)'의 형용사다. 학명에 이탈리아의 지명을 넣은 것은 이 지역에서 재배한 식물 중 약용이 많았기 때문이다. 그러니 학명에서는 이 나무의 약용을 강조한 것이다. 학명에서 언급한 광나무의 약용성은 이 나무의 주요한 특징이다. 광나무의 한자 이름은 '여정(女貞)'이다. 여정은 이 나무의 열매가 여자의 정절을 지킨다는 데서 유래했다. 이는 이 나무의 열매가 강장제 혹은 정력제로 사용됐다는 것을 말한다. 그래서 여정나무 잎으로 차를 만들어 장복하면 흰머리가 검어진다는 이야기도 있고, 동지 무렵에 열매를 따서 술에 풀어 쪄서 남자가 먹으면 여자를 정숙하게 하는 효과가 있다는 설이 있다. 여정목을 줄여 '정목(貞木)'이라 부르고, 동청(冬靑)이라 부르기도 한다. 광나무와 같은 과의 쥐똥나무는 '남정(男貞)'이라 부른다.

광나무를 의미하는 또 다른 한자에는 유(楰)가 있다. 광나무의 학명 중 종소명인 '야포니쿰(japonicum)'은 이 나무가 일본 원산임을 알려준다. 그래서 광나무를 때론 '일본여정(日本女貞)'이라 부른다. 광나무와 아주 흡사한 제주광나무(*리구스트룸 루키둠 아이톤 Ligustrum lucidum* Aiton)도 있다. 제주광나무는 당광나무라 불린다. '당'은 중국을 의미한다.

광나무는 키가 작아서 사람들의 눈길을 잘 끌지 못하지만 꽃은 사람들의 눈길을 확 끌만큼 매력적이다. 체육관 뒤편에서 만나는 광나무의 꽃과 열매는 가뭄 뒤 만나는 소낙비처럼 걷는 사람의 마음을 시원하게 만든다. 열매는 같은 과의 쥐똥나무와 이팝나무를 닮았다. 특히 열매는 겨울 철새들의 중요한 먹이이다. 겨울에 광나무에 앉아서 열매를 먹고 있는 새들의 소리가 얼마나 경쾌한지 모른다. 즐겁고 맛있게 광

체육대학 광나무 (*Ligustrum japonicum* Thunb.)

광나무 꽃

나무 열매를 먹은 새들은 소화를 시킨 후 멀리 날아가서 광나무의 씨앗을 배설할 것이다. 땅에 떨어진 광나무의 열매는 다시 부모와 닮은 나무로 태어날 것이다.

체육관 뒤편에서는 광나무와 함께 뽕나뭇과의 뽕나무를 만날 수 있다. 뽕나무는 중국의 실크로드에서 알 수 있듯이 문명사적으로 매우 중요한 나무이다. 이곳의 뽕나무도 꽤 키가 커서 고개를 한참 동안 올려봐야 가지의 끝을 볼 수 있다. 이곳 뽕나무의 건강상태는 썩 좋지 않지만 여전히 많은 오디를 만들고 있다. 혹 이곳을 지나던 사람들은 떨어진 오디를 밟았던 기억을 가지고 있을지도 모른다. 뽕나무는 중국의 『시경(詩經)』에서 연인들의 밀회 장소였다. 그래서 "뽕도 따고 임도 본다"는 속담이 생겼다. 뽕나무 자식인 닥나무가 종이의 원료이듯이 종이의 원료이기도 했다.

뽕나무 옆에는 참나뭇과의 굴참나무가 한 그루 살고 있다. 굴참나무는 강한 코르크 덕분에 강원도 등에서 굴피집을 짓는 데 중요한 나무였다. 상수리나무와 굴참나무는 껍질로 구분할 수도 있지만 어린 나무의 경우에는 껍질로 구분하기가 쉽지 않다. 그래서 상수리나무와 굴참나무는 잎의 모양도 비슷해서 착각할 가능성이 아주 높다. 상수리나무와 굴참나무를 구분하는 방법 중 하나는 잎의 앞 뒤 색깔이다. 상수리나무는 잎의 앞뒤 색깔이 거의 같지만 굴참나무의 잎은 뒷면이 은색이다. 두 나무의 구분은 잎이 가장 큰 기준이다.

더운 여름에는 체육관 뒤편의 아욱과의 무궁화 꽃이 그늘만큼 시원하게 만든다. 대한민국의 나라꽃인 무궁화는 배롱나무와 함께 여름꽃을 대표한다. 특히 무궁화는 '끝없이 꽃이 핀다'는 뜻이지만 대체로 배롱나무(백일홍)처럼 100일 동안 핀다. 그러나 꽃 한 송이 100일동안 피는 것이 아니라 꽃차례가 100일 동안 이어진다. 무궁화 꽃은 나팔꽃처럼 아침에 피었다가 저녁에 진다. 그러나 아침에 피었다가 저녁에 진다고 해서 의미 없는 것이 아니다. 짧은 시간 동안 피고 지는 것은 그 만큼 치열하게 산다는 뜻이다. 그러면서도 서로 협동해서 다른 나무에서 거의 볼 수 없는 100일 동안이나 꽃을 피울 수 있다. 한 송이가 오랫동안 피어있기란 여간 어렵지 않다. 그래서 10일 가는 꽃이 없다는 '화무십일홍(花無十日紅)'이라는 말이 생겼다. 체육관 뒤편 '무궁화 길'은 삶에서 협동심을 일깨워 주는 '애국의 길'과 같다.

모과나무와 음악공연예술대학·계명아트센터

계명대학교 대명캠퍼스와 성서캠퍼스에는 명품 모과나무가 살고 있다. 특히 본관 앞의 두 그루 모과나무와 음악예술대학 앞의 모과나무는 명품 중의 명품이다. 이곳의 모과나무는 음악대학교에 계셨던 우종억 교수가 기증한 것이다.

장미과의 갈잎중간키 모과나무는 한자 목과(木瓜)에서 온 말이다. 이는 열매가 작은 오이를 닮아 붙인 이름이다. 이는 중국 최초의 사전인 『이아(爾雅)』의 곽박(郭璞) 주(注)에 나온다.그러나 학명에서는 모과를 사과에 비유하고 있다. 학명(*Chaenomeles sinensis* (Thouin) Koehne) 중 카이노멜레스(*Chaenomeles*)는 '갈라지다'는 뜻을 가진 그리스어 '카이노(chaino)'와 '사과'를 뜻하는 '멜론(melon)'의 합성어이다. 이는 모과나무가 사과처럼 생겼지만 갈라진다는 뜻이다. 학명 중 시넨시스(*sinensis*)는 모과나무의 원산지가 중국이라는 의미다. 중국에서는 아주 오래전부터 재배했다. 『시경(詩經)』과 『위풍(衛風)』, 『모과[木瓜]』에 등장한다.

나에게 모과를 보내주었으나
아름다운 패옥으로 보답하나니(投我以木瓜 報之以瓊琚)
보답이 아니라 영원히 친하게 지내자는 거요(匪報也 永以爲好也)
(이하 생략)

모과나무의 주요 생산지는 절강성(浙江省) 산음(山陰)과 난정(蘭亭)이었다. 특히 난정은 왕희지(王羲之)가 활동한 곳이다. 모과나무는 열매도 좋고 꽃도 아름답지만 줄기만 보아도 아주 단단하다는 것을 알 수 있다. 옛날부터 중국에서는 주로 이 나무로 곡식을 담는 원통의 재료로 사용했지만, 우리나라에서는 장롱을 만드는 데 사용했다. 놀부가 동생 흥부 집에서 자기의 집으로 가져가면서 이름을 외우느라 고생한 이른바 화초장이 바로 모과나무로 만든 것이다. 모과나무를 따로 '화초목'이라 부른다. 식물 농서인 『군방보(群芳譜)』에 따르면 중국에서는 모과나무 껍질로 장(漿), 즉 미음을 만들어 먹었다.

모과나무는 꽃으로 사람들의 눈을 즐겁게 하고, 열매와 껍질로 사람들의 입을 즐겁게 해주는 존재이다. 그런데 모과나무에 조금만 관심을 가지면 5월 꽃이 필 무렵 모과나무의 열매가 익으면 '놀라운'사실을 발견할 수 있다. 봄이면 모과나무에 물이

음악공연예술대학·계명아트센터 모과나무 (*Chaenomeles sinensis* (Thouin) Koehne)

오르면서 껍질이 축축해진다. 그런 후 꽃을 피우는 일이 힘겨운지 일부의 껍질이 벗겨진다. 이 때 모과나무의 속을 볼 수 있다. 벗겨진 껍질 속을 보면 노랗다. 익은 열매와 흡사하다. 『삼국전략(三國典略)』에는 모과의 성분과 관련한 내용이 나온다.

> 제(齊)나라 효소왕(孝昭王)이 북으로 고막해(庫莫奚)를 정벌하러 가다가 천지(天池)에 도착하여 모과로 고기를 죽였다. 고막해 사람들이 이것을 보고 불길하다 생각하고 군대를 철수했다. 이 틈을 타서 제나라가 군사를 나누어 출격하여 고막해 사람들을 모두 사로잡았다.

주위에 모과나무는 아주 흔하지만, 아주 오래 살고 있는 것은 보기 드물다. 남한에는 천연기념물로 지정한 모과나무가 한 그루도 없고, 북한에는 두 그루 있다. 큰 열매를 맺는 나무는 대개 오래살 수 없기에 천연기념물을 찾기 어려울 것이다. 그런데 2005년 7월 신라고찰 도덕암의 모과나무를 경북도 보호수로 지정했다. 이곳의 모과나무는 혜거국사가 팔공산 기슭 도덕산에 위치한 암자를 창건하면서 심은 것으로 전한다. 전문가들은 이 나무의 나이를 800년 정도로 잡고 있다. 현재 이곳의 모과나무는 국내 최고령이다. 높이 10미터, 둘레 4미터 이르는 거목이다. 이곳 모과나무의 나이를 800년으로 잡은 것은 모과나무 둘레가 1m 자라는데 200년이 걸리는 것으로 보았기 때문이다. 모과나무 옆에는 광종이 3일 동안 머물면서 샘물을 마시고 속병을 고쳤다는 전설의 우물이 있다. 곽재우 장군을 모신 경상남도 의령군에 위치한 충익사 내의 모과나무도 유명하지만, 경상남도 합천군 묘산 묵와고가(默窩古家)에도 아주 큰 모과나무가 살고 있다. 묵와는 선조 때 선전관을 역임하고, 인조 때 영국원종일등공신(寧國原從一等功臣)에 봉작된 윤사성(尹思晟)의 호이다.

사람들 중에는 못생긴 사람을 모과나무 열매에 비유한다. 혹 어떤 꽃은 예쁘다고 말하고, 어떤 꽃은 예쁘지 않다고 말한다. 나무의 꽃을 보고 예쁘다고 하든, 그렇지 않다고 하든, 나무의 열매를 보고 잘 생겼다고 하든, 그렇지 않다고 하든, 모두 각자의 미적 감각에 따른 것이겠지만, 한 가지 분명한 것은 그러한 분별심이 세상을 불편하게 만든다는 사실이다. 예술적인 감각으로 본다면 이 세상에 존재하는 꽃과 열매는 모두 아름다울 뿐이다. 사랑하는 마음으로 본다면 이 세상에 존재하는 모든 생명체는 그 자체로 아름답다. 자신의 눈으로 호불호를 구분하는 순간, 아름다운 세상을 제대로 볼 수 없다. 이 세상은 애초부터 아름다운 것인데도 아름답지 못한 마음 때문에 스스로 아름다움의 일부만 느낄 수 있다. 이것만큼 불행한 일도 없다.

성서캠퍼스의 명품 모과나무는 나무가 오래 살아서가 아니라 평생 기른 나무를 후학들을 위해 기증했기 때문이다. 문제는 기증자의 깊은 뜻을 제자와 후배들이 늘 기억하면서 삶의 나침반으로 삼느냐이다. 그런 깊은 뜻을 모르면 그곳의 모과나무는 결코 명품으로 평가받을 수 없다. 예수님이 한 존재의 믿음을 확인할 때 가장 아끼는 것을 바치라고 말했듯이, 자신이 가장 아까운 것을 기꺼이 내놓을 때 인간의 참모습은 드러난다.

모과나무

메타세쿼이아와 행소박물관

행소박물관 메타세쿼이아 (*Metasequoia glyptostroboides* Hu & W.C.Cheng)

성서캠퍼스를 가장 빛나게 하는 가로수는 동문 행소박물관 앞의 메타세쿼이아이다. 행소박물관의 '행소(行素)'는 계명대학교 신일희(申一熙) 총장의 아호이다. 한국의 나무도감에 올라 있는 나무 중 중국인이 붙인 학명은 아주 드물지만 메타세쿼이아는 중국인이 붙인 대표적인 나무이다. 그러나 중국인이 붙인 이름인데도 상당히 낯설다. 그 이유는 이 나무가 특별한 의미를 갖기 때문이다. 이 나무는 1946년에서야 지구상에 살아 있다는 사실이 알려졌다. 그 동안 이 나무는 지구상에 없는 존재였다. 이 나무가 지구상에서 사라진 것은 빙하기에 많이 죽었기 때문이라는 설도 있지만, 해수면이 높아져 나무들이 바닷물로 치명적인 피해를 입었기 때문이라는 설도 있다. 그러나 이 나무의 존재는 다른 나무 보다 아주 뒤에 알려졌지만 은행나무와 소철처럼 살아 있는 화석일 정도로 유구한 역사를 지니고 있다.

낙우송과의 메타세쿼이아를 처음 발견한 시기는 중일전쟁시기인 1937년이었다. 그래서 인간이 이 나무와 대면한 것은 다른 나무에 비해 아주 짧다. 더욱이 이 나무는 중국이 일본의 침략을 받지 않았다면 아직 발견할 수 없었거나 훨씬 뒤에 발견했을지도 모른다. 왜냐하면 이 나무는 중국이 일본의 침략으로 서북 산간지역으로 후퇴하는 과정에서 우연히 발견했기 때문이다. 이 나무의 학명(*Metasequoia glyptostroboides* Hu & W.C.Cheng)을 붙인 사람은 중국의 후[胡先驌]와 쳉[鄭萬鈞]이다. 그러나 현재 극히 일부 지역에서 자생하고 있는 중국 원산의 메타세쿼이아는 미국은 물론 우리나라 포항에서도 화석이 확인되고 있다.

메타세쿼이아의 메타(*Meta*)는 영어의 포스터(post), 즉 '이후'라는 뜻이고, 세쿼이아(*sequoia*)는 인디언 추장의 이름이다. 그러니 메타세쿼이아(이하 메타)는 세쿼이아 이후에 등장한 나무라는 뜻이다. 이 나무의 한자 이름은 수삼(水杉)이다. 삼나무와 같은 성질을 가졌으면서도 물을 아주 좋아한다는 뜻이다. 메타의 잎은 낙우송과 달리 잎이 마주 달린다. 열매는 솔방울처럼 생겼다. 메타는 난징에서 베이징까지의 철로에 즐비하지만, 우리나라에서도 1970년대에 권장 가로수로 지정한 이래 전국 곳곳에서 가로수로 심고 있을 만큼 흔하다. 그 중 담양의 메타 가로수는 우리나라에서 가장 아름답다. 아울러 창원 시내의 가로수도 담양 못지않은 곳이다.

행소박물관 서편의 메타는 계절마다 아주 멋진 장면을 연출한다. 봄에 초록 잎이 돋으면 앙증맞아 가슴이 뛴다. 여름에 울창한 숲은 햇살마저 통과하지 못한다. 가을에 누렇게 물든 잎 사이로 파란 하늘을 안으면 한 폭의 산수화가 펼쳐진다. 겨울에 눈이 내리면 산타가 썰매를 타고 달려온다. 이처럼 이곳의 메타 가로수가 사계절 내내 아름다운 장면을 연출할 수 있는 것은 메타 간의 거리가 좁기 때문이다. 숲은 좁은 공간도 넓게 보이게 하는 마술과 같다. 숲은 좁은 마음도 넉넉하게 만드는 마법 같다.

메타는 아주 키가 크게 자라기 때문에 나이가 들면서 판근(板根)을 만든다. 이곳의 메타도 거의 예외 없이 판근을 만들었지만, 늦게 심은 쉐턱관에서 공학관까지의 메타는 아직 판근을 만들지 않았다. 판근이 생기면서 나무의 줄기에는 '골'이 생긴다. 골이 깊을수록 나무의 키도 크다. 높이가 올라갈수록 깊은 골을 가진 판근을 만들지 않으면 바람에 쉽게 넘어지기 때문이다. 동문의 메타는 동문입구에서 공학관까지의 가로수이지만 동문입구에서 쉐턱관 사거리까지와 쉐턱관에서 공학관까지의 크기가

행소박물관 메타세쿼이아

다르다. 아주 안타깝게도 처음부터 메타를 동시에 심지 않았기 때문이다. 메타 거리는 키가 크면 클수록 공간이 좁아져 나무간의 치열한 경쟁을 피할 수 없다. 당장에는 빽빽해서 보기 좋을지 몰라도, 먼 장래를 생각하면 나무의 긴장도는 높아질 것이다. 나무의 긴장도가 높으면 높을수록 생명에도 좋지 않은 영향을 줄 것이다.

행소박물관과 메타는 아주 잘 어울린다. 행소박물관에는 우리나라 구석기 유물에서 근대시기의 유물까지 다양하면서도 소중한 문화재를 보존하고 있다. 유구한 역사의 유물과 살아 있는 화석인 메타와의 만남은 정말 절묘하다. 그런데 행소박물관과 메타와의 절묘한 만남은 단순히 오래되었다는 공통점 때문만이 아니라 박물관의 유물이 먼지 쌓인 창고에 갇혀 있지 않고 메타처럼 살아 있기 때문이다.

행소박물관 앞의 피라칸타와 탱자나무는 박물관과 메타를 지키는 수호신과 같다. 장미과의 피라칸타는 겨울에 더욱 빛난다. 세상의 나무 중에서 가장 많은 열매를 맺는 것쯤으로 착각할 만큼 엄청난 양의 열매를 자랑한다. 겨울 내내 열매를 달고 있으면서 수많은 겨울 새들의 허기를 달래준다. 붉은색 혹은 노란색을 가진 피라칸타는 장미과라서 작은 가시를 많이 달고 있다. 그래서 피라칸타는 생울타리로 많이 활용한다. 가시가 달린 나무들은 사악한 기운을 물리치는 힘을 가졌다고 믿기 때문이다. 행소박물관 서편의 탱자나무를 전통시대에 생울타리로 많이 활용했던 것도 나쁜 기운을 물리친다고 생각했기 때문이다. 성서캠퍼스에는 행소박물관 서편 외에도 전산교육원 근처, 계명한학촌 계정헌 앞 등지에 운향과의 탱자나무가 살고 있다. 성서캠퍼스의 탱자나무는 다른 곳에서 쉽게 볼 수 없을 만큼 고목에 가깝다. 성서캠퍼스의 탱자나무에는 대부분 줄기에 깊은 상처가 남아 있다. 깊은 상처에는 세월의 아픈 흔적이 짙게 남아 있지만, 연륜을 통해 나무의 지혜를 발견할 수 있다.

강화도에 남아 있는 천연기념물 탱자나무는 몽골의 침략을 방어한 역사적인 나무이다. 성서캠퍼스의 탱자나무들도 역사와 전통을 품고 있다. 역사와 전통을 가진 탱자나무에는 매년 열매를 맺는다. 성서캠퍼스의 탱자나무의 열매를 잘 거두어서 후손을 만드는 작업도 필요할지도 모른다. 좋은 나무는 후손을 만들어야만 전통을 계승할 수 있다. 계명대학교의 나무는 계명대학교가 존재하는 한 역사적인 존재이다. 그래서 후계목을 만드는 작업도 결코 소홀할 수 없다.

행소박물관 메타쉐쿼이아

왕벚나무와 쉐턱관

쉐턱관 왕벚나무 (*Prunus yedoensis* Matsum)

쉐턱관 앞 왕벚나무에 꽃이 피면 성서캠퍼스의 봄은 절정을 이룬다. 봄철 우리나라 어느 곳이든 벚나무 꽃으로 가득하다. 어디든 벚꽃 축제를 벌일 수 있을 만큼 벚나무가 많다. 일본의 나라꽃이라 미워하던 시절이 엊그제 같은 데 왜 이다지도 벚나무를 좋아할까. 한 가지 분명한 사실은 많은 사람들이 사꾸라(さくら)로 부르는 장미과의 왕벚나무(*Prunus yedoensis* Matsum)가 한국 원산지임을 잘 알고 있다는 점이다. 이제 많은 사람들이 왕벚나무를 일본을 상징하는 나무가 아니라 당당히 우리나라 나무라는 사실을 인식하면서 이 나무에 대한 '자신감'을 갖고 있을지 모른다. 쉐턱관 앞의 왕벚나무는 한국 전통의 장독, 그리고 한국 전통의 유물을 소장하고 있는 행소박물관과 더불어 성서캠퍼스에서 가장 한국적인 문화이다.

일본에서 말하는 사꾸라는 한자 앵두 앵(櫻)에 대한 음이다. 그래서 벚나무의 한자에 앵 자를 사용하고 있다. 일본에서는 왕벚나무는 '화왕(花王)'이라 부른다. 그러나 학명에는 벚나무의 꽃보다 잎을 강조하고 있다. 학명 중 세룰라타(*serrulata*)는 잎에 톱니가 많다는 뜻이고, 스폰타네아(*spontanea*)는 야생이라는 뜻이다.

중국의 식물관련 작품에서는 벚나무를 산앵도(山櫻桃), 산앵화(山櫻花), 복도앵(福島櫻), 앵화(櫻花)로 표기하고 있다. 등이아(鄧爾雅)의 시『앵화(櫻花)』는 벚나무의 아름다운 꽃을 읊었다.

어제의 눈 마치 꽃 같고(昨日雪如花)
내일의 꽃 마치 눈 같네(明日花如雪)
벚나무 마치 미인같고(山櫻如美人)
붉은 얼굴이 쉽게 사라지네(紅顔易銷歇)

중국 청대의 식물도감에는 벚나무의 열매를 먹을 수 없는 것으로 소개하고 있으나, 벚나무의 열매인 버찌는 먹을 수 있다. 버찌는 서양의 벚나무 열매인 체리보다 작다.

우리나라에서는 벚나무를 화목(樺木)으로 표기했다. 그런데 한자 화는 자작나무를 뜻하기도 해서 과거엔 화목을 자작나무로 풀이한 적도 있지만, 요즘은 일반적으로 벚나무로 이해하고 있다. 각종 벚나무는 나무의 조직이 조밀하고 너무 단단하지도 너무 무르지도 않을 뿐 아니라 잘 썩지도 않아 글자를 새기는 데 안성맞춤인 나무이다. 그래서 팔만대장경판에 사용한 나무 중 60% 이상이 산벚나무라는 사실이 밝혀졌다. 산벚나무(*Prunus sargentii* Rehder)는 '산에서 사는 벚나무'라는 뜻이다. 산벚나무는 잎보다 꽃이 먼저 나오는 왕벚나무와 달리 꽃과 잎이 거의 같은 시기에

쉐턱관 왕벚나무

난다. 개벚나무, 섬벚나무, 꽃벚나무 등은 서로 비슷해서 사실상 전문가도 구별하기 어렵다.

벚나무 중에는 올벚나무(*Prunus itosakura* var. *ascendens* Makino(*P. subhirtella* var. *ascendens* Ohwi))는 다른 벚나무보다 꽃이 먼저 피기에 붙인 이름이다. '올'은 '이르다'는 뜻이다. 올벚나무 중에는 전남 구례 화엄사 지장암의 올벚나무(천연기념물 제38호)가 유명하다. 벽암선사가 심었다는 이곳의 올벚나무는 세월의 풍파를 견디느라 건강을 많이 잃었다.

요즘 조경수로 즐겨 심고 있는 벚나무 중에 능수벚나무가 있다. '능수'는 '수양'과 더불어 가지가 땅으로 쳐진 경우에 붙이는 접두어이다. 그래서 능수벚나무 혹은 수양벚나무는 일반 벚나무와 달리 가지를 땅으로 떨어뜨려 한층 운치 있다. 성서캠퍼스에도 능수벚나무가 살고 있다. 본관 앞과 뒤편, 서편 등지에 살고 있는 능수벚나무는 쉐턱관의 왕벚나무와 또 다른 운치를 더한다.

쉐턱관에서 벚꽃을 즐기는 방법 중 하나는 행소박물관 뒤편의 벽에 비친 장면을 감상하는 것이다. 왕벚나무에 꽃이 만개했을 때 쉐턱관 정문 계단에서 행소박물관 벽을 바라보면 왕벚나무의 나르시스를 목격할 수 있다. 자신의 아름다움에 취한 왕벚나무의 모습은 보면 보는 사람도 저절로 아름다움에 빠져들 수밖에 없다. 벚꽃을 즐기는 또 하나의 방법은 낙화에 관심을 갖는 것이다. 많은 사람들이 개화에 관심을 갖는 반면 낙화에는 큰 관심이 없지만, 낙화의 아름다움을 알아야만 진정 나무를 사랑할 수 있다. 낙화에 관심을 가지면 벚나무처럼 장미과의 꽃잎이 다섯 장이라는 것을 알 것이다. 더욱이 바람에 날리는 낙화를 좇아가다 나뭇가지를 바라보면 꽃이 진 자리에 남은 꽃받침도 다섯 개라는 것도 눈에 들어온다. 꽃받침만 남은 벚나무도 꽃이 피었을 때만큼 아름답다는 것을 아는 사람은 진한 감동이 가슴에 한층 진하게 남아 있다는 것을 안다.

쉐턱관 왕벚나무에 꽃받침 옆에서 잎이 돋고, 그 자리에 열매인 버찌가 열리면 사람들의 관심은 왕벚나무에서 멀어진다. 버찌는 작고 잎에 가려서 관찰하지 않으면 있는 줄도 모른다. 그러나 문득 왕벚나무 가로수를 걷다보면 길가에 떨어진 검은 색의 버찌를 만난다. 자신의 꽃에 대해 그렇게 환호하던 사람들 중 그 누구도 관심을 갖지 않았지만, 버찌는 그 누구도 원망 않고 묵묵히 자식을 키웠던 것이다. 꽃에 환장한 사람들이 자신에게 관심을 갖지 않더라도 나무가 원망하지 않는 것은 애초부터 그들을 위해 꽃을 피우지 않았기 때문이다.

모든 생명체는 자기를 위해서 존재한다. 그러나 간혹 인간은 자신이 누구를 위해서 존재하는 것처럼 착각하면서 살아간다. 나무가 누군가에게 보여주기 위해서 꽃

쉐턱관 왕벚나무

쉐턱관 앞 벚꽃길

을 피우지 않듯이, 인간도 보여주기 위해 살지 않고 오로지 자신을 위해서 살아간다면, 나무처럼 아낌없이 주는 존재로 극찬 받을 수 있을 것이다. 화려한 꽃이 잠깐 동안 관심을 받을 뿐이다. 더욱이 꽃은 생존을 위한 긴 삶의 과정에 불과하다. 인간의 삶도 긴 호흡으로 살아가야만 지치지 않고 즐겁게 살 수 있다.

칠엽수와 오산관

오산관 칠엽수 (*Aesculus turbinata* Blume)

칠엽수과의 칠엽수는 낭만을 상징하는 나무이지만 아직 우리에겐 낯선 이름이다. 칠엽수보다는 프랑스 말 마로니에(marronnier)에 익숙하기 때문이다. 잎이 7개이기에 붙여진 칠엽수는 잣나무를 오엽송(五葉松)이라 부르는 것처럼 반드시 잎이 7개는 아니다. 실제 주위의 칠엽수 잎을 보면 7개를 가진 나무가 드물다. 대개 5-7개인 칠엽수의 이름은 잎을 강조했지만, 학명(*Aesculus turbinata* Blume)에는 열매와 꽃을 강조하고 있다. 네덜란드의 식물학자 블루메(Blume, 1796-1862)가 붙인 학명 '아이스쿨루스(*Aesculus*)'는 '먹다'를 의미하는 라틴어 '아이스카레(*Aescare*)'에서 유래했다. 이 말은 처음 참나무를 의미했지만 열매의 식용 혹은 사료를 의미하는 단어로 바뀌었다. 또 학명 중 속명인 '투르비나타(*turbinata*)'는 꽃 모양이 '원뿔'이라는 뜻이다. 칠엽수의 꽃을 본 사람들은 학명에서 왜 꽃을 강조했는지 알 수 있다. 작은 꽃들이 모여 만들어진 고깔모양의 꽃은 금방 사람들의 시선을 끌만큼 독특하다.

우리 주변에서도 칠엽수는 흔히 볼 수 있다. 근래 조경수로 많이 심고 있기 때문이다. 서울의 경우 종로구 동숭동 대학로의 이른바 '마로니에 공원'에서, 때론 각 지역의 공원 혹은 가로수에서 쉽게 볼 수 있다. 성서캠퍼스에도 초창기에는 칠엽수가 없었지만 근래 곳곳 심어서 쉽게 만날 수 있다. 그 중에서도 오산관 주변에 칠엽수가 가장 많다. 오산(悟山館)의 '오산'은 우리 학교법인 이사와 이사장으로 18년간 봉사하면서 성서캠퍼스 조성을 주관한 김상렬 박사의 아호이다.

많은 사람들은 직접 보지도 않은 프랑스 파리의 몽마르트 언덕의 칠엽수를 기억한다. 사람들이 그곳을 낭만의 거리로 생각하는 것은 많은 예술가들이 담론을 나누었기 때문이다. 이성복 시인도 아래 시에서 보듯 프랑스에서 생활하면서 마로니에 흠뻑 적었다.

높은 나무 흰 꽃들은 燈을 세우고 10

센 강변의 배들, 물에 비친 배 그림자 순간마다 달
라지고 웬 마로니에는 그렇게 많은 꽃燈을 세우는지,
그 꽃燈 뒤에 무엇이 무엇이 숨어 있는지 보고 싶지
만 무서움은 다만 내게 있고 흐르는 노래는 옛날 노
래 "상주 함창 공갈못에 연밥 따는 저 처자야……"
한참 걷다보면 꺼멓게 탄 여학생 시체 둘이 나란히
걸어온다 연극일 뿐이야, 다짐하지만 언제 나는 무대
밖에 있었던가 生死는 大事요 夢中生死라더니 역시

오산관 칠엽수

꿈은 서럽고 삶은 폭력적이다.

파리의 칠엽수와 한국에서 만나는 칠엽수는 다르다. 주변에서 흔히 만나는 칠엽수는 일본원산의 일본칠엽수이고, 파리를 비롯한 유럽에서 볼 수 있는 세계 3대 가로수인 칠엽수는 서양칠엽수이다. 일본칠엽수는 봄에 피는 꽃이 유백색이지만, 서양칠엽수는 붉은 색을 띤다. 후기 인상파 세잔느(Paul Cezanne, 1839-1906)는 유럽의 낭만을 상징하는 나무 마로니에를 연상케 하는 화가다. 1885-1887년경에 그린 『자드부팡의 마로니에』는 세잔느에게 잊을 수 없는 작품이다. 자드부팡은 그의 아버지가 1859년 9만 프랑에 산 집이자 세잔느의 화실이었기 때문이다. 그는 이 집이 1899년 팔릴 때까지 이곳에서 그림을 그렸다. 16세기에 프랑스에 들어온 마로니에는 세잔느와 늘 친구였다.

일제강점기에 들어온 칠엽수의 겨울눈은 마치 붓끝같이 크고 수지(樹脂)가 있어 점성이 있다. 손으로 만지면 꿀처럼 끈적끈적하다. 칠엽수의 잎은 가운데 것이 가장 길고 옆으로 갈수록 점점 작아진다. 이러한 칠엽수는 여름에는 시원한 그늘을 만들고, 가을에는 황색으로 사람들의 마음을 움직인다. 칠엽수의 꽃은 잡성화로 양성화와 수꽃이 있고 6월에 분홍색 반점이 있는 흰색으로 핀다. 가지 끝에 원추꽃차례를 이루며 많은 수가 빽빽이 달린다. 그러나 관찰하지 않으면 꽃을 보기가 쉽지 않다. 칠엽수의 열매는 마치 갈색의 밤알을 닮았다.

바우어관 주변이나 의양관 주변의 칠엽수는 오산관의 칠엽수보다 키가 크다. 성서캠퍼스 칠엽수의 노란 잎은 감당할 수 없을 만큼의 감동을 선사한다. 특히 햇살이 비칠 때 잎 뒷면서 잎맥을 바라보면 정말 황홀하다. 아주 곱게 물든 나뭇잎을 주워서 책갈피에 끼워놓으면 나중에 비파를 닮은 악기처럼 사용할 수 있다. 이처럼 칠엽수는 감정이 메마른 사람들에게 풍부한 감성을 자극한다. 나뭇잎이든, 꽃이든, 열매든, 나무는 어느 곳이든 자신의 모습을 숨겨둔다. 만약 나무가 숨겨둔 비밀을 알기만 하면, 그 순간 위대한 지혜를 발견할 수 있다. 나무는 물론 모든 생명체는 그 자체로 우주이다. 꽃과 나뭇잎과 열매도 그 자체로 우주이다. 하나의 나뭇잎을 통해 우주의 섭리를 깨닫는다는 것은 곧 자신의 모습을 통해 우주의 섭리를 깨닫는 과정이다.

대나무와 공학관·덕래관

참나무가 식물도감에 등장하지 않듯이 대나무도 식물도감에 등장하지 않는다. 대나무는 여러 종류의 대나무류를 나타내는 '군(群)'을 의미한다. 우리나라 사람들이 얘기하는 대나무는 대부분 왕죽(王竹)이다. 대나무를 의미하는 한자는 죽(竹)이다. 이 한자는 이 나무의 형상을 본 뜬 것이다. 대나무 이름은 한자 죽이 북방으로 옮겨질 때 명칭도 중국 남방음이 따라 들어와 생긴 것이다. '죽'의 남방 고음이 '덱(tek)'인데 끝소리 'ㄱ'음이 약해져 한국에서는 '대'로 변했다. 성서캠퍼스에는 공학관 및 덕래관(德來館) 앞과 아담스채플관 뒤편에 왕죽이 살고 있다. 덕래관의 '덕래(德來)'는 1959년 계명대 건축담당자로 평생 계명대 건축책임자로 봉직한 추성엽 장로의 아호이다.

공학관 왕대 (*Phyllostachys bambusoides* Siebold & Zucc.)

늘푸른 대나무는 다른 나무와 다른 점을 갖고 있다. 보통 나무는 자라면서 몸집을 불리지만 대나무는 그렇지 않다. 대나무는 죽순(竹筍)의 굵기가 곧 이 나무의 굵기를 결정한다. 그러니 대나무는 자라면서 몸집은 굵지 않고 위로만 자랄 뿐이다. 대나무의 이러한 특징 때문에 이 나무를 풀로 보는 학자도 있다. 대나무의 이른바 정체성 문제는 일찍부터 사람들이 관심을 가졌다. 송강(松江) 정철(鄭徹, 1536-1593)과 조선시가에 쌍벽을 이룬 고산(孤山) 윤선도(尹善道, 1587-1671)는 가장 대표적인 인물이다. 그의 오우가(五友歌)에서 확인할 수 있다.

> 나무도 아닌 것이 풀도 아닌 것이
> 곧기는 뉘가 시켰으며 속은 어이 비었는가
> 저렇게 사시에 푸르니 그를 좋아하노라

벼과의 대나무가 나무면서도 풀인 벼과에 속한 것도 이 나무의 특징이다. 지볼트(Siebold, 1796-1866)와 주카리니(Zuccarini, 1797-1848)가 붙인 학명(*Phyllostachys bambusoides* Siebold & Zucc.) 중 '필로스타키스(*Phyllostachys*)'는 그리스어로 '잎'을 뜻하는 '필론(phyllon)'과 '이삭'을 뜻하는 '스타키스(stachys)'의 합성어다. 학명에서는 대나무의 가지와 잎을 벼에 비유하고 있다. 축 처진 대나무 가지는 마치 고개 숙인 벼와 아주 닮았다. 학명 중 밤부소이데스(*bambusoides*)는 '참대와 비슷한'을 의미한다. 대나무를 의미하는 영어의 '밤부(Bamboo)'는 대나무를 태우면서 생기는 소리에서 따왔다.

우리나라 중 남쪽에 살고 있는 사람들에겐 아주 특별하다. 이곳에 사는 사람들은 대나무로 만든 제품, 즉 죽제품(竹製品)을 통해 생계를 유지했기 때문이다. 그래서 이곳 사람들은 대나무를 살아 있는 금, 즉 '생금(生金)'라 불렀다. 그만큼 이곳 사람들에겐 대나무를 금에 비유할 만큼 소중했던 것이다. 대나무는 우후죽순(雨後竹筍)이라는 말에서도 알 수 있듯이 성장이 아주 빨라서 다른 나무에 비해 활용가치가 아주 높았다.

중국에서도 대나무는 아주 귀한 존재였다. 중국인들 중에서도 소수민족인 이족(彝族), 고산족인 아미족(雅美族)과 토산족(土山族)은 대나무가 타면서 나오는 소리에서 사람이 태어난다고 생각했다. 이족의 선조는 대나무가 폭발할 때 튀어나온 원숭이가 변한 것이고, 아미족의 선조는 대나무와 거석(巨石)에서 탄생한 여자와 남자가 혼인해서 낳았다. 창세신이 대나무로 만든 골격이 변해서 생긴 토산족의 선조는 최초의 인류이다. 특히 이족 최초의 인간이 대나무가 폭발할 때 탄생한 신화는

공학관 왕대

오늘날까지 중국인들이 결혼 · 출생 · 명절 · 경축일 등의 경사와 장례 때 즐겨 사용하는 폭죽과 깊은 관계가 있다. 폭장(爆仗) · 포장(炮仗) · 편포(鞭炮) 등으로 불리는 폭죽은 2천 년의 긴 역사를 지니고 있지만, 그 기원은 조정에서 사용한 횃불인 정료(庭燎)로 보고 있다. 중국인들은 불이 잘 붙고 오래가는 대나무의 특성을 이용하여 횃불을 만들었다. 이러한 풍속은 죽통 안의 공기가 팽창하여 폭발하는 소리가 악귀를 쫓는다고 믿기 때문이다.

대나무를 인간의 탄생과 관련해서 이해하고 있는 이족 등의 신화는 대나무의 주요 산지인 운남(雲南) · 귀주(貴州) · 광서(廣西) 등지에서 쉽게 찾아볼 수 있다. 이곳에 죽왕(竹王)을 숭배하는 죽왕묘(竹王墓) 등 대나무를 숭배하는 풍속이 남아 있는 이유는 대나무가 이곳 사람들의 주요한 삶의 수단을 넘어 신비스러운 요소를 갖고 있었기 때문이다. 중국 동진(東晋) 도교신들의 계시를 집대성한 『진고(眞誥)』에 따르면, 대나무는 북두칠성의 정기를 받았기 때문에 둥글면서 안은 비고 윤이 나며, 땅속에 있을 때 깨끗하고 흰 자질을 기르고 뿌리를 뻗어 열매를 맺으면 휘어지는 것이다.

대나무에서 인간이 탄생한 것은 이 나무가 그만큼 신령스럽다는 뜻이다. 이 나무로 만든 피리도 신비스러운 힘을 갖고 있다. 특히 마술을 부릴 경우 으레 피리가 등장하는 것도 피리소리가 갖는 신통력 때문이다. 우리나라에도 피리소리가 지니고 있는 신통력에 관한 이야기가 전하고 있다. 대나무로 만든 피리를 불면 쳐들어 왔던 적군도 물러나고, 질병도 가뭄도, 폭풍도 사라진다는 만만파파식적(萬萬波波息笛), 즉 만파식적의 전설이 바로 그것이다. 신라 제31대 신문왕(神文王, 재위 681~692)이 아버지 문무왕을 위하여 감은사(感恩寺)를 지은 후 이 피리를 용에게 받았다. 이것을 불면 소원이 이루어지므로 국보로 삼았다(『삼국유사』).

중국 호남에는 애절한 사랑으로 태어난 대나무도 있다. 중국 호남성 동정호(洞庭湖) 지류인 소강과 상강의 얼룩무늬 대나무, 즉 소상반죽(瀟湘斑竹)이 그 주인공이다. 이곳의 대나무는 이 지구상의 대나무 중에서도 하나밖에 없을 뿐 아니라 그 원인조차 아직 알지 못할 만큼 신비스러운 나무이다. 그러나 이 신비스러운 대나무는 애절하면서도 슬픈 사랑을 담고 있다. 요(堯)임금은 아들에게 왕위를 물려주지 않고 농사꾼이었던 순(舜)에게 아황(娥皇)과 여영(女英)이라는 두 딸과 함께 왕위를 물려주었다. 요임금에게 왕위를 물려받은 순임금은 집에조차 제대로 들어갈 수 없을 정도로 치수사업(治水事業)에 심혈을 기울였다. 그러나 순임금의 아내 아황과 여영은 남편이 오랫동안 돌아오지 않자, 남편을 찾아 길을 나섰다. 두 비는 남편이 죽어 군산(君山)의 창오(蒼梧)에 묻혔다는 청천벽력과도 같은 소식을 들었다. 두 비는 절망한 나머지 주야로 통곡하다 그만 상수(湘水)에 몸을 던져 죽었다. 두 비의 피눈물이 대나무 숲에 튀어 군산(君山)의 대나무들은 모두 얼룩대나무로 변했다. 군산에는 굴원(屈原)이 지은 우제이비지묘비(虞帝二妃之墓碑)가 있다.

우리나라에도 비슷한 얘기가 전한다. 『신증동국여지승람(新增東國輿地勝覽)』 권35, 『영암군(靈巖郡)』에 따르면, 신라 말 풍수학의 대가였던 도선(道詵, 827-898)의 어머니 최씨가 마당에 열린 오이를 먹고 임신하여 도선을 낳았다. 최씨의 부모는 딸이 남자와 관계도 없이 아이 낳을 것을 미워하여 아이를 대나무 숲에 버렸다. 그런데 비둘기가 와서 아이를 날개로 덮어주자 최씨의 부모가 다시 아이를 거두어 길렀다. 『삼국유사』의 『기이편』에도 대나무와 관련한 기이한 내용이 실려 있다. 신라 유례왕(儒禮王)13년에 이서국(伊西國)의 군대가 금성(金城)을 침공했으나 막을 방법이 없었다. 그런데 그 때 대나무 잎으로 귀걸이를 한 군대가 적을 무찔렀다. 군대가 물러간 뒤에는 병사들이 어디로 갔는지 몰랐다. 다만 대나무 잎이 미추왕(味鄒王)의 능 앞에 쌓여 있었다. 그래서 이능을 죽현능(竹現陵)이라 한다.

대나무의 다른 이름은 '차군(此君)'이다. 이는 중국의 서성(書聖) 왕희지의 아들이 대나무를 아주 좋아해 남의 집에 잠시 기거할 때마다 대나무를 심도록 하면서 "어찌 하루라도 이분[此君]이 없을 수 있겠는가?"에서 유래했다. 이러한 대나무의 이름은 남명 조식의 시에서도 확인할 수 있다.

종죽산해정(種竹山海亭)

대나무가 외로운가, 외롭지 않은가?(此君孤不孤)
소나무와 이웃이 되었네(髥未則爲隣)
풍상 치는 때 보려고 하지 말게나(莫待風霜看)
살랑거리는 모습 속에 참된 뜻 보겠네(渃渃這見眞)

대나무 중에는 『양화소록』에 등장하는 오반죽(烏班竹)이 있다. 강원도 강릉의 오죽헌(烏竹軒)에도 오죽이 살고 있다. 효자나무로 알려진 맹종죽(孟宗竹)이 있다. 이 나무는 전설이 전한다. 중국 삼국 시기 효자로 알려진 맹종은 어머니가 죽순 나물을 먹고 싶다고 하자 겨울에 대밭에 가서 슬피 우니 그곳에서 때 아닌 죽순이 돋아났다고 한다.

개나리·회화나무와 스미스관

개나리 (*Forsythia koreana* (Rehder) Nakai)

개나리는 봄을 상징하는 나무 중 하나이다. "나리나리 개나리/입에 따다 물고요/병아리 떼 종종종/봄나들이 갑니다."라는 동요 『개나리』는 이 나무의 주요한 특징을 담고 있다. 이 동요는 개나리의 꽃과 피는 시기와 병아리의 색깔을 절묘하게 엮은 노래이다. 봄을 알리는 나무는 개나리처럼 대개 잎보다 꽃이 먼저 핀다. 성서캠퍼스에는 곳곳에서 개나리를 만날 수 있다. 그 중에서도 스미스관에서 노천강당으로 가는 곳에 개나리는 소나무숲과 아주 잘 어울린다. 스미스관은 미국 장로회 주한 선교부 총무 스미스(John Couentry Smith) 목사를 기념한 건물이다.

물푸레나뭇과 갈잎떨기나무 개나리를 의미하는 한자 중 하나는 연교(連翹)다. 이는 개나리의 열매를 강조한 이름이다. 연교의 '교'는 '꼬리 긴 깃털'이라는 뜻이다. 마치 개나리의 열매가 터지면 꼬리가 긴 깃털처럼 연이어 달려 붙인 이름이다. 그러나 개나리의 상징은 뭐니 뭐니 해도 봄을 알리는 꽃에 있다 보니, 개나리에 여간 관심을 갖지 않고서는 열매를 보기 어렵다. 개나리의 꽃은 봄을 상징하기 때문에 '봄을 맞이하는 꽃'을 의미하는 '영춘화(迎春花)'라는 이름을 갖고 있다. 그런데 개나리와 같은 과에 속하는 나무 중에 영춘화가 있다. 영춘화는 개나리와 같은 색이지만 잎이 개나리보다 넓지만 꽃받침이 짧다. 아울러 개나리가 한국 원산인 반면 영춘화는 중국 원산이다.

넉 장으로 구성된 개나리의 꽃은 마치 황금 종처럼 생겼다. 그래서 개나리를 달리 '금종화(金鐘花)'라 부른다. 영어권에서도 '코리안 골든 벨(Korean Golden bell)'이라 부른다. 영어권에서 개나리를 코리아 골든 벨로 부르는 데서 알 수 있듯이 개나리의 원산지는 한국이다. 학명에서도 개나리가 한국산임을 명시하고 있다. 개나리에도 잎이 넓은 만리화(금강개나리), 경기도 일원의 산기슭에서 자생하는 산개나리(북한산개나리) 등도 있다. 그러나 어느 영어사전에는 개나리를 의미하는 포르시티아(Forsythia) 항목에는 원산지를 중국과 유럽남동부로 표기하고 있다. 개나리의 이름을 붙인 사람은 일본의 나까이다. 그런데 개나리의 학명(*Forsythia koreana* (Rehder) Nakai)에는 1908년 네덜란드의 식물학자가 붙인 영국의 원예학자 윌리엄 포르시스(William A. Forsyth)의 이름도 들어있다. 개나리와 관련한 대표적인 전설은 다음과 같다.

> 옛날 인도에 한 공주가 나라를 다스리고 있었다. 이 공주는 어찌나 새를 사랑했던지 온 세상의 아름다운 새는 모두 사 모아 궁전은 온통 새로 꽉 찰 지경이었다. 이렇듯 공주가 새에 마음을 쏟으며 나라는 돌보지 않은데다가 신하들마저 나라 걱정을 않고 공주의 환심을 사기 위해 새에만 정신을 팔다 보니 백성들의 살림은 점차 가난해지고 원성은 높아만 갔다. 공주는 수많은 새장을 가지고 있었는데 그 중 가장 아름다운 새장 하나가 비어 있었다. 이 새장에 넣을 만큼 아름다운 새를 만나지 못했기 때문이며, 그래서 공주는 슬퍼하곤 하였다. 그러던 어느 날 한 노인이 눈부시게 찬란한 깃털과 감미로운 노랫소리를 지닌 신기한 새를 공주에게 가져왔다. 공주는 노인에게 후한 상을 주어 돌려보내고 온 마음을 이 신비한 새에게 주고 사랑했다. 그러나 어찌

된 일인지 새는 점차 깃털이 퇴색하고 그 곱던 노랫소리도 점차 이상하게 변해 갔다. 혹 옛 모습을 되찾을까 하여 목욕을 시켰는데 물에 넣으니 아름답던 새는 새까만 까마귀로 변해 버렸다. 나라를 걱정한 노인이 까마귀에 색칠을 하고 목에는 소리 나는 기구를 넣었던 것이다. 너무나 상심한 공주는 마침내 죽게 되었고 공주가 묻힌 무덤에서 돋아나온 나무가 바로 개나리이다. 사람들은 까마귀 때문에 빼앗겨버린 새장이 안타까워 공주가 긴 가지를 쭉 뻗어 내고는 새장의 모습을 한 금빛 꽃을 달고 있는 것 이라고들 한다.

스미스관 입구의 가로수는 콩과의 갈잎큰키 회화나무(*Sophora japonica* L.)이다. 우리나라에서 회화나무를 홰나무라 부른다. 이는 회화나무의 한자 괴(槐)의 중국 발음이다. 『이아주소(爾雅注疏)』에 따르면 괴는 회(櫰)와 같은 의미였다. 단지 잎이 크고 색이 검을 것을 회라 하고, 그렇지 않을 것을 괴라 했다. 한자 괴는 나무목(木)과 귀신귀(鬼)를 합한 글자이고, 귀는 나무줄기의 옹두리를 본뜬 글자이다. 그러니 회화나무의 한자는 이 나무의 껍질 모양을 두고 붙인 이름이다.

중국 주나라에서는 삼공을 '삼괴(三槐)'라 불렀다. 중국 주나라 외조(外朝)에 심은 회화나무를 향해 삼공[三公: 태사(太師) · 태부(太傅) · 태보(太保)]이 앉았기 때문에 붙인 이름이다. 아울러 『주례(周禮)』와 『후한서(後漢書)』등에 언급하고 있는 것처럼 삼괴의 좌우에는 붉은 가시나무를 심었다. 흔히 '삼괴구극(三槐九棘)'이라 부르는 것도 이 때문이다. 이는 외조가 함부로 들어올 수 없다는 것을 상징적으로 보여주기 위한 것이었다. 조선시대에도 이러한 관례를 모방하여 '삼괴정(三槐亭)'과 같은 이름이 등장했다. 경주 강동면 다산리에 임진왜란 때 의병을 일으켜 공을 세운 이방린(李芳隣), 이유린(李有隣), 이광린(李光隣) 삼형제를 추모하는 삼괴정이 있다. 서울 창덕궁의 돈화문을 지나면 세 그루의 회화나무를 만날 수 있다.

회화나무는 흔히 '학자수(學者樹)'라 부른다. 그 이유는 이 나무의 기상이 학자의 기상처럼 자유롭게 뻗었을 뿐 아니라 주나라 사(士)의 무덤에 이 나무를 심었기 때문이다. 그래서 우리나라의 유교관련 유적지에는 거의 예외 없이 회화나무를 볼 수 있다. 도산서원을 배경으로 한 천원 지폐 뒷면의 무성한 나무가 회화나무지만 지금은 죽은 고목만 남아 있다. 그러나 고산 윤선도가 거처한 녹우당(綠雨堂)에는 400살 먹은 회화나무가 살고 있다. 이 나무의 가지에서 선비의 자유로운 기상을 엿볼 수 있다.

회화나무는 중국 고대의 공공기관과 아문(衙門), 그리고 전정(殿庭)에 흔히 심었

스미스관 회화나무 (*Sophora japonica* L.)

스미스관 회화나무

던 나무였다. 특히 한나라 궁중에는 수많은 회화나무를 심었다. 그래서 회화나무를 '옥수(玉樹)'라 불렀다. 한나라 때 이곳에는 200-300살 먹은 회화나무가 있었다. 또한 황제가 거처하는 곳을 '괴신(槐宸)'으로, 장안 거리를 '괴로(槐路)'라 불렀다. 더욱이 장안의 아홉 개의 큰 시장이름 중에는 괴시(槐市)라는 이름을 가진 시장도 있을 정도였다. 이곳에서는 각지에서 올라온 사람들을 위해 서적, 악기 등의 물건을 판매했다. 괴시는 고려 삼은(三隱: 포은 정몽주, 야은 길재, 목은 이색) 중 한 사람인 목은(牧隱) 이색(李穡, 1328-1396)이 태어난 고향 이름이기도 하다. 영덕군 영해면 괴시리에 위치한 목은 이색의 고향을 '괴시'라 이름 붙인 것은 자신의 고향이 중국 원나라 한림학사(翰林學士) 승지(承旨)를 지낸 구양현(歐陽玄, 1273-1357)의 고향과 닮았기 때문이었다.

회화나무의 꽃은 음력 7월 경 연한 황색으로 핀다. 이렇게 회화나무 꽃이 필 무렵 중국에서는 과거(科擧) 중 진사(進士)시험을 치렀다. 그래서 진사 시험 시기를 괴추(槐秋)라 불렀다. 우리나라 사람들도 과거 시험에 응시하러 가거나 합격했을 경우 집에 회화나무를 심곤 했다. 또한 중국 주나라에서는 조정(朝廷) 앞에 회화나무를 심었다. 그래서 조정을 괴정(槐庭)이라 불렀다. 우리나라 조선시대에는 승문원(承文院) 앞에 회화나무를 심었다. 그래서 승문원을 괴원(槐院)이라 부른다. 승문원은 사대(事大:중국)와 교린(交隣:일본 · 여진)문서를 관장하고, 중국에 보내는 외교문서에 쓰이는 이문(吏文)의 교육을 담당했다.

회화나무는 괴안몽(槐安夢)이라는 단어에서 알 수 있듯이 일장춘몽(一場春夢) 혹은 남가일몽(南柯一夢)과 같은 단어를 낳은 나무이기도 하다. 충남 서산시 해미읍성 안에는 600년 수령의 회화나무가 살고 있다. 그런데 이 나무를 '교수목(絞首木)'이라 부른다. 조선 말 병인사옥 때 천주교 신자들을 이 나무에 매달아 죽였기 때문이다.

우리나라에서도 가로수로 회화나무를 심은 곳을 종종 볼 수 있다. 중국 한나라 수도 장안에는 가로수로 회화나무를 심었다. 지금 북경을 비롯한 중국 곳곳에서도 회화나무 가로수를 자주 볼 수 있다. 회화나무는 금나라 시기까지 주요한 가로수였지만 청대까지도 곳곳에 가로수로 애용했다. 대구광역시의 회화나무 가로수 중 명소는 계명대학교와 인접한 계명문화대학교 정문 앞에서 용산지하도까지, 그리고 그 주변 도로이다. 성서캠퍼스 영암관 오거리에서 스미스관 앞까지 회화나무 가로수를 조성한다면 한층 품격 있는 캠퍼스로 만들 수 있을 것이다.

이태리포플러·
석류나무와 동산도서관

동산도서관 이태리포플러 (*Populus euramericana* Guinier)

버드나뭇과 갈잎큰키 이태리포플러는 지명에서 온 이름이다. 이태리포플러는 이탈리아에서 도입한 버드나무라는 뜻이다. 원산지는 캐나다로 알려져 있다. 포플러는 학명이기도 하다. 귀너(Guiner)가 붙인 학명 중 '포풀루스(*populus*)'는 라틴의 고어다. 백양나무를 비롯한 버드나무를 의미하지만 국민과 백성(인민)을 의미하는 단어이기도 하다. 학명 중 종소명인 '에우라메리카나(*euramericana*)'는 '유럽과 미국'을 의미한다. 이는 이 나무가 이들 지역에서 많이 산다는 뜻이다. 성서캠퍼스의 동산도서관 앞에 이태리포플러가 살고 있다. 동산도서관의 '동산(童山)'은 계명대학교 발전에 헌신한 신태식(申泰植) 박사의 아호이다.

동산도서관 앞의 이태리포플러는 거목이다. 신태식 박사의 업적도 이곳의 이태리포플러를 닮았다. 이곳의 이태리포플러는 성서캠퍼슬 조성하기 전부터 살았던 나무이다. 이태리포플러는 정문 서쪽의 양버들과 함께 성서캠퍼스에서 아주 키가 큰 나무에 속한다. 그러나 얼마 전 이태리포플러는 키가 작아졌다. 태풍에 쓰러질 것을 염려해서 가지를 아주 많이 잘랐기 때문이다. 그래서 지금의 이태리포플러를 바라보면 아주 웅장했던 예전의 모습을 찾아볼 수 없어서 가슴이 아프다.

이태리포플러와 아주 유사한 나무가 미루나무(*Populus deltoides* Marshall)다. 미루나무는 미류(美柳)나무로 표기하기도 한다. 미류는 미국버드나무라는 뜻이고, 이 나무의 원산지가 미국이라 붙인 것이다. 이태리포플러는 잎의 길이와 너비가 미루나무보다 작다. 미국의 식물학자 마셜(Marshall, 1722-1801)이 붙인 학명 중 미루나무의 종소명 '델토이데스(*deltoides*)'는 '삼각형의'를 의미한다. 이는 이 나뭇잎의 특징을 드러낸 것이다.

중국에는 '사막의 포플러'로 불리는 '호양나무'가 있다. 호양(胡楊)은 오랑캐 버드나무를 의미한다. 이 나무는 4000년 전 소하묘의 무덤에서 발견된 미라의 관이 발견되어 관심을 끌었다. 신강지역 주거지에 이 나무를 심는 것은 방풍과 풍광 때문이다. 이곳 사람들은 천산산매에서 나오는 아주 귀한 물로 이 나무에 물을 줄 만큼 귀하게 여긴다.

버드나무 중 양버들(*Populus nigra* var. *italica* Koehne)은 잎이 미루나무와 상대적으로 너비가 긴 게 특징이다. 이 나무는 가지가 위로 자라서 마치 빗자루처럼 생겨 다른 버드나무와 쉽게 구분할 수 있다. 양버들의 '양'은 '서양'을 말한다. 독일의 식물학자 코헨(Koehen, 1848-1918)이 붙인 학명 중 '니그라(*nigra*)'는 '흑색의'를 뜻한다. 이는 양버들의 껍질이 흑갈색으로 갈라지는 특징을 의미한다. 또 하나의 종소명인 이탈리카(*italica*)는 이 나무의 원산지가 이탈리아라는 뜻이다.

이태리포플러 남쪽 맞은편과 서쪽에는 석류나뭇과의 석류나무가 살고 있다. 리나이우스가 붙인 학명(*Punica granatum* L.)의 석류 원산지는 푸니카(*Punica*)이다. 푸니카는 현재 튀지니에 해당하는 카르타고에서 유래했다. 그러나 일반적으로 석류나무의 원산지는 이란, 아프가니스탄, 파키스탄 등지이다. 우리나라와 중국에서 사용하고 있는 석류나무도 원산지와 관련한 이름이다. 석류(石榴)는 안석류(安石榴)라 부른다. 이 이름들은 서역에 있었던 나라이름 안석국(安石國)에서 가져왔기 때문에 붙인 이름이다. 중국 한나라 무제 때 장건이 서역에서 포도와 호두 등과 함께 가져온 것이다. 우리나라에서는 조선 초기까지 안석류라는 이름을 사용했다. 석류나무는 중국 원산이 아니라 외국에서 가져왔기 때문에 '해석류(海石榴)' 혹은 '해류(海榴)'라 불렀다.

석류나무의 특징은 그라나툼(granatum)에서 볼 수 있듯이 열매이다. 그라나툼은 '입상(粒狀)'을 의미한다. 이는 석류나무의 알맹이가 쌀처럼 많아서 붙여진 것이다. 중국 5호 16국 중 하나였던 후조(後趙)의 석호(石虎) 뜰에는 사발만한 열매가 달렸다. 중국 북위의 양현지(楊玄之)가 지은 『낙양가람기(洛陽伽藍記)』에는 백마사 부도 앞 석류, 즉 도림(荼林)의 열매는 무게가 일곱 근이었다. 이곳의 석류나무 열매는 낙양에서도 가장 유명했다. 궁인들은 이 열매를 얻어 고향으로 보냈다. 그러나 그것을 얻은 자들은 감히 먹지 못하고 여러 집을 거쳤다. 낙양에서는 "백마사의 달콤한 석류, 열매 하나 소 한 마리 값"이라는 얘기가 나돌 정도였다.

인구의 수가 생산력을 결정하는 시대는 다산(多産)을 중시한다. 그래서 나무 열매가 많은 경우 대부분 다산을 상징하기에 매우 중시했다. 석류도 열매는 많이 열리지 않지만 속의 씨가 아주 많기 때문에 다산을 상징하는 나무로 인식했다. 조선시대 공주나 옹주 등의 대례복인 활옷이나 여성용 예복인 원삼(圓衫)의 문양에 석류를 장식한 것도 이 때문이다. 신왕국시대의 이집트, 페니키아, 고대 로마 등에서도 신성한 식물로 취급했다. 기독교의 경전인 『성경』의 『출애굽기』를 비롯한 곳곳에서도 석류를 문양으로 삼도록 한 예를 발견할 수 있다. 초기 르네상스 시대의 대표적인 화가 이탈리아 출신의 보티첼리가 그린 〈석류의 성모〉도 석류의 다산성을 보여준다. 『북제서위수전(北齊書魏收傳)』에서도 석류의 다산성을 엿볼 수 있다.

> 중국 북위시기 안덕왕(安德王) 연종(延宗)이 조군(趙君) 이조수(李祖收)의 딸을 비(妃)로 맞이했다. 뒷날 이조수의 집에서 잔치를 베풀었는데 딸의 모친 송씨가 두 개의 석류를 왕에게 바쳤다. 왕은 그 이유를 다른 사람들에게 물었으나 아는 사람이 없었다. 이에 임금이 석류를 던져버렸다. 이 때 이조수가 "석류는 자식을 많이 낳는 씨앗입니

석류나무 (*Punica granatum* L.)

석류나무 열매

다. 왕께서 새로 장가들었기에 비의 모친이 자식을 많이 낳으시라고 바친 것입니다."라고 말했다. 임금은 이조수의 말을 듣고 크게 기뻐하고 벼슬과 비단을 내렸다.

인도에서는 아래와 같이 석류나무가 마귀를 쫓는 식물로 등장한다.

히말라야 산기슭에 어린 아이만을 잡아먹는 못된 마귀할멈이 있었다. 이를 본 부처님은 그 못된 버릇을 고쳐 주려고 몰래 마귀할멈의 딸을 한명 감추었다. 그러자 딸을 찾느라 난리가 난 마귀할멈을 보고 부처님은 "그까짓 딸 하나 없다고 야단법석 할 것 없지 않나?"하시니, "딸을 잃고 슬퍼하는 나에게 그런 말을 하실 수 있느냐?"라고 마귀할멈이 말했다. 그러자 부처님은 "많은 자식 중 하나를 잃어도 자식을 잃는다는 것은 그렇게 슬픈 일인데 한 두 명밖에 없는 자식을 잃은 부모는 얼마나 가슴이 아프겠는가? 오늘부터 아이를 잡아먹지 말고 이것을 먹어라."하시며 석류를 주었다. 마귀할멈은 참회의 눈물을 흘리며 어디론가 가버렸다.

『고려사(高麗史)』권17, 『세가(世家)』제17에 따르면, 고려 의종(毅宗)도 석류를 매우 좋아했다. 그는 밤에 내시와 사관을 봉원전(奉元殿)에 불러 석류나무 제목으로 시를 짓게 할 정도로 석류를 좋아했다. 이 때 의종은 붓과 종이를 준 후 촛불에 금을 그어놓고 시간까지 정했다. 강희안의 『양화소록(養花小錄)』에는 석류나무를 분재한 반류(盤榴) 내용이 나온다. 사대부들은 가지와 줄기를 구부려 몇 층으로 만들어 열매 보는 재미를 만끽했다. 사대부들이 석류를 분재로 만들어 즐긴 것은 북쪽의 경우 날씨가 추워 석류나무가 살 수 없기 때문이다. 그러나 『유양잡조』에 따르면 중국에서는 사시사철 꽃 피는 석류도 있었다.

사람들이 석류나무를 좋아한 것은 열매만이 아니라 이 나무의 붉은 꽃이 아름다웠기 때문이다. 물론 석류꽃도 붉은 색 외에 황색과 백색도 있지만 우리나라에서는 대개 붉은 색이다. 석류꽃은 '홍일점(紅一點)'이라는 유명한 단어를 낳은 주인공이다. 홍일점은 '많은 남자 중 유일한 여자' 혹은 여럿 중 '오직 하나의 이채로운 것'을 의미한다. 홍일점은 당송팔대가 중 한 사람인 북송대의 왕안석(王安石)의 아래 석류나무 시에서 유래했다.

온통 새파란 덤불 속에 핀 붉은 꽃 한 송이(萬綠叢中紅一點)
사람의 마음을 들뜨게 하는 봄의 색깔은
굳이 많은 것을 필요로 하지 않는다(動人春色不須多)

동산도서관 앞 석류나무는 매년 열매를 맺는다. 석류나무의 수 없이 많은 알맹이는 도서관에서 공부하는 학생들의 꿈도 석류 알처럼 익어간다. 석류나무는 오로지 모든 에너지를 열매를 맺는 데 투자한다. 그래서 어느 순간 그 알갱이는 터져서 사방으로 흩어진다. 석류나무처럼 학생을 비롯한 사람들의 꿈도 자신의 에너지를 한 곳으로 모을 때 이루어진다.

석류나무 꽃

산사나무와 전산교육원

전산교육원 산사나무 (*Crataegus pinnatifida* Bunge)

장미과의 갈잎중간키 산사나무는 행운을 가져다주는 귀한 나무이다. 전산교육원 앞의 산사나무는 성서캠퍼스에서 가장 우아하다. 산사나무의 한자 산사(山査)는 산에서 나무 사이에 해가 나오는 모습을 말한다. 아마 산에서 자라는 이 나무의 붉은 열매가 마치 아침에 해가 뜨는 모습을 닮아서 붙인 이름일 것이다. 이 나무의 특징은 열매다. 초여름에 아기사과처럼 생긴 열매가 새빨갛게 익기 시작한다. 구슬 크기만 한 열매에 흰 얼룩점을 가진 열매는 한 나무에 수백 수천 개씩 달린다. 때론 산사를 산사(山樝)로 표기한다. 이는 산사의 열매 맛이 사(樝), 즉 같은 장미과의 풀명자나무(애기명자나무)와 비슷하기 때문에 붙인 이름이다. 산사의 다른 이름은 적조자(赤爪子), 서사(鼠樝), 후사(猴樝), 모사(茅樝), 구자(杭子), 양구(羊梂), 당구자(棠梂子), 산리과(山里果) 등이 있다. 산사나무의 북한 이름은 '찔광나무'이다.

산사의 또 다른 특징은 작은 가지에 가시가 있다는 점이다. 나무에 가시를 가지고 있으면 대개 동서양을 막론하고 사악한 것을 물리치는 벽사(辟邪)를 가진 나무로 생각했다. 우리나라 서북지방에서는 이 나무를 울타리로 심어 사악한 것을 지키려 했다. 서양에서는 이 나무를 하손(Hawthorn)이라 부른다. 이 말은 벼락을 막는다는 뜻이다. 서양 사람들도 이 나무가 천둥이나 벼락을 막아 준다고 믿었던 것이다. 영국에서도 우리나라처럼 산사나무를 울타리로 삼았다. 그래서 영국의 일부 지방에서는 이 나무를 '퀵(Quick)'이라 불렀다.

그리스 · 로마 시대에는 결혼할 때 산사로 신부의 관을 만들기도 하고, 신랑신부는 산사 가지를 든 들러리를 따라 입장할 뿐 아니라 이 나무로 횃불 사이로 퇴장하기도 했다. 또한 성경에 나오는 아론의 지팡이에서 보듯 이 나무는 기독교 국가에서 홀리손(Holythorn), 즉 '거룩한 가시나무'로 부를 만큼 성스러운 나무였다.

산사는 오월을 대표하는 나무로 여겨 '메이(May)'라고 불렀다. 유럽 청교도들이 신대륙 미국으로 건너가면서 타고 간 배 '더 메이플라워(The May Flower)'호 이름도 산사와 관련 있다. 그들이 배의 이름을 산사에 비유한 것은 어려운 항해에 이 나무가 벼락을 막아줄 수 있다고 믿었기 때문이다. 산사는 재질도 아주 단단하다. 학명(*Crataegus pinnatifida* Bunge) 중 크라타이구스(*Crataegus*)는 '힘'을 의미하는 그리스어 '크라토스 (kratos)'와 '갖다'를 의미하는 '아게인(agein)'의 합성어이다. 이는 재질이 '단단하다'는 뜻이다. 학명 중 피나티피다(*pinnatifida*)는 '잎의 가장자리가 깊게 갈라진다'는 뜻이다.

전산교육원 앞의 두 그루 산사나무에는 매년 수없이 많은 꽃이 피고, 꽃이 핀 자리에는 같은 과(科)의 피라칸타에 비견할 만큼 많은 열매가 달린다. 붉은 열매는 햇살에 더욱 빛난다. 혹 꽃피는 5월, 계명대학교 창립 일에 산사축제라도 열면 어떨까. 전산교육원 앞의 산사열매가 떨어지면 나무 밑은 열매로 가득하지만, 그래도 가지에 남은 열매는 새들의 소중한 양식이다. 그래서 가을의 산사나무 위에는 새소리가 끊이지 않는다.

한 그루의 나무가 열매를 많이 맺는다는 것은 그 만큼 후손을 남기려는 의지가 강하다는 것을 의미하지만, 모든 열매가 후손을 남기는 것은 아니다. 만약 전산교육원 앞의 산사나무의 열매가 모두 후손으로 살아남는다면 성서캠퍼스는 아마도 산사나무 숲으로 바뀌었을지도 모른다. 산사나무가 그토록 많은 열매를 만드는 데는 고도의 전략이 숨어 있다. 산사나무는 자신이 만드는 열매가 모두 새 생명으로 탄생할 수 없다는 사실을 매우 잘 알고 있다. 그 중에서 가장 운이 좋은 자식만이 살아남는다는 것도 잘 알고 있다.

나무가 열매를 많이 맺거나 적게 맺거나 모두 생존 전략이다. 벌과 나비를 유인하기 위해 꽃을 만들고, 새들을 유인하기 위해 맛있는 열매를 만든다. 그러나 산사나무가 누군가에게 자신이 만든 꽃과 열매를 내주지 않는다면 결코 후손을 남길 수 없다. 그래서 산사나무가 많은 열매를 만드는 것은 오로지 후손을 만들기 위해서가 아니라 일정 부분 다른 생명체에게 나눠주기 위한 고도의 전략이다. 산사나무의 이러한 숨은 전략은 '생태전략'이다. 생태 전략은 '더불어 삶'이다. 사실 모든 생명체는 더불어 삶을 지향할 때만이 생존할 수 있다. '생태'가 곧 모든 생명체간의 평등한 관계를 의미하기 때문이다. 그래서 교내 구성원들 간의 소통을 책임지고 있는 전산교육원 앞의 산사나무는 더욱 아름답다. 산사나무 옆의 모과나무, 광나무, 감나무 등도 전산교육원을 더욱 빛나게 만드는 주인공들이다. 더욱이 산사나무 뒤편에 은자처럼 살고 있는 파초(芭蕉)는 산사나무만큼 위대한 존재이다. 파초의 고고한 자태는 영원한 스승이기 때문이다.

전산교육원 산사나무 열매

단풍나무와 바우어관

단풍나무 (*Acer palmatum* Thunb.)

단풍나뭇과의 갈잎큰키 단풍(丹楓)나무는 우리나라의 가을을 금수강산으로 만드는 주인공이다. 성서캠퍼스의 가을도 단풍나무가 이끈다. '단풍'은 글자대로라면 '붉은 단풍나무', 혹은 '가을에 붉게 변한 나뭇잎'을 의미한다. 그러나 관찰하면 나뭇잎은 반드시 붉게 물들지 않는다는 것을 알 수 있다. 예컨대 은행나무는 노랗게, 느티나무는 갈색으로 물든다. 그런데도 으레 은행나무와 느티나무도 단풍들었다고 한다. 나무 잎이 다양한 색깔로 물들지만 그저 단풍이라 말하는 것은 붉은 색이 물든 색을 대표하는 것쯤으로 생각하고 있기 때문일 것이다.

바우어관 앞의 몇 그루 단풍나무는 독일가문비나무와 가이즈카향나무에 싸여 있지만 전혀 주눅 들지 않고 살아간다. 이곳의 단풍나무를 가장 아름답게 감상하는 방법은 바깥과 안을 번갈아 가면서 보는 것이다. 단풍은 기온과 햇살의 농도에 따라 색깔도 달라지지만, 안과 밖의 위치에 따라서도 엄청난 차이가 있다. 바우어관 앞의 단풍나무는 결코 키가 크지 않다. 그래서 단풍나무 속으로 들어가려면 반드시 고개를 숙여야 한다. 이처럼 나무의 진면목을 감상하기 위해서는 반드시 고개를 숙이는 겸양의 자세가 필요하다. 위대한 존재는 우러러봐야 하고, 우러러 보기위해서는 우선 고개를 숙여야 한다. 단풍나무 밑으로 들어가 고개를 들면 우러러 보는 것이다. 우러러 보면 나뭇잎이 눈에 가득 찬다. 물든 나뭇잎을 한 개도 놓치지 않고 바라보면 어느새 나무와 한 몸을 이룬다. 나무와 일심동체야말로 나무를 가장 사랑하는 자세이다. 이곳 단풍나무의 잎은 성서캠퍼스의 다른 곳 단풍나무보다 늦게 떨어진다. 이 길을 지나다가 떨어진 잎을 주워서 감상하면 단풍나무가 1년 동안 살았던 자취를 엿볼 수 있다.

나뭇잎은 기온이 떨어지면 당(糖) 용액이 약간 끈적끈적해져 뿌리까지 가지 못하고 잎에 남아 붉은 색소인 안토시아닌(Anthocyanin)과 황색 계통의 카로틴(Carotene) 및 크산토필(Xanthophyll)로 변한다. 단풍나무, 개옻나무, 붉나무, 화살나무 등은 안토시아닌이 많아 붉은 색으로, 은행나무, 목백합(튤립나무), 칠엽수(마로니에), 일본잎갈나무(낙엽송), 메타세쿼이아 등은 카로틴이나 크산토필이 많아 노란색으로 물든다. 나무 잎은 비가 적당히 오거나 일교차가 클수록 아름답다. 특히 단풍나무의 단풍잎은 비단처럼 아름답다. 그래서 단풍나무의 물든 모습을 '풍금(楓錦)', 즉 '단풍잎의 비단'이라 부른다.

단풍나무의 학명(*Acer palmatum* Thunb.) 중 아케르(*Acer*)는 '갈라진다'는 뜻이다. 단풍나무는 잎이 몇 갈래인가에 따라 이름이 달라지는 점을 감안하면 아케르의 뜻은 중요하다. 다른 학명 팔마툼(*palmatum*)은 '장상(掌狀)', 즉 '손바닥 모양'을 뜻한다. 단풍잎이 마치 손바닥처럼 생겨 붙인 이름이다. 이러한 단풍나무는 『산해경

(山海經)』·『대남황경(大南荒經)』에 따르면, 황제(黃帝)가 치우(蚩尤)를 죽인 다음 그 형틀을 버린 것이 변하여 생긴 나무이다. 어떤 식물학자는 중국에서는 단풍나무를 단풍으로 사용하고, 풍나무는 다른 나무로 설명하고 있다. 그러나 『이아주소(爾雅注疏)』나 『설문통훈정성(說文通訓定聲)』에서 언급하고 있는 '풍'은 단풍나무를 의미한다. 『설문해자』에서는 풍을 일명 섭섭(欇欇)이라 불렀다.

가을에 단풍잎이 떨어지면 열매도 기댈만한 곳이 없다. 나무든 사람이든 열매를 맺는 이유는 번식이다. 후손을 남기는 일이야말로 모든 생명체의 1차적인 의무이다. 동물처럼 발이 없는 열매는 후손을 남기기 위해 어디론가 가야한다. 그러나 단풍나무 열매는 혼자의 힘으로 날아갈 수가 없다. 단풍나무의 씨앗은 바람이 옮긴다. 그래서 단풍나무의 글자도 바로 나무목(木)과 바람풍(風)을 합한 것이다.

가을에는 단풍 구경하러 떠나는 사람들로 무척 붐빈다. 이제 남북 교류 덕분에 북한까지 단풍 구경할 수 있다. 주로 우리가 갈 수 있는 곳은 금강산(金剛山)이다. 금강산은 우리 민족만이 아니라 세계에 내놓아도 결코 손색없는 명산(名山)이다. 우리 조상들은 아름다운 금강산을 계절마다 달리 불렀다. 단풍을 상징하는 풍악(楓嶽)은 가을 금강산을 일컫는 말이다. 조선 전기 문신인 이자(李耔, 1480-1533)는 부친의 여묘(廬墓) 살이를 마친 후 선영 근처의 바위틈 단풍나무에 반해 호를 풍림거사(楓林居士)라 지었다.

단풍나무는 누구나 좋아하기에 중국의 왕들도 아주 좋아했다. 단풍이 중국 원산지이니까 왕들도 쉽게 볼 수 있었다. 특히 한나라 때에는 왕이 거처하는 곳, 즉 신(宸)에 단풍나무를 심었다. 그래서 '풍신(楓宸)'을 왕이 사는 곳을 의미한다. 또한 단풍나무를 궁전의 주로 섬돌에 심었기에 '풍폐(楓陛)'도 궁궐을 의미한다. 시인은 단풍나무를 어떻게 바라보았을까. 중국 당나라 장계(張繼)의 『풍교야박(楓橋夜泊)』과 두목(杜牧, 803-852)의 『산행(山行)』을 빠뜨릴 수 없다.

풍교야박(楓橋夜泊)

달 지고 까마귀 울며 하늘 가득 서리가 내리는데(月落烏啼霜滿天)
강가 단풍에 고깃배 불빛 어른거려 잠 못 이루네(江楓漁火對愁眠)
고소성 밖 한산사에서 울리는(姑蘇城外寒山寺)
한 밤중 종소리가 나그네 뱃전을 두드리네(夜半鐘聲到客船)

단풍나무

단풍나무 잎

산행(山行)

멀리 쓸쓸한 산길 오르니 자갈길 경사져 이어 있고(遠上寒山石徑斜)
흰 구름 일어나는 곳에 아련히 인가가 있다(白雲生處有人家)
수레 멈추고 황혼진 단풍 숲을 멍하게 바라보니(停車坐愛楓林晩)
물든 잎은 봄철 꽃보다 한층 붉구나(霜葉紅於二月花)

우리나라의 시인 김영랑(1903-1950)도 가을날 단풍나무를 보면서 다음과 같이 읊었다.

오매, 단풍 들것네
장광에 골 붉은 감잎 날아오아
누이는 놀란 듯이 치오다보며
오매, 단풍들것네
추석이 내일 모레 기둘리니
바람이 자지어서 걱정이리
누이의 마음아 나를 보아라
오매, 단풍 들 것네

임방(任昉)이 편찬한 『술이기(述異記)』에 따르면 중국 남쪽 지방에서는 단풍나무로 만든 풍자귀(楓子鬼)가 있었다. 풍자귀는 오래된 단풍나무로 만든 인형이었다. 이 인형을 영풍(靈楓)이라 불렀다. 곧 신령스러운 단풍나무라는 뜻이다. 무당들이 신령스러운 기운을 얻으려고 영풍을 지니고 다녔다.

중국의 귀주성(貴州省) 동남부 종강현(從江縣)에 위치한 절사(岊沙) 먀오족은 단풍나무를 우주목(세계수)으로 생각한다. 그들에겐 단풍나무가 성스러운 존재다. 이들은 큰 제사인 고장절(牯臟節)에 소의 뿔을 단풍나무로 묶으며, 조상의 영혼이 깃들었다고 믿는 북도 단풍나무로 만든다. 아울러 이들은 집을 지을 때 가운데 기둥도 단풍나무를 사용한다. 이들이 즐겨 부르는 『묘족고가(苗族古歌)』에서는 단풍나무가 이들을 낳은 어머니라는 것을 알 수 있다. 노래에 등장하는 메이방메이류(妹榜妹留)는 호접마마(胡蝶媽媽), 즉 '나비엄마'라는 뜻을 지닌 여신이다. 그녀가 단풍나무에서 태어난 것이다.

소나무와 계명한학촌

성서캠퍼스의 계명한학촌은 계명대학교는 물론 대구광역시의 자랑이다. 계명한학촌이 명소로 평가받는 것은 단순히 도심의 한옥이기 때문이 아니라 솔숲과 더불어 위치하고 있기 때문이다. 소나뭇과의 소나무는 우리나라에서 유일하게 설화가 남아 있는 나무다. 그 만큼 우리나라 사람들에겐 각별한 나무가 소나무다.

> 성주대신아 지신오/성주 고향이 어디 메냐/경상도 안동 땅에/제비원에 솔씨 받아/소평 대평 던져 떠니/그 솔씨가 자라나서/밤이 되면 이실 맞고/낮이 되면 태양 맞아/그 솔씨가 자라나서/소보동이 되었구나/소보동이 자라나서/대보동이 되었구나/그 재목을/왕장목이 되었구나/그 재목을 내루갈 제/서른서이 역군들아/옥똑끼를 울러 미고/서산에 오라 서목 메고/대산에 올라 대목 메고/이 집 돌 안에 재여 놓고/일자대목 다 모아서/굽은 놈은 등을 치고/곧은 놈은 사모 맞차/하개 서개 터를 닦아/초가삼간 집을 짓고/사모에 핑결 달고/동남풍이 디리 불며/핑경 소리 요란하다/아따 그 집 잘 지었다/그것 모도 거기 두고/시간 살이/논 도만 석 밭도 만석/해마다 춘추로 부라 주자/묵고 씨고 남는 것은/없는 사람 객을 주자

소나무의 줄임은 '솔'이다. 솔의 뜻은 '으뜸'이다. 이는 우리나라 사람들이 나무 중에서 으뜸으로 생각했다는 것을 의미한다. 소나무를 의미하는 한자는 송(松)이다. 송 자는 목(木)과 공(公)을 합한 형성 글자다. 이 글자를 만든 시대는 중국 진(秦)나라다. 특히 중국의 진시황제는 소나무를 아주 좋아했다. 중국 최초의 황제인 그가 소나무를 좋아한 것은 소나무에게 큰 도움을 받았기 때문이다. 『사기(史記)ㆍ시황제본기(始皇帝本紀)ㆍ봉선서(封禪書)』에 따르면 어느 날 외출했다가 그는 태산(泰山)에 올라 갑자기 소나기를 만났다. 갑자기 내린 비라 피할 곳이 마땅하지 않는 터에 인근의 나무에 들어가 비를 피했다. 소나기가 그치자 진시황제는 고마움을 표시하기 위해 그 나무에게 '오대부(五大夫)' 벼슬을 내렸다. 진시황제가 벼슬 내린 그 나무가 바로 소나무이다. 이런 얘기는 세조와 관련한 속리산의 정이품송(正二品松)과 비슷하다.

계명한학촌 소나무 (*Pinus densiflora* Siebold & Zucc.)

진시황제는 소나무를 사랑한 황제였지만 대규모 토목공사에 엄청난 소나무를 남벌한 장본인이기도 하다. 사마천의 『사기』에 진나라 시대 산에 나무가 없다는 기록만으로도 토목공사에 사용한 나무가 어느 정도였는지 충분히 짐작할 수 있다. 더욱이 병마용 건설에도 엄청난 소나무가 사용되었다. 진시황제의 소나무 사랑은 진나라의 수도 함양의 가로수가 소나무였다는 사실에서도 확인할 수 있다. 소나무를 가로수로 심은 것은 늘 푸른 소나무의 기상과 자신의 모습을 견주었기 때문일지도 모른다. 그러나 중국 고대의 가로수 수종 선택에는 식용가치가 주요한 잣대였다. 진시황제도 함양에 가로수를 심어 그곳 가난한 백성들에게 먹거리를 제공했다.

식물도감의 학명(*Pinus densiflora* Siebold & Zucc.)에는 소나무의 원산지가 한국임을 알려주는 기록은 없다. 지볼트(Siebold)와 주카리니(Zuccarini)가 붙인 소나무의 학명 중 피누스(*Pinus*)는 켈트어로 '산'을 의미하고, 덴시플로라(*densiflora*)는 '빽빽하게 돋아나는 꽃이 있다'는 뜻이다. 소나무의 다른 이름도 적지 않다. 우리에게 가장 잘 알려진 이름은 '춘양목(春陽木)'이다. 춘양목은 경상북도 춘양에서 빌린 이름이다. 이는 춘양과 가까운 울진이나 봉화 등지에서 생산한 소나무를 철도가 있는 춘양에서 모아 다른 곳으로 보냈기 때문이다. 한국을 대표하는 소나무는 주로 울진에서 자라는 '금강송(金剛松)'이다. 금강송은 금강석처럼 아주 단단해서 붙인 이름이다. 금강송이나 춘양목은 곧게 자라면서도 껍질 색깔이 붉다. 그래서 춘양목을 비롯한 한국의 소나무를 '적송(赤松)'이라 부른다. 적지 않은 사람들이 적송을 일본에서 부르는 이름으로 알고 있지만, 중국에서도 불렀다. 우리나라 소나무는 육지에서 자라서 육송(陸松), 잘 빠진 여자의 몸매와 닮아 여송(女松)이라고도 부른다. 소나무를 구분하는 방법 중 하나는 껍질 외에 잎이다. 한국의 소나무는 한 묶음의 잎이 두 개다.

소나무의 이름에는 물질적인 특징 외에 사람들의 느낌에 따라 붙인 것도 있다. 예컨대 정목(貞木)·출중목(出衆木)·백장목(百長木)·군자목(君子木) 등으로도 불린다. 특히 소나무는 옛날부터 십장생 중 하나로 꼽힐 만큼 많은 사람들에게 사랑받았다. 십장생 중 실존하는 식물은 소나무뿐이다. 우리나라든 중국이든 소나무에 대한 예찬은 이루 말할 수 없지만, 그 중에서도 절개를 빼놓을 수 없다. 그래서 소나무를 '초목의 군자', '군자의 절개', '송죽같은 절개', '송백의 절개' 등으로 표현했다. 특히 설만궁학(雪滿窮壑)의 독립고송(獨立孤松), 즉 눈 가득한 아주 험한 골짜기에 외롭게 서 있는 소나무는 지절(志節)의 상징으로 시의 소재에 자주 등장한다. 고려시대 보우국사(普雨國師)의 게송(偈頌)에서도 확인할 수 있다.

계명한학촌 소나무

증대송(贈對松)

겹겹이 둘러싼 산수 속에(重重山水)
낙낙 장송 구름에 닿아 있네(落落雲松)
이것에 대적할 만한 군자 있으니(於斯相對有君子)
농서 이씨 명문으로 이부가 그분일세(姓李名榑隴西公)

한국인에게 소나무는 어머니와 같은 존재이다. 소나무로 집을 짓고, 소나무로 관을 만드는 등 소나무는 한국인의 삶 자체였다. 그래서인지 소나무에 대한 정책도 아주 엄격했다. 특히 조선시대에는 왕궁에 필요한 목재 수급을 위해 특정 지역의 소나무를 국가차원에서 보호했다. 이것이 소나무 봉금(封禁)정책이다. 울진을 비롯한 전국 곳곳에 표석이 남아 있다. 중국 주나라에서는 무덤에 나무를 심어 신분을 표시했다. 그 중 소나무는 황제의 무덤에 심었다. 우리나라에서도 왕의 무덤, 즉 왕릉에 꼭 소나무가 있다.

우리나라에서는 소나무와 관련한 지명도 아주 많다. 『대동운부군옥(大東韻府群玉)』에 따르면 북한의 개성을 일컫는 송악(松岳)은 소나무로 사방을 둘러서 붙인 이름이다. 고려 태조 왕건의 4대조인 강충(康忠)이 오관산(五冠山) 밑에 살다가 풍수가의 말을 듣고 부소산(扶蘇山) 남쪽으로 군읍을 옮겼다. 드디어 봉우리가 보이지 않자 소나무를 사방으로 둘러 심고 송악이라 했다. 계명한학촌의 누 이름도 청송루(靑松樓)이다. 청송루 앞 마당에는 한 그루의 소나무가 우뚝하다.

솔바람은 일반인들에게 여름에 땀을 식혀주는 고마운 바람이지만, 시인에게는 번뇌를 씻어주는 해탈의 바람이자 가락이다. 눈 내린 소나무에서 나는 소리는 어떨까? 이황의 느낌으로 들어보자.

설야송뢰(雪夜松籟)

눈 쌓인 땅에 바람이 일어 밤기운 차가운데(地白風生夜色寒)
빈 골짜기 솔숲 사이로 음악가락 들려오네(空山竽籟萬松間)
주인은 분명 모산의 은사로(主人定是茅山隱)
문 닫고 홀로 누워 즐거이 들으리라(臥聽欣然獨掩關)

우리나라 소나무의 위력은 2005년 경상남도 창녕군 부곡면 비봉리에서 발굴한

계명한학촌 소나무 설경

계명한학촌 소나무

신석기 시대의 통나무배에서도 확인할 수 있다. 카누처럼 생긴 통나무배가 바로 200살 정도 먹은 소나무로 만든 것이다. 배는 현재 남아있는 실물 기준으로 최대길이 3m 10㎝, 최대 폭 60㎝, 깊이 약 20㎝, 두께 2.0-5.0㎝ 크기이다. 이 배가 중요한 것은 현재까지 한국에서 출토된 고려시대 이전 선박 실물로는 경주 안압지 출토 통일신라시대 배(8세기), 완도선과 십이동파도선(11세기), 안좌도선(13-14세기)등이 모두 역사시대에 속한 반면 선사시대의 배이기 때문이다. 더욱이 이번 발굴한 배는 약 8000년 전의 배이기 때문에 일본에서 가장 오래된 배로 알려진 도리하마(鳥浜) 1호나 이키리키(伊木力) 유적 출토품보다 무려 2000년 이상을 앞선 것이다.

계명한학촌의 소나무 숲은 성서캠퍼스를 가장 아름답게 만드는 신성한 곳이다. 이곳의 솔향은 성서캠퍼스 전체의 구성원들을 감동시키고도 남는다. 그러나 이곳의 솔숲은 구성원들이 어떻게 보존하느냐에 따라 생존 기간이 결정될 것이다. 이곳 솔숲의 보존은 계명의 미래를 결정할 만큼 소중한 일이다. 가장 좋은 보존 방법은 솔숲의 한 그루 한 그루 소나무가 스스로 살아갈 수 있도록 조건을 만들어 주는 것이다. 가능하면 손을 대지 않고 자생할 수 있도록 배려하는 마음이 절실하다. 솔숲 서쪽에는 소나무만이 아니라 소나뭇과의 곰솔도 큰 비중을 차지한다. 곰솔은 나무의 껍질이 붉어서 붙인 이름이다. 곰솔은 바닷가에서도 잘 살기 때문에 해송(海松)이라 부른다. 곰솔은 소나무처럼 잎이 한 묶음에 2개씩 달리지만 길이가 길면서 억세다. 노천강당 동편에도 곰솔이 많이 살고 있다. 곰솔의 짙은 잎은 껍질과 함께 강인한 인상을 준다.

소나무는 대한민국 사람들이 가장 좋아하는 나무이다. 애국가에도 등장하는 소나무를 좋아하는 이유를 물으면 '변하지 않는 늘 푸른 모습'이라 말한다. 그러나 소나무가 늘 푸른 것은 변하지 않아서가 아니라 끊임없이 변하기 때문이다. 대부분 사람들은 소나무가 2년마다 잎을 간다는 사실을 알지 못한다. 잎을 갈지 않고서는, 변하지 않고서는 늘 푸를 수 없다. 늘 변하는 자만이 살아남을 수 있다. 기후 온난화로 소나무가 위기에 처해 있지만, 소나무의 미래는 스스로 기후 온난화에 적응할 수 있느냐에 달렸다.

계명한학촌 소나무

자작나무와 동영관

자작나뭇과의 갈잎큰키 자작나무는 남한에 자생하지 않는 나무이다. 그러니 남쪽에 사는 사람들은 자작나무를 옮겨 심은 경우가 아니면 쉽게 볼 수 없다. 그러나 요즘 조경수로 즐겨 심기 때문에 남한에서도 쉽게 볼 수 있다. 최근 동영관(東榮館) 주변에도 자작나무를 심었다. 동영관은 거액의 부동산을 희사하여 대학발전에 크게 기여한 권영호(權榮浩) 박사를 기념한 건물이다.

자작나무의 이름은 이 나무를 태우면 '자작자작' 소리가 나서 붙인 이름이다. 물론 어떤 나무든 불을 붙이면 타는 소리가 '자작자작'나지만, 자작나무는 다른 나무에 비해 그 소리가 크다. 백두산 근처에 가면 민가에서 자작나무를 땔감으로 사용하는 광경을 볼 수 있다. 자작나무가 다른 나무보다 소리가 많이 나는 이유는 이 나무의 성분 때문이다. 이 나무의 속에는 기름기가 많다. 중국 명대 이시진(李時珍, 1518-1593)의 『본초강목(本草綱目)』에 따르면 기름이 없던 시절에는 이 나무로 불을 밝혔다. 자작나무를 의미하는 한자 화(華)도 이 나무의 성분을 본뜬 이름이다. 『설문해자주(說文解字注)』에 따르면 화는 화(華)와 같은 의미이다. 흔히 사람들이 결혼식과 관련해서 화촉을 밝힌다고 말한다. 이 때 사용하고 있는 화촉이 바로 자작나무로 불을 밝힌 것이다. 화촉의 용례는 당나라 문헌인 『국사보(國史補)』에 나온다. 일본의 식물학자 히로시 하라(原寬, 1911-?)가 붙인 학명(*Betula platyphylla* var. *japonica* (Miq.) H. Hara)에도 자작나무 속의 특징을 드러내고 있다. 이 나무의 속명인 '베툴라(Betula)'에서 유래한 '비투멘(bitumen)'은 원유와 아스팔트 같은 여러 탄화수소의 명칭을 의미한다. 이 나무는 갈리아 인의 나무였다. 갈리아 사람들은 이 나무를 끓여서 비투멘을 뽑아냈다. 더욱이 갈리아(현 프랑스 지역) 사람들은 이 나무를 길조의 나무로 생각했다. 왜냐하면 이 지역 사람들은 로마인들이 사비니(Sabines) 여자들을 유괴할 때 이 나무로 불을 밝혔기 때문이다. 로마 건국설화에 따르면 로마를 건국한 후 여자가 없어서 인근 사비니 지역의 남녀들을 부르기 위해 축제를 열었다. 로마인들은 남자들이 축제를 보고 있는 동안 자작나무로 불을 밝혀 부녀자를 유괴했다.

자작나무의 또 다른 특징은 껍질이다. 이 나무는 껍질이 하얗다. 봄에는 껍질에서 분가루 같은 게 묻어난다. 중국에서 이 나무를 백화(白樺)라 부르는 것도 껍질의 특징을 드러낸 것이다. 이 나무의 껍질은 종이 대용이기도 했다. 실제 이 나무에 글

자작나무 (*Betula platyphylla* var. *japonica* (Miq.) H. Hara)

자작나무

을 쓰면 선명하게 볼 수 있다. 또한 자작나무는 옛날 화공(畵工)들이 이 나무의 껍질을 태워 그림을 그렸다. 우리나라 국보 제207호인 천마도 장니를 그린 것도 자작나무 껍질이다. 장니(障泥))란 말안장에서 말의 배를 덮어내려 말이 달릴 때 튀어 오르는 흙을 막아주는 말다래를 말한다. 자작나무는 가죽을 염색하는데 사용했던 탓에 '백서(白書)'라고도 한다. 아울러 황백색의 자작나무의 속은 깨끗하고 균일해서 일부 팔만대장경판의 재료로 사용되었다.

이 나무의 학명에는 잎을 강조하고 있다. '플라티필라(platyphylla)'는 '넓은 잎'을 의미한다. 그런데 자작나무의 잎을 보면 그다지 크지 않다. 잎 모양은 버드나무와 아주 닮았다. 학명에는 이 나무의 원산지를 일본으로 표기하고 있다.

자작나무에 얽힌 얘기도 적지 않다. 특히 이 나무는 탄생설화가 전한다. 몽골의 영웅이자 세계역사를 바뀌놓은 칭기즈칸이 유럽을 침략하던 시절, 왕위계승에 불만을 품은 한 왕자가 칭기즈칸 군대의 우수함을 과대 선전해서 유럽군대가 싸우지도 않고 도망가게 했다. 이 사실을 안 유럽의 왕들이 이 왕자를 잡으려 했으나, 그는 깊은 산 속으로 도망갔다. 그러나 더 이상 숨을 곳이 없어 구덩이를 파고 흰 명주실로 친친 동여매고 그 속에 몸을 던져 죽었다. 흰 비단을 겹겹이 둘러싼 듯, 하얀 껍질을 아무리 벗겨도 흰 껍질이 계속 나오는 자작나무가 바로 이곳에서 자란 나무이다. 자작나무의 이러한 특징을 시인 최창균은 『자작나무 여자』에서도 살갑게 드러내고 있다.

자작나무 여자

그의 슬픔이 걷는다
슬픔이 아주 긴 종아리의 그,
먼 계곡에서 물 길어올리는지
저물녘 자작나무숲
더욱더 하얘진 종아리 걸어가고 걸어온다
그가 인 물동이 찔끔,
저 엎질러지는 생각이 자욱 종아리 적신다
웃자라는 생각을 다 걷지 못하는
종아리의 슬픔이 너무나 눈부실 때
그도 검은 땅 털썩 주저앉고 싶었을 게다
생의 횃대에 아주 오르고 싶었을 게다

참았던 숲살이 벗어나기 위해
또는 흰 새가 나는 달빛의 길을 걸어는 보려
하얀 침묵의 껍질 한 꺼풀씩 벗기는,
그도 누군가에게 기대어보듯 종아리 올려놓은 밤
거기 외려 잠들지 못하는 어둠
그의 종아리 환하게 먹기름으로 탄다
그래, 그래
백년 자작나무숲에서 살자
백년 자작나무숲에 살자
종아리가 슬픈 여자,
그 흰 종아리의 슬픔이 다시 길게 걷는다

우리나라를 상징하는 백두산에도 자작나무에 얽힌 이야기가 전하고 있다.

옛날 백두산 기슭에 사냥하면서 살아가는 백 노인과 손녀 설화가 살고 있었다. 어려서 부모를 잃은 설화는 할아버지의 보살핌으로 예쁜 처녀로 자라났다. 백 노인이 포수들과 사냥하러 나가고 없을 때였다. 부인을 아홉이나 둔 부잣집 막내아들이 백 노인의 집을 지나다가 설화를 보고 한눈에 반했다. 그 후 막내아들은 중매쟁이에게 설화를 만날 수 있도록 해달라고 간청했다. 결국 설화는 중매쟁이의 간청으로 부잣집 일을 돕고, 막내아들의 시중까지 들게 되었다. 얼마 후 마을에서는 설화가 막내아들에게 손목 잡혔다는 소문이 나돌았다. 설화는 이러한 소문에 견딜 수 없는 아픔을 겪었지만 쉽게 부잣집에서 빠져나올 수 없었다. 그 후 백 노인은 사냥 길에서 집으로 돌아오는 도중에 설화에 대한 소문을 들었다. 소문을 들은 백 노인은 곧장 부잣집으로 달려가 주인과 아들을 모두 죽였다. 그리고 어디론가 도망갔다. 혼자 남은 설화는 하늘을 보고 통곡하다 그만 기절했다. 설화가 정신을 차려보니 이미 사방은 어둠뿐이었다. 설화는 정신없이 할아버지를 찾았다. 그녀가 할아버지를 찾아 험한 봉우리에 오르다보니 어느덧 동이 터 오고 있었다. 설화는 동이 터는 속에서 할아버지를 보았다. 설화는 너무 기뻐 할아버지에게 달려갔으나, 할아버지는 설화를 반기지 않았다. 할아버지는 돌처럼 굳어있었기 때문이다. 설화는 돌처럼 굳은 할아버지를 부둥켜안고 목 놓아 울었다. 설화도 울다가 지쳐 그만 죽고 말았다. 그 후 백노인과 설화가 죽은 자리에서 하얀 자작나무와 진달래과에 속하는 상록성 활엽 관목인 노란 만병초가 자라났다.

만주에서 시베리아, 남러시아에 이르기까지 중요한 나무이다. 중앙 및 북아시아에서 알타이 굿을 할 때 샤먼은 자작나무와 말을 이용하여 제례를 치른다. 말의 등 위에서 자작나무 가지를 흔들며 말을 죽인 뒤 자작나무 가지 불 속에 던진다. 몽골의 부리야트족은 자작나무가 천상계의 문을 열어주는 문의 수호자로 생각했다. 만주족의 창세신화에도 마찬가지이다. 그들은 자작나무로 별을 담는 주머니를 만들었다.

동영관 자작나무

모감주나무와 명교생활관

명교생활관 모감주나무 (*Koelreuteria paniculata* Laxmann)

성서캠퍼스의 명교생활관(기숙사)은 무척 아름답다. 명교생활관이 아름다운 것은 담쟁이덩굴로 장식한 멋진 건물과 박명교(朴明嬌) 여사의 기부정신 덕분이다. 박명교 여사는 1962년 당시 거액의 발전기금을 헌납하여 대명캠퍼스에 여학생 기숙사를 건립하는데 크기 기여했다. 명교생활관 안에는 많은 나무들이 살고 있지만 그 중에서도 모감주나무는 생활관의 여름을 아름답게 만드는 나무다.

무환자나뭇과의 갈잎큰키 모감주나무의 유래는 정확하지 않지만, 염주와 밀접한 관계를 지니고 있다. 일설에는 중국 선종을 대표하는 영은사(靈隱寺) 주지의 법명이 묘감(妙堪)이고, 불교에서 보살이 가장 높은 경지에 오르면 '묘각(妙覺)'으로 부른데서 유래했을 것으로 추측한다. 이 나무의 열매가 금강석처럼 아주 단단해서 '금강자(金剛子)'라 부르고, 이 열매가 아주 귀하여 큰 스님의 염주를 만들었다는 점을 감안하면, 불교의 염주와 밀접한 관계가 있는 것만은 분명하다. 러시아의 식물학자 락스만(Laxman, 1737-1796)이 붙인 학명(*Koelreuteria paniculata* Laxmann) 중 속명 '코엘레우테리아(*Koelreuteria*)'는 독일의 식물학자 코엘로이테르(Joseph Gottlibe Koelreuter, 1734-1806)에서 유래했다. 이는 모감주나무에 이 사람이 미친 영향이 컸다는 것을 의미한다. 종소명 '파니쿨라타(*paniculata*)'는 '원추형(圓錐形)의'를 말한다. 이는 모감주나무의 꽃을 강조한 것이다.

영어권에서는 이 나무를 '골든 레인 트리(Golden Rain Tree)'라 부른다. 이 나무를 이렇게 부르는 것은 이 나무의 꽃이 마치 황금비가 내리는 것처럼 아름답기 때문이다. 모감주나무의 꽃을 멀리서 바라보면 황금 왕관처럼 보이기도 하고, 황금비가 쏟아지는 것 같다. 모감주나무의 한자는 한국의 도감에는 '보리수(菩提樹)', '난수(欒樹)', '목란수(木欒樹)' 등으로 표기하고 있다. 보리수는 이 나무의 열매로 붙여진 이름이지만, 난수와 목란수는 모감주나무를 뜻하는 한자이다. 그런데 어떤 도감에는 모감주의 한자로 낙수(樂樹) 혹은 낙화(樂華)로 표기하고 있다. 아마 이는 난을 잘못 읽은 데서 온 오류라 생각된다. 청대의 『식물명실도고』나 『대한화사전』에는 난화(欒華)로 표기하고 있기 때문이다. 한자 난은 나무에 실이 계속 엉켜있는 모습을 본뜬 글자이다. 꽃 모양을 본뜬 글자로 보인다.

모감주는 열매가 귀하고, 꽃도 아름답기 때문에 옛날부터 많은 사람들이 특별하게 인식했다. 어떤 식물관련 책에는 중국에서 학덕 있는 선비가 죽은 무덤에 모감주를 심는다고 기록하고 있다. 물론 『백호통』을 비롯한 중국의 자료에 무덤에 심는 나무를 조금씩 다르게 언급하고 있지만, 『춘추위(春秋緯)』에 따르면 모감주는 주나라 때 제후 아래의 대부(大夫) 무덤에 심었다.

궁산 서쪽 자락 골짜기, 금호강변에 위치한 명교생활관의 아름다운 모습을 보기

명교생활관 모감주나무 열매

위해서는 명교생활관 입구에서 아담스채플관으로 올라가야 한다. 이 길은 성서캠퍼스 중에서도 보기 드문 오솔길이다. 이곳에서 명교생활관을 바라보면 정말 아름답다. 이곳의 계단을 올라가면 넘어진 콩과의 아까시나무를 비롯하여 다양한 나무를 만날 수 있다. 특히 이 길의 끝에 이르면 주변에서 아주 보기 드문 참억새를 만날 수 있다.

벼과의 여러해살이 참억새는 학군단까지 이어진다. 가을에 이곳을 찾으면 사람 키보다 큰 참억새와 더불어 낭만의 시간을 즐길 수 있다. 이곳 참억새는 마치 가로수처럼 우뚝 서 있다. 늦은 걸음으로 학군단까지 걷다보면 가을이 가슴속 깊이 스며든다. 내친김에 학군단에서 궁산으로 올라가면 참억새만큼 아름다운 풍경을 만끽할 수 있다. 궁산 정상으로 올라가는 길은 고즈넉하다. 인적도 드물고 산길도 완만하다. 산길을 오르다가 길 쪽으로 뻗은 소나무의 뿌리를 보면 가슴이 시리다. 소나무의 뿌리를 찬찬히 살피면 밖으로 나온 뿌리가 어떤 자세로 살아가는지를 알 수 있다. 소나무든 어떤 나무든 뿌리가 밖으로 나오면 흙과 떨어지지 않기 위해 잔뿌리가 감싼다. 그렇지 않으면 뿌리로 물을 운반할 수 없기 때문이다.

궁산에 오르면서 고개를 하늘로 들면 가슴이 넓어진다. 군데군데 잠시 머물다가 사방을 둘러보면 성서캠퍼스의 아름다움은 하늘에 선명하게 박힌다. 궁산에서 성서캠퍼스를 바라보면 캠퍼스가 거대한 숲이라는 사실을 확인할 수 있다. 성서공단과 성서의 아파트와 확연하게 다른 성서캠퍼스의 진면목을 절감할 수 있다. 특히 궁산에서 성서캠퍼스를 바라보면 캠퍼스는 자연생태와 조화를 이루고 있다. 성서캠퍼스는 높은 건물이 없다. 가장 높은 동산도서관도 자연생태를 거스르지 않은 설계이다. 자연과의 합일 철학이 성서캠퍼스의 조영이 지닌 특징이다.

명교생활관 모감주나무 꽃

참고문헌

- 강판권, 『역사와 문화로 읽는 나무사전』, 글항아리, 2010.
- 강판권, 『조선을 구한 신목, 소나무』, 문학동네, 2013.
- 이유미, 『우리가 꼭 알아야할 우리나무 백가지』, 현암사, 1995.
- 이우철, 『한국식물명의 유래』, 일조각, 2005.
- 로베르 뒤마, 송형석 옮김, 『나무의 철학』, 동문선, 2004.
- 마이클조던, 이한음 옮김, 『초록 덮개』, 지호, 2004.
- 마이클 폴란, 이창신 옮김, 『욕망의 식물학』, 서울문화사, 2002.
- 자크 브로스, 양영란 옮김, 『식물의 역사와 신화』, 갈라파고스, 2005.
- 존 펄린, 송명규 옮김, 『숲의 서사시』, 따님, 2002.
- 토비 머스그레이브 외, 이창신 옮김, 『식물 추적자』, 넥서스BOOKS, 2004.
- 이어령 책임 편집, 『매화』, 생각의 나무, 2003.
- 이어령 책임 편찬, 『대나무』, 종이나라, 2006.
- 이어령 책임 편찬, 『소나무』, 종이나라, 2005.
- 김민수 편, 『우리말 語源辭典』, 태학사, 1997.
- 諸橋轍次, 『大漢和辭典, 東京, 大修館書店, 1984.
- 이창복, 『大韓植物圖鑑』, 향문사, 1980.
- 김태욱, 『한국의 수목』, 교학사, 1994.
- 강희안, 서윤희·이경록 옮김, 『양화소록』, 눌와, 1999.
- 中井猛之進, 『朝鮮森林植物編(1-9)』, 東京, 國書刊行會, 1976.
- 이호철, 『한국 능금의 역사, 그 기원과 발전』, 문학과지성사, 2002.
- 이충구 외 역주, 『이아주소(1-6)』, 소명, 2004.
- 권문해, 남명학연구소 경상한문학연구회 역주,『대동운부군옥』, 소명, 2003.

- 吳其濬,『植物名實圖考(上下)』, 世界書局, 1963.
- 吳其濬,『植物名實圖考長編(上下)』, 世界書局, 1963.
- 孫耀良 外 編著,『花卉詩歌鑑賞辭典』, 漢語大詞典出版社, 2004.
- 許愼 撰, 段玉裁 注,『說文解字注』, 上海古籍出版社, 1981.
- 賈思勰,『齊民要術』(文淵閣四庫全書本), 商務印書館, 1983.
- 李時珍,『本草綱目』, 人民衛生出版社, 1982.
- 王圻·王思義,『三才圖會』(續修四庫全書本), 上海古籍出版社, 2002.
- 柳僖,『物名考』, 대제각, 1988.
- 吳普,『神農本草經』, 中華書局, 1985.
- 韓彦直,『橘譜』, 中華書局, 1985.
- 張功甫,『梅品』, 中華書局, 1985.
- 寇宗奭,『本草衍意』, 中華書局, 1985.
- 李石,『續博物志』, 中華書局, 1985.
- 姚可成,『救荒野譜』, 中華書局, 1985.
- 段成式,『酉陽雜俎』, 中華書局, 1985.
- 王灝,『廣群芳譜』, 商務印書館, 1980.
- 吳其濬,『植物名實圖考』, 文物出版社, 1993.
- 吳其濬,『植物名實圖考長編(上下)』, 世界書局, 1975.
- 李衎,『竹譜詳錄』, 中華書局, 1985.
- 僧贊寧,『竹譜』, 中華書局, 1985.
- 宋伯仁,『梅花喜神譜』, 中華書局, 1985.
- 陳大章,『詩傳名物集覽(1-4)』, 中華書局, 1985.

부록

캠퍼스의 나무 산책

글 / 김수봉
사진 / 박창모

교목과 교화

은행나무 | 비사광장

은행나뭇과
Ginkgo biloba L.
Maidenhair Tree 갈잎큰키나무

✚ 계명대학교는 강인한 생명력과 유구한 역사를 지닌 은행나무를 '세계를 향해 빛을 여는 계명전당'의 염원을 담아 교목으로 지정했다.

은행나무는 소철과 함께 '살아 있는 화석'이며 은행나뭇과에 하나뿐인 외로운 나무다. 암수 딴 그루인 은행나무는 갈잎큰키나무다. 은행나무의 고향은 중국 절강성에 위치한 천목산(天目山)이다. 은행이라는 이름은 중국 북송 때 구양수(歐陽脩, 1007-1072)와 매요신(梅堯臣, 1002-1060)의 시에 처음 등장한다. 은행(銀杏)은 '은빛 살구'를 의미하는 한자이다. 이 한자는 이 나무의 열매가 살구나무 열매를 닮아서 붙인 것이다. 은행이라는 이름은 송나라 때 조공품(租貢品)으로 들어가면서 본격적으로 부르기 시작했다. 은행 이전의 이 나무 이름 중 가장 잘 알려진 것은 '압각수(鴨脚樹)'와 '공손수(公孫樹)'다. 식물도감에 등장하는 킹쿄는 린네가 은행의 일본어 발음 긴난(Ginnan)을 잘못 읽고 붙인 이름이다. 서양 사람들은 오리발의 물갈퀴처럼 생긴 은행잎을 처녀의 머리에 비유했다. 학명의 빌로바(*biloba*)도 '두 갈래로 갈라진 잎'을 의미한다. 학명을 붙인 사람은 학명체계를 정립한 리나이우스(Linnaeus, 1707-1778)이다.

이팝나무 | 행소박물관

물푸레나뭇과
Chionanthus retusus Lindl. & Paxton
Retusa Fringe Tree 갈잎큰키나무

✚ 계명대학교는 모든 구성원들이 이팝나무 꽃처럼 아름답고 풍요롭고 깨끗하기를 소망하며 교화로 지정했다.

나무 이름에 '팝'은 꽃이 팝콘처럼 피었을 때 붙이는 이름이다. 이팝나무의 '이팝'에는 두 가지 설이 있다. 하나는 이 꽃이 여름이 시작하는 입하(立夏) 쯤 피기 때문이다. 다른 하나는 백성들이 이 나무의 꽃을 보고서 조선왕조를 세운 이성계의 이씨 성을 가진 사람만 쌀밥을 먹는다고 생각했기 때문이다. 전자는 이 나무의 꽃이 피는 계절을 드러내는 얘기이고, 후자는 이 나무의 꽃이 지닌 특징을 드러낸 얘기이다.

영국의 식물학자 린들리(Lindley, 1799-1865)와 팩스턴(Paxton, 1801-1865)이 함께 붙인 학명에서도 꽃을 강조하고 있다. 학명 중 '키오난투스(*Chionanthus*)'는 '흰 눈'을 의미하는 '키온(chion)'과 '꽃'을 의미하는 '안토스(anthos)'의 합성어다. 흰 눈꽃을 의미하는 학명 역시 이팝나무의 만발한 꽃을 상징하는 뜻이다. 영어권에서는 이팝나무를 '프린지 트리(Fringe tree)', 즉 '하얀 솔'이라 부른다. 학명 중 종소명인 '레투사(*retusa*)'는 '조금 오목한 상태'를 의미한다. 무엇을 설명한 것인지 정확하지 않다. 이팝나무의 한자 이름은 류소수(流蘇樹)와 육도수(六道樹) 등으로 사용한다. 일본에서는 이팝나무를 차엽수(茶葉樹)라 부른다. 이는 이팝나무의 잎으로 차를 만들어 먹었기 때문에 붙인 이름이다.

늘 푸른 나무

가시나무 | 본관

참나뭇과
Quercus myrsinifolia Blume
Myrsinaleaf Oak
늘푸른큰키나무

✚ 가시나무는 잎이 바람에 흔들리는 모습이 떠는 것 같이 보인다고 하여 붙여진 이름이다. 가서목이 가서나무에서 가시나무로 바뀌었다.

속명 퀘르쿠스(*Quercus*)는 캘트어의 '질이 좋은' 뜻을 가진 '퀘르(quer)'와 재목을 의미하는 '퀘즈(cuez)'의 합성이며, 참나무과 참나무속 식물을 지칭한다. 종소명 미르시나르프(*myrsinaefolia*)는 '자금우과와 비슷한 잎의' 이라는 뜻을 가지고 있다. 자금우(紫金牛)는 늘푸른중간키 나무이며, 일본이 원산지이다. 자금우의 속명 아르디시아(*Ardisia*)는 '창끝 혹은 화살끝'을 의미하는 아르디스(Ardis)에서 유래했다. 이는 꽃밥의 형태도 이와 닮아서 붙였다.

개잎갈나무 | 감부열관

소나뭇과
Cedrus deodara (Roxb. ex D.Don) G.Don
Hymalaya cedar 늘푸른큰키나무

✚ 개잎갈나무처럼 나무와 풀의 이름에 '개'자가 들어가면 대개 '가짜'를 의미한다. 그러니 개잎갈나무는 잎갈나무가 아니라는 뜻이다. 개잎갈나무는 '잎을 갈지 않는 나무'라는 의미이다. 개잎갈나무는 여전히 우리나라 사람들에게 낯선 이름이다. 많은 사람들이 이 나무를 히말라야시다로 부른다. 그런데 히말라야시다(Himalayan cedar)는 개잎갈나무의 영어식 이름이다. 히말라야시다는 히말라야와 시다의 합성어이다. 이 중 히말라야는 우리가 잘 알고 있는 명산 히말라야이고, 시다는 개잎갈나무를 뜻하기도 하지만 삼나무와 비슷한 각 종 침엽수를 말한다. 그래서 이 나무를 달리 '히말라야삼나무'로 부른다. 히말라야시다 이름에 지명인 히말라야가 있다는 것은 이 나무의 원산지가 곧 히말라야라는 뜻이고, 히말라야시다는 곧 히말라야에 사는 나무라는 뜻이다. 히말라야는 '눈'을 의미하는 히와 '산'을 의미하는 말라야의 합성이다. 그래서 중국인들은 흰 산을 의미하는 히말라야에 사는 이 나무를 '눈 소나무', 즉 '설송(雪松)'이라 부른다. 북한에서도 '설송'이라 부른다.

이 나무의 학명인 케드루스 데오다라(*Cedrus deodara*)에는 원산지 표기가 없다. 영국 출신의 식물학자 루던(Loudon, 1783-1843)이 붙인 학명 중 케드루스는 '향나무'를 의미하는 그리스어 케드론(kedron)에서 유래했다. '데오다라'는 '신목(神木)'을 뜻한다. 백향목(柏香木)은 이 나무의 학명인 케드루스를 한자로 표기한 것이다.

곰솔 | 계명한학촌

소나뭇과
Pinus thunbergii Parl.
Japanese Black Pine 늘푸른큰키나무

✚ 곰솔은 '검다'는 뜻이다. 곰솔은 한자 '흑송(黑松)'의 우리말이다. 나무의 껍질이 검기 때문에 붙인 것이다. 곰솔의 또 다른 이름은 해송(海松)이다. 바닷가에도 잘 살기 때문에 붙인 것이다. 해송은 소나무의 다른 이름인 육송과 반대말이다. 곰솔은 일본해송이라 부르기도 한다. 곰솔을 이렇게 부르는 것은 일본에 이 나무가 많기 때문이다. 오사카를 비롯한 일본에는 해송이 아주 흔하다. 곰솔은 바닷가에서도 잘 살기 때문에 잎이 소나무보다 길면서도 거칠다. 곰솔을 바닷가에 많이 심는 것은 이 나무가 소금기를 먹어도 잘 자라기 때문이다. 바닷가의 곰솔은 농작물을 보호하는 울타리 역할을 한다.

곰솔의 학명 중 '피누스(*Pinus*)는 소나무의 속명과 같은 '산'을 의미하는 켈트어의 '핀(pin)'에서 유래했다. 종소명 툰베르기이(*thunbergii*)는 스웨덴의 식물학자 툰베르크(Thunberg, 1743-1828)을 의미한다. 학명의 종소명에 사람이름을 넣은 것은 그 사람이 이 나무에 크게 공헌했기 때문이다. 툰베르그는 스웨덴 웁살라대학에서 리나이우스, 즉 린네에게 의학과 식물학을 배웠다. 그는 네덜란드 동인도회사의 의사로 근무하면서 일본에 건너가 식물을 채집하여 많은 성과를 올렸다. 학명을 붙인 사람은 이탈리아의 식물학자 파를라토레(Parlatore, 1816-1877)이다.

광나무 | 정문

물푸레나뭇과
Ligustrum japonicum Thunb.
Japanese privet 늘푸른떨기나무

✚ 광나무는 잎에서 윤기가 나서 붙인 이름이다. 스웨덴의 식물학자 툰베르크(Thunberg, 1743-1828)가 붙인 학명 중 속명인 '리구스트룸(*Ligustrum*)'은 고대 이탈리아에 있었던 '리구리아(Liguria)'의 형용사다. 학명에 이탈리아의 지명을 넣은 것은 이 지역에서 재배한 식물 중 약용이 많았기 때문이다. 광나무의 학명 중 종소명인 '야포니쿰(*japonicum*)'은 이 나무가 일본 원산임을 알려준다. 그래서 광나무를 때론 '일본여정(日本女貞)'이라 부른다. 광나무와 아주 흡사한 제주광나무(*Ligustrum lucidum* Aiton)도 있다. 제주광나무는 당광나무라 불린다. '당'은 중국을 의미한다. 우리나라 남쪽지역에서 울타리용으로 많이 활용하고 있다.

학명에서 언급한 광나무의 약용성은 이 나무의 주요한 특징이다. 광나무의 한자 이름은 여정(女貞)이다. 여정은 이 나무의 열매가 여자의 정절을 지킨다는 데서 유래했다. 이는 이 나무의 열매가 강장제 혹은 정력제로 사용했다는 것을 말한다. 그래서 여정나무 잎으로 차를 만들어 장복하면 흰머리가 검어진다는 이야기도 있고, 동지 무렵에 열매를 따서 술에 풀어 쪄서 남자가 먹으면 여자를 정숙하게 하는 효과가 있다는 설이 있다. 여정목을 줄여 '정목(貞木)'이라 부르고, 동청(冬青)이라 부르기도 한다. 광나무를 의미하는 또 다른 한자에는 유(楰)가 있다.

금목서 | 계명한학촌

물푸레나뭇과
Osmanthus fragrans var. *aurantiacus* Makino
Sweet Os manthus 늘푸른큰키나무

✚ 금목서는 목서 중에서도 꽃이 등황색을 띠어서 붙인 이름이다. 목서(木犀)는 나무의 잎이 코뿔소의 코를 닮아서 붙인 이름이다. 나무의 학명을 붙인 사람은 일본의 식물학자 도미타로 마키노(牧野富太郞, 1862-1957)이다. 학명 중 속명인 '오스만투스(*Osmanthus*)'는 '향기'를 의미하는 '오스메(osme)'와 '꽃'을 의미하는 '안토스(anthos)'의 합성어이다. 학명처럼 금목서는 꽃의 향기가 치자나무, 서향과 함께 세계 3대 방향수이다. 유명한 향수 〈샤넬NO.5〉의 주원료이기도 하다. 학명 중 종소명인 프라그란스(*fragrans*)도 '향기가 있는' 뜻이다.

목서는 아주 이해하기 어려운 나무 중 하나이다. 왜냐하면 목서를 의미하는 이름이 많고, 이해하는 방식도 다르기 때문이다. 우리나라 국어사전에는 목서를 물푸레나무로 풀이하고 있다. 그러나 목서는 물푸레나무가 아니다. 목서에는 은목서와 금목서가 있지만 일반적으로 은목서를 목서라 한다. 이창복의 『대한식물도감(大韓植物圖鑑)』의 목서 항목에서도 학명이 은목서며, 다른 식물도감에는 목서 항목이 없고, 은목서와 금목서를 분리해서 설명하고 있다. 그러나 최근에 국가표준식물도록에는 은목서와 구골목서를 합쳐 목서로 정리했다. 북한에서는 금목서를 단계목(丹桂木)이라 부른다. 은목서와 금목서 모두 암수가 따로 있지만 우리나라에서는 주로 수컷이다. 그래서 목서와 금목서의 열매를 보기 어렵다.

꽝꽝나무 | 본관

감탕나뭇과
Ilex crenata Thunb
Box-Leaved Holly 늘푸른떨기나무

✚ 꽝꽝나무는 잎과 가지가 타면서 생긴 소리에서 붙인 제주 방언이다. 학명 중 '일렉스(*Ilex*)'는 '서양호랑가시'를, '크레나타(*crenata*)'는 '둥근 톱니'를 의미한다. 둥근 톱니는 둥근 모양의 잎에 톱니가 있기 때문에 붙였다. 꽝꽝나무를 한자로 둔치동청(鈍齒冬靑)이라 부르는 것도 잎 가장자리에 둔한 톱니가 있어 붙인 이름이다. 동청은 겨울에도 푸르다는 뜻이다. 꽝꽝나무의 열매와 동청의 열매는 아주 닮았다. 꽝꽝나무의 또 다른 한자는 구황양(狗黃楊)이다.

꽝꽝나무는 쉽게 볼 수 없다. 현재 한라산에 자생한다. 전라북도 부안군 중계리의 꽝꽝나무를 천연기념물 제124호로 지정한 것도 이 나무가 자랄 수 있는 가장 북쪽지역이기 때문이다. 암수딴그루 꽝꽝나무는 크게 자라야 겨우 3미터에 불과하다. 이처럼 꽝꽝나무의 키가 작은 것은 아주 더디게 자라기 때문이다. 그러나 더디게 자라는 키 작은 나무는 인간에게 쓰임새가 많은 게 특징이다. 꽝꽝나무도 회양목처럼 도장을 만들만큼 목질이 아주 단단하다.

눈향나무 | 계명한학촌

측백나뭇과
Juniperus chinensis var. *sargentii* A.Henry
Sargent Juniper 늘푸른떨기나무

✚ 눈향나무는 향나무에 비해 비스듬히 땅에 누워서 붙인 이름이다. 한자로 언백(偃柏)이라 부른다. 학명 중 유니페루스(*Juniperus*)는 '향나무 속(屬)과 비슷한'을 뜻하고, 키넨시스(*chinensis*)는 원산지가 중국이라는 뜻이다. 학명 중 사르겐티(*sargentii*)는 미국의 식물학자 사전트(C.S. Sargent, 1841-1927)를 의미한다.

눈향나무는 한라산, 설악산, 지리산 등 700-2,300미터에서 자란다. 그래서 눈향나무는 세찬 바람을 이겨 내기 위해 줄기가 땅에 기며 퍼져나간다. 잎은 어릴 때 날카로운 바늘잎이지만 나이가 들면 비늘잎으로 변한다. 녹색을 띤 잎은 앞면에 2줄의 넓은 흰색 선이 있다. 암수한그루 눈향나무는 가지 끝에 꽃이 피며, 연한 갈색을 띠는 수꽃은 달걀형이고, 암꽃은 둥근 모양이다. 열매는 가을에 검푸른 색으로 익는다.

독일가문비 | 바우어관

소나뭇과
Picea abies (L.) H.Karst.
Norway spruce 늘푸른큰키나무

✚ 독일가문비는 독일 원산의 가문비를 의미한다. 가문비의 학명 중 피체아(*Picea*)는 '검게 그을린 송진'을 의미하는 '픽스(pix)'에서 유래했다. 이는 검은 색을 띠는 가문비의 껍질을 강조한 뜻이다. 학명 중 아비에스(*abies*)는 '젓나무 속(屬)'을 의미한다. 가문비는 한자로 탑회(塔檜), 어린송(魚鱗松), 어린운삼(魚鱗雲杉)이라 부른다. 독일가문비는 독일당회(獨逸唐檜), 구주운삼(歐洲雲杉)으로 부른다.

독일가문비는 소나뭇과의 구상나무와 젓나무와 함께 크리스마스트리로 유명한 나무이다. 6월 경 피는 독일가문비의 암꽃은 지난해의 가지 끝에 긴 타원형으로 달린다. 긴 원주형의 열매는 아래로 늘어진다. 우리나라에는 1920년에 도입되었다. 우리나라에서는 전북 무주자연휴양림에 70살 정도의 독일가문비가 150여 그루 살고 있다.

들메나무 | 동서문화관

물푸레나뭇과
Fraxinus mandshurica Rupr.
Manchurian Ash 갈잎큰키나무

✚ 들메나무는 물푸레나무와 아주 흡사하다. 들메는 경기도 방언으로 알려져 있고, 떡물푸레나무로 불린다. 암수가 따로 있는 들메나무의 학명 중 속명 프락시누스(*Fraxinus*)는 '물푸레나무로 만든 창'을 의미한다. 그래서 들메나무는 물푸레나무처럼 재질이 아주 우수하다. 우리나라에서도 이 나무로 각종 농기구를 만들었다. 들메나무도 물푸레나무처럼 유럽에서 숭상했으며, 성경에도 등장하는 나무다. 특히 일본 북해도 원주민인 아이누족이 들메나무를 숭상했다. "옛날 하늘나라에 살고 있던 큰 부엉이가 신의 분부로 숲 중 높은 떡느릅나무 위에 앉아서 인간세계를 내려다보면서 악령이 인간에게 접근하는가를 지켜보고 있었다. 그런데 인간의 수가 늘어나서 낮은 떡느릅나무 위에서는 인간들을 모조리 내려다 볼 수가 없어 더 높은 나무를 찾았다. 이 나무가 바로 들메나무였다. 그래서 들메나무에 앉아 있는 부엉이는 아이누족을 수호하고 있는 고마운 존재이다."

러시아의 식물학자 루프레크트(Ruprecht, 1814-1870)가 붙인 학명 중 종소명인 '만드수리카(*mandshurica*)'는 이 나무의 원산지가 만주임을 알려준다. 그래서 이 나무의 한자 이름도 동북백랍수(東北白蠟樹)이다.

리기다소나무 | 계명한학촌

소나뭇과
Pinus rigida Mill.
Pitch Pine 늘푸른큰키나무

✚ 소나무를 구분하는 방법 중 하나는 잎을 세는 일이다. 한국의 소나무는 잎이 두 개지만 리기다는 세 개이다. 그래서 북한에서는 '세잎소나무'라 부른다. 리기다소나무의 한자 이름은 미국삼엽송(美國三葉松), 강엽송(剛葉松), 경엽송(硬葉松) 등이다. 미국삼엽송은 미국에서 건너온 잎 세 개의 소나무라는 뜻이다. 강엽송과 경엽송은 모두 잎이 강하다는 뜻이다. 이는 이 나무의 학명 리기다(*rigida*)가 '딱딱한'이라는 뜻을 가졌기 때문에 붙인 것이다. 리기다의 '다(da)'는 여성형을 의미한다.

리기다소나무는 1907년에 우리나라에 들어왔다. 한국에 리기다를 들여온 사람은 일본의 우에끼 호미기(植木秀幹)이다. 우에끼는 한국 임학계의 선구자이자 한국인으로는 처음 일본에서 임학박사를 받은 현신규 박사의 수원고등농림학교 시절 은사이다. 현재 우리나라 곳곳에서 리기다소나무를 쉽게 볼 수 있다. 리기다소나무는 아까시처럼 산에 나무가 없던 시절 사방조림용으로 많이 심었기 때문이다.

반송 | 동산도서관

소나뭇과
Pinus densiflora f. *multicaulis* Uyeki
Var globosa 늘푸른떨기나무

✚ 반송(盤松)은 나무 모습이 마치 쟁반처럼 생겨서 붙인 이름이다. 잎은 소나무처럼 두 개다. 반송은 원 둥치 부근에서 거의 같은 크기의 가지가 많이 나와 나무 전체가 반원형이고 솔방울이 소나무보다 훨씬 작은 게 특징이다. 반송의 학명은 소나무와 기본형은 같지만, '여러 갈래'라는 물티카울리스(*multicaulis*)가 첨가되었다. 반송의 학명에서는 이 나무의 특징인 가지를 강조했다.

반송은 요즘 정원수로 각광 받고 있다. 그런데 반송은 옛날 선비들도 즐긴 나무였다. 고려와 조선시대 십 문장가 중 한 사람으로 유명한 이건창(李建昌, 1852-1898)도 「부득반송(賦得盤松)」에서 반송에 남다른 관심을 보였다. 반송은 대개 키가 작다. 그러나 때론 큰 키 반송도 있다. 경북 구미시 선산 독동에 살고 있는 반송(천연기념물 제357호)은 높이가 13미터에 이르며, 경상북도 문경시 농암면 화산리(華山里)의 반송(천연기념물 제292호)은 구미 독동의 반송보다 키가 훨씬 크다. 경남 함양군 휴천면 목현리의 구송(천연기념물 제358호)도 의미 있는 반송이다. 이 반송은 나무의 밑 부분에서 갈라진 가지가 9가지라여서 이곳 주민들이 구송이라고 불렀다. 그러나 지금은 이 9가지 중 2가지가 꺾여 7가지만 남아 있다. 나무 높이는 구미 독동보다 높은 약15미터다.

백송 | 행소박물관

소나뭇과
Pinus bungeana Zucc. ex Endl.
Lacebark pine 늘푸른큰키나무

✚ 백송(白松)은 글자대로 껍질이 흰 소나무를 말한다. 그래서 북한에서는 '흰소나무'라 부른다. 백송을 '백피송(白皮松)'이라 부르는 것도 껍질이 희기 때문이다. 그렇다고 모든 백송의 껍질이 하얀 것은 아니다. 어떤 백송의 껍질은 흰색을 띠고 있고, 어떤 백송은 푸른 색을 띠고 있다. 백송은 리기다소나무처럼 잎이 3개이다. 학명 중 속명은 소나무와 같고, 종소명인 분게아나(*bungeana*)는 러시아 출신의 북중국 식물학자인 분지(Bunge, 1803-1890)를 말한다. 이 학자가 백송 연구에 크게 공헌했다는 뜻이다.

우리나라의 백송 중에는 충남 예산의 추사고택 근처에 살고 있는 '예산의 백송'(천연기념물 제106호)이 유명하다. 이곳의 백송은 조선 순조 9년(1809년) 늦가을, 24살의 김정희가 아버지를 따라 북경에 갔을 때 가져온 것이다. 추사가 북경에서 중국의 북부와 서부 원산지인 백송을 가져 온 것은 백송에 대한 남다른 애정을 가지고 있었기 때문이다. 그는 영조의 둘째 사위이자 증조할아버지가 영조에게 하사 받은 '월성위궁'에서 백송을 보면서 자랐던 것이다. 김정희가 심은 백송은 예산 본가에 위치한 고조할아버지 김흥경의 묘 옆에 살고 있다. 현재 이곳의 백송은 200여 살이다. 이런 연유로 우리나라 묘소에서도 백송을 종종 발견할 수 있다. 현재 우리나라에는 이천백송(천연기념물 재 253호), 서울 재동 백송(천연기념물 제8호), 서울 조계사 백송(천연기념물 제9호) 고양 송포 백송(천연기념물 제60호) 등이 있다.

사철나무 | 은혜정원

노박덩굴과
Euonymus japonicus Thunb.
Spindle Tree 늘푸른떨기나무

✚ 사철나무는 늘 푸르기 때문에 붙인 이름이다. 학명에는 이름과 관련한 내용은 없다. 학명 중 에우오니무스(*Euonymus*)는 '좋다'는 뜻을 지닌 그리스어 '에우(eo)'와 '이름'을 의미 하는 '오노마(onoma)'의 합성어이다. 학명 중 종소명 자포니쿠스(*japonicus*)에서 알 수 있듯이 사철나무의 원산지는 일본이다. 그러나 우리나라 중부 이남에서도 자생한다. 우리나라와 일본에서 사철나무의 한자를 '화두충(和杜沖)', '동청위모(冬青衛矛)' 등으로 표기하고 있다. 사철나무를 두충과 동청으로 부르는 것은 강심제로 사용하던 두충과 동청이 귀하여 사철나무로 대신하면서 생긴 오해이다. 조선 숙종 때 실학자 유암(流巖) 홍만선(洪萬選, 1664~1715)이 편찬한 『산림경제(山林經濟)』에서도 사철나무를 두충, 동청, 겨우살이로 기록하고 있다.

사철나무는 생울타리용으로 각광받고 있다. 조선시대 전통 양반가옥에서도 외간 남자와 바로 얼굴을 대할 수 없도록 만든 문병(門屛:문 병풍)용으로 사철나무를 애용했다. 마이산 줄사철나무 군락지(천연기념물 제380호)를 제외하면 주위에서 나이 많은 사철나무를 보기란 쉽지 않다. 경상북도 청도군 각북면 명대리에 약 300살 먹은 사철나무가 있다. 이 나무는 키가 5.5m가량의 고목이지만 담 밖에서 보면 죽은 것 같다. 이 나무가 자라는 위치는 조선시대 효자 절효(節孝) 김극일(金克一)선생의 위패를 모시고 있는 운계사(雲溪祠) 앞마당이다.

서양측백나무 | 아담스채플

측백나뭇과

Thuja occidentalis L.

American arborvitae 늘푸른큰키나무

✚ 서양측백나무는 미국에서 도입해서 미국측백나무라 부른다. 서양측백나무는 측백나무와 크게 다르지 않다. 그래서 학명 중 속명과 같다. 측백나무의 학명 중 속명인 투야(*Thuja*)는 '나무의 진', 즉 '수지(樹脂)'를 의미하는 그리스어 '티아(thya)' 혹은 '향기'를 의미하는 '투에인(thuein)'에서 유래했다. 측백나무는 잎이나 열매에서 진과 향기가 발생하는 특성을 지녔다. 서양측백나무의 학명 중 종소명인 오시덴탈리스(*occidentalis*)는 '서방의'를 의미한다. 이는 동방(東方) 혹은 동부(東部)를 의미하는 측백나무의 종소명인 '오리엔탈리스(*orientalis*)'와 반대말이다. 이는 원산지가 '서양'이라는 뜻이다.

서양측백나무는 측백나무와 열매 모양이 다르다. 나무껍질도 측백나무가 적갈색에서 회갈색으로 변하는 반면, 서양측백나무는 적갈색이다. 껍질이 세로로 갈라지는 것은 측백나무와 같다.

소나무 | 본관

소나뭇과

Pinus densiflora Siebold & Zucc.

Pine 늘푸른큰키나무

✚ 나무의 줄임은 '솔'이다. 솔의 뜻은 '으뜸'이다. 이는 우리나라 사람들이 나무 중에서 으뜸으로 생각했다는 것을 의미한다. 소나무를 의미하는 한자는 송(松)이다. 송 자는 목(木)과 공(公)을 합한 형성 글자다. 이 글자는 중국 진(秦)나라 진시황제와 관련한 얘기가 전한다. 『사기(史記)·시황제본기(始皇帝本紀)·봉선서(封禪書)』에 따르면 그는 태산(泰山)에 올라 어느 날 외출했다가 갑자기 소나기를 만났다. 갑자기 내린 비라 피할 곳이 마땅하지 않는 터에 인근의 나무에 들어가 비를 피했다. 소나기가 그치자 진시황제는 고마움을 표시하기 위해 그 나무에게 '오대부(五大夫)' 벼슬을 내렸다. 진시황제가 벼슬 내린 그 나무가 바로 소나무이다. 이런 얘기는 세조와 관련한 속리산의 정이품송(正二品松)과 비슷하다.

식물도감의 학명에는 소나무의 원산지가 한국임을 알려주는 기록은 없다. 시에볼드(Siebold)와 주카리니(Zuccarini)가 붙인 소나무의 학명 중 피누스(*Pinus*)는 캘트어로 '산'을 의미하고, 덴시플로라(*densiflora*)는 '빽빽하게 돋아나는 꽃이 있다'는 뜻이다. 소나무에 대한 이름도 아주 많다. 우리에게 가장 잘 알려진 이름은 '춘양목(春陽木)'이다. 춘양목은 경상북도 춘양에서 빌린 이름이다. 이는 춘양과 가까운 울진이나 봉화 등지에서 생산한 소나무를 철도가 있는 춘양에서 모아 다른 곳으로 보냈기 때문이다. 한국을 대표하는 소나무는 주로 울진에서 자라는 '금강송(金剛松)'이다. 금강송은 금강석처럼 아주 단단해서 붙인 이름이다. 금강송이나 춘양목은 곧게 자라면서도 껍질 색깔이 붉다. 그래서 춘양목을 비롯한 한국의 소나무를 '적송(赤松)'이라 부른다. 소나무를 구분하는 방법 중 하나는 껍질 외에 잎이다. 한국의 소나무는 한 묶음의 잎이 두 개다. 소나무는 우리나라에서 유일하게 설화가 남아 있는 나무다.

수수꽃다리 | 대명쉐턱관

물푸레나뭇과
Syringa oblata var. *dilatata* (Nakai) Rehder
Syringa dilatata　　갈잎떨기나무

✚ 수수꽃다리는 이 나무의 꽃대가 수수를 닮아 붙인 이름이다. 예전엔 라일락을 비롯해 다양한 이름으로 불렀지만 현재 수수꽃다리로 부르고 있다. 일본의 식물학자 나까이가 붙인 학명 중 속명인 시린가(*Syringa*)는 작은 가지로 만든 피리를 의미하는 '시린크스(syrinx)'에서 왔다. 이는 이 나무의 가지를 강조한 것이다. 학명 중 종소명인 '딜라타타(*dilatata*)'는 '넓어진'을 의미한다. 이는 무엇을 의미하는 지 정확하지 않다. 중국에서는 이 나무를 정향(丁香)이라 불렀다. 한자 '정'은 꽃의 위가 벌어지면서 아래로 화통이 긴 모양을 본 뜬 것이고, '향'은 이 나무의 향기를 의미한다. 정향의 다른 이름은 정향화(丁香花), 자정향(紫丁香), 백결화(百結花), 용초자(龍梢子), 정객(情客), 계설향(鷄舌香) 등이다. 일본에서는 찰황지화(札幌之花)라 부른다. 수수꽃다리는 세계에서 한국 산이 가장 우수하다. 그러나 우수한 한국의 수수꽃다리는 '미스김라일락'이란 이름으로 세계를 지배하고 있다. 이는 1947년 미국인 미러가 북한산 기슭에서 이 꽃의 종자를 채집하여 미국에 가져간 뒤 품종을 개량한 '작품'이다.

수수꽃다리 꽃은 사랑을 부른다. 독일의 경우 5월을 '라일락 타임'이라 불렀다. 라일락이 피는 5월에 처녀들이 라일락 꽃송이를 들여다보고 다니는 축제가 열린다. 이는 라일락꽃이 넷으로 갈라졌지만 간혹 돌연변이가 생겨 다섯 갈래인 꽃도 찾을 수 있다. 이렇게 찾은 다섯 갈래의 꽃을 삼키면 여인의 사랑이 변치 않는다고 믿었기 때문이다. 그래서 이러한 꽃을 '행운의 라일락'이라 불렀다.

스트로브잣나무 | 본관

소나뭇과
Pinus strobus L.
White pine　　늘푸른큰키나무

✚ 스트로브잣나무는 학명 중 종소명 스트로부스(*strobus*)에 잣나무를 합성한 이름이다. 스트로부스는 '둥근모양의 열매'를 의미한다. 이 나무의 한자 이름은 미국오엽송(美國五葉松), '북미교송(北美喬松)'이다. 미국오엽송은 미국 원산의 다섯 개의 잎을 의미한다. 북미교송은 북미의 큰키소나무라는 뜻이다. 암수한그루의 스트로브잣나무는 나무껍질이 매끄럽지만 오래되면 깊이 갈라진다. 암꽃은 연자주색이고, 수꽃은 연노란색이다. 기다란 원통의 솔방울은 밑을 향해 달리며 구부러진다.

실화백 | 계명한학촌

측백나뭇과
Chamaecyparis pisifera 'Filifera'
Oriental arborvitae 늘푸른큰키나무

✚ 실화백은 화백 중에서도 작고 가느다란 가지가 실처럼 늘어져서 붙인 이름이다. 실화백은 일본 원산으로 알려진 화백(花柏)과 함께 1920년 경에 우리나라에 도입되었다. 실화백은 전체 모습은 화백과 비슷하지만 잎이 화백보다 작고 끝이 뾰족하고 날카롭다. 학명 중 속명인 차마에시파리스(*Chamaecyparis*)는 '작은'을 뜻하는 '차마이(chamai)'와 '삼나무 종류'를 뜻하는 '시파리소스(Cyparissos)'의 합성어다. 속명은 열매가 작다는 뜻이다. 속명에서는 잎보다 열매를 강조했다. 종소명인 피시페라(*pisifera*)는 '완두를 가진'을 뜻한다. 종소명도 작은 열매를 강조했다. 그런데 또 다른 종소명인 피리페라(*filifera*)는 '실이 있는'을 뜻한다. 여기서는 잎을 강조했다. 실화백은 꽃에 수술이나 암술 중 하나만 있는 단성화(單性花)이다.

오죽 | 계명한학촌

벼과
Phyllostachys nigra (Lodd. ex Lindl.) Munro
Black Bamboo 늘푸른대나무

✚ 오죽은 대나무의 껍질이 까마귀처럼 검어서 붙인 이름이다. 영국의 식물학자 문로(W. Munro, 1818-1880)가 붙인 오죽의 학명 중 속명은 왕죽과 같다. 종소명 니그라(*nigra*)는 '검은 색의'를 뜻한다. 학명에는 원산지 표기가 없지만 대체로 중국 원산으로 알려져 있다. 새 가지는 담록색이며 털과 흰 가루가 덮여있으나 1년이 지나면 자흑색으로 변한다. 한 가지에 잎은 2-3개 달린다.

오죽의 상징은 대나무처럼 절개이지만 중국 호남성의 소상(瀟湘)에서 유래한 무늬 죽, 즉 반죽(斑竹) 때문에 생긴 순절(殉節)이다. 순임금의 아내 여영(女英)과 아황(蛾黃)은 남편이 소상에서 죽자 목숨을 끊었다. 순임금의 두 아내가 죽으면서 생긴 대나무가 바로 반죽이다. 이런 연유로 우리나라에도 사당 주변이나 순절과 정절을 상징하는 공간에는 거의 반드시 오죽을 심는다. 조선시대 율곡 이이가 탄생한 오죽헌(烏竹軒)을 비롯해서 곽재우의 사당인 경남 의령의 충익사 등지에서 오죽을 발견할 수 있다.

왕대 | 명교생활관

벼과
Phyllostachys bambusoides Siebold & Zucc.
Bambusoideae 늘푸른대나무

✚ 대나무는 여러 종류의 대나무류를 나타내는 '군(群)'을 의미한다. 대나무를 의미하는 한자는 죽(竹)이다. 이 한자는 이 나무의 형상을 본 뜬 것이다. 대나무 이름은 한자 죽이 북방으로 옮겨질 때 명칭도 중국 남방음이 따라 들어와 생긴 것이다. '죽'의 남방 고음이 '덱(tek)'인데 끝소리 'ㄱ'음이 약해져 한국에서는 '대'로 변했다. 우리나라에서 흔히 말하는 대나무는 대부분 왕죽(王竹)을 의미한다. 지볼트(Siebold, 1796-1866)와 주카리니(Zuccarini, 1797-1848)가 붙인 학명 중 '필로스타키스(*Phyllostachys*)'는 그리스어로 '잎'을 뜻하는 '필론(phyllon)'과 '이삭'을 뜻하는 '스타키스(stachys)'의 합성어다. 학명에서는 대나무의 가지와 잎을 벼에 비유하고 있다. 축 처진 대나무 가지는 마치 고개 숙인 벼와 아주 닮았다. 학명 중 밤부소이데스(bambusoides)는 '참대와 비슷한'을 의미한다. 대나무를 의미하는 영어의 '밤부(Bamboo)'는 대나무를 태우면서 생기는 소리에서 따왔다. 대나무의 다른 이름은 '차군(此君)'이다. 이는 중국의 서성(書聖) 왕희지의 아들이 대나무를 아주 좋아해 남의 집에 잠시 기거할 때마다 대나무를 심도록 하면서 "어찌 하루라도 이분(此君)이 없을 수 있겠는가?"에서 유래했다.

대나무는 다른 나무와 다른 점을 갖고 있다. 보통 나무는 자라면서 몸집을 불리지만 대나무는 그렇지 않다. 대나무는 죽순(竹筍)의 굵기가 곧 이 나무의 굵기를 결정한다. 그러니 대나무는 자라면서 몸집은 굵지 않고 위로만 자랄 뿐이다. 대나무의 이러한 특징 때문에 이 나무를 풀로 보는 학자도 있다.

은목서 | 비사광장

물푸레나뭇과
Osmanthus asiaticus Nakai
Sweet Olive 늘푸른큰키나무

✚ 은목서는 목서 중에서도 꽃이 흰색을 띠어서 붙인 이름이다. 나무의 학명을 붙인 사람은 일본의 나까이(中井猛之進, 1882-1952)이다. 그는 우리나라 나무에 가장 많은 이름을 붙인 사람이다. 학명 중 속명은 금목서와 같다. 속명 아시아티쿠스(*asiaticus*)는 '아시아의'를 뜻하며 원산지가 아시아라는 뜻이다. 일부 도감에는 은목서를 항목으로 설정하지 않고 있다. 대신 구골나무를 소개하고 있으나 은목서와 학명이 다르다.

잣나무 | 동산관

소나뭇과

Pinus koraiensis Siebold & Zucc.

Nut pine 늘푸른큰키나무

✚ 잣나무는 나무의 열매를 뜻한다. 잣나무는 학명에 한국 원산(*koraiensis*)임을 당당하게 기록하고 있는 나무이다. 네덜란드 출신 지볼트(Siebold, 1796-1866)와 주카리니(Zuccarini, 1797-1848)가 붙인 잣나무의 한자는 우리나라의 경우 백(栢)이다. 그러나 중국의 경우 백은 잣나무가 아니라 측백나무이다. 중국에서 측백나무를 의미하는 한자 백을 우리나라에서 언제부터 잣나무로 이해했는지 알 수 없지만, 최세진(崔世珍, ?-1542)의 『훈몽자회(訓蒙字會)』에는 백을 잣나무로 표기하고 있다.

잣나무의 다른 이름은 백자목(栢子木), 과송(果松), 홍송(紅松), 신라송(新羅松), 해송(海松), 유송(油松), 오수송(五鬚松), 오엽송(五葉松), 오립송(五粒松), 송자송(松子松) 등이 있다. 백자목은 잣나무 열매를 의미하고, 과송은 잣을 과일로 인식한 이름이다. 홍송은 붉은 소나무라는 뜻이지만 잣나무의 어느 부분이 붉은 지 알 수 없다. 단지 중국 청대의 사료에도 홍송을 잣나무로 표기하고 있다. 신라송은 잣나무가 신라에서 생산된다는 의미이다. 이 이름은 중국 사람들이 붙인 것이다. 그 만큼 신라에서 생산한 잣이 뛰어났기 때문이다. 신라송은 중국 명대에 나온 『본초강목』과 청대에 나온 『식물명실도고장편』 등에서는 해송자(海松子)로 부르고 있다. 두 작품에는 해송자가 신라에서 생산되며, 잣의 맛은 향기롭고 아름다워 중국에서 생산되는 잣과 맛이 다르다는 점을 언급하고 있다. 특히 『본초강목』에는 신라에서 잣을 바쳤다고 기록하고 있다. 유송은 잣에 기름이 있기 때문에 붙인 이름이고, 오수송과 오엽송 등은 잣나무의 잎이 다섯 개라는 의미이다.

전나무 | 수산관

소나뭇과

Abies holophylla Maxim.

Needle Fir 늘푸른큰키나무

✚ 전나무는 '젓나무'라 부르기도 한다. 전나무를 젓나무로 부르는 것은 이 나무에서 우윳빛의 액이 나와 붙인 이름이다. 『훈몽자회(訓蒙字會)』에 따르면 전나무의 한자이름은 '젓나모 회(檜)'이다. 그러나 우리나라의 옛 문헌에는 전나무를 흔히 삼(杉)으로 표기하고 있기 때문에 혼란스럽다. 중국에서도 젓나무를 송삼(松杉) 혹은 냉삼(冷杉)으로 표기하고 있다. 중국에서 회는 향나무를 의미한다. 러시아의 식물학자 막시모비츠(Maximowicz, 1827-1891)가 붙인 전나무의 학명 중 아비에스(*Abies*)는 '전나무'를 의미하는 라틴이름이다. 홀로필라(*holophylla*)는 '갈라지지 않는 잎'을 뜻한다. 이 나무는 재질이 좋아 예부터 건축재, 특히 기둥재로 많이 사용했다. 경남 합천의 해인사 팔만대장경판 보관 건물인 수다라장, 그리고 경남 양산의 통도사와 전남 강진의 무위사 기둥의 일부 등도 전나무이다. 그래서 전국의 유명사찰에는 전나무를 쉽게 볼 수 있다.

조릿대 | 희망의 숲

벼과
Sasa borealis (Hack.) Makino
Sasa borealis 늘푸른대나무

✚ 조릿대는 나무의 줄기로 쌀에서 돌을 골라내는 기구인 조리를 만드는데 사용해서 붙인 이름이다. 주로 산에서 살아서 산죽(山竹)이라 부른다. 일본의 마키노(牧野富太郎, 1862-1957)가 붙인 학명 중 속명 사사(*Sasa*)는 조릿대를 의미하는 일본명 '사사[笹]'에서 유래했다. 종소명 보레알리스(*borealis*)는 '북방의'를 뜻한다. 조릿대는 5년마다 꽃이 피고, 꽃이 핀 다음 지상부는 죽는다.

일본 고치현[高知縣] 출생의 마키노는 독학으로 식물분류학을 연구했다. 그는 자비로 1888년부터 『일본식물지도편(日本植物志圖篇)』을 12권을 펴냈다. 아울러 그는 1889년 일본 식물에 처음으로 학명을 붙여 신종 1,000여 종, 신변종 1,500여 종을 발표했을 뿐 아니라 수십만 점의 식물표본을 남겼다. 『일본식물지도편』·『대일본식물지』·『마키노 식물도감』·『식물수필』 등의 저서가 있다.

주목 | 비사광장

주목과
Taxus cuspidata Siebold & Zucc.
Yew 늘푸른큰키나무

✚ 주목은 나무의 껍질이 붉기 때문에 붙인 이름이다. 한자 주(朱)도 나무를 벤 단면의 심이 붉은 것을 본뜬 글자이다. 주목의 껍질도 붉지만 열매도 아주 붉다. 나무 중 그 재질이 오래되어 굳어진 부분을 '심재(心材)', 아직 오래되지 않은 곳을 변재(邊材)라 한다. 주목은 다른 나무에 비해 심재가 아주 붉다. 학명 중 '탁수스(*Taxus*)'는 '주목'을 의미하는 그리스어 '탁소스(taxos)'에서 유래했다. '쿠스피다타(*cuspidata*)'는 '갑자기 뾰족하다'는 뜻이다. 이는 주목의 잎 끝을 의미한다. 네덜란드의 식물학자 지볼트(Siebold, 1796-1866)와 독일의 식물학자 주카리니(Zuccarini, 1797-1848)가 붙인 학명에는 원산지 표시가 없지만, 영어권에서는 이 나무를 일본의 주목나무로 표기한다.

우리나라 사람들도 기념식수로 주목을 아주 선호하지만, 일본 사람들은 훨씬 좋아한다. 특히 일본에서는 즐비한 신사에 신을 모시는 사람이 '홀(笏)'이 바로 주목으로 만들었다. 홀은 중국의 경우 천자 이하 공경사대부(公卿士大夫)가 조복(朝服)을 입었을 때 띠에 끼고 다닌 것이다. 군명을 받았을 때 여기에 기록한다. 주로 홀은 옥이나 대나무로 만들지만 일본에서는 주목을 사용했다. 총을 발명하기 전 활로 전쟁하던 시절 유럽에서는 주목으로 만든 활을 사용했다. 인디언들이 들소 떼를 쫓으며 들고 다닌 활도 주목으로 만들었다. 그래서 주목의 학명 중 '탁수스'는 '활'을 의미하기도 한다.

측백나무 | 비사광장

측백나뭇과
Thuja orientalis L.
Arbor vitae 늘푸른큰키나무

✚ 측백(側柏)나무의 이름은 이 나무의 열매와 오행(五行)과 연결되어 있다. 측백나무는 잎이 납작하고 도깨비 뿔 같은 돌기가 달린 손가락 마디만한 열매가 달린다. 측백나무의 한자 백은 바로 이 나무의 열매를 본 떠 만들었다. 그런데 흰 백은 열매 모양이기도 하지만 오행에서는 서쪽을 의미한다. 다른 나무들은 모두 동쪽을 향하고 있는데 측백나무만 서쪽으로 향해 있어 이름을 붙였다는 얘기도 전한다. 그래서 백자와 측을 합한 이름이다.

측백나무의 학명 중 투야(*Thuja*)는 '나무의 진', 즉 수지(樹脂)를 의미하는 그리스어 티아(thya) 혹은 '향기'를 의미하는 투에인(thuein)에서 유래. 그러니 측백나무는 잎이나 열매에서 진과 향기가 발생하는 특성을 지녔다. 학명 중 오리엔탈리스(*orientalis*)는 '동방 (東方) 혹은 동부(東部), 즉 동양이 원산지라는 뜻이지만, 구체적으로 어느 지역을 의미하는지 분명하지 않다.

우리나라의 나무 중 천연기념물 제1호가 대구광역시 동구 도동에 살고 있는 측백나무다. 이곳 측백나무가 천연기념물 제1호인 것은 이 나무가 남한 한계를 알려주기에 식물학상 매우 중요하기 때문이다. 그런데 도동 향산(香山)에 살고 있는 측백나무는 바위틈에서 살고 있다. 중국과 우리나라 사람들은 측백나무가 성인(聖人)의 기운을 받은 나무로 생각했다. 그래서 중국 주나라 때 측백나무를 제후(諸侯)의 무덤에 심었으며, 한나라 무제는 측백나무를 선장군(先將軍)에, 당나라 무제는 5품의 대부(大夫)에 비유했다. 북송 시대의 왕안석(王安石)은 측백나무의 한자 백(柏) 중 백(白)을 백작(伯爵)으로 풀이하기도 했다.

카이즈카향나무 | 교육역사박물관

측백나뭇과
Juniperus chinensis var. *kaizuka* Hort
Hollywood Juniper 늘푸른큰키나무

✚ 카이즈카향나무의 이름은 이 나무의 학명(*Juniperus chinensis* var. *kaizuka* Hort)에도 등장한다. 카이즈카향나무의 카이즈카(*kaizuka*)는 일본말로 '패총(貝塚)', 즉 '조개무지'를 의미한다. 왜 나무의 이름에 조개무지가 붙었을까. 늘푸른 카이즈카향나무의 이름이 일본어와 관련 있다는 정보만으로 이 나무가 일본에서 수입했다는 것을 알 수 있다. 학명에는 이 나무의 원산지를 일본과 함께 중국도 표기하고 있다. 향나무를 개량한 카이즈카향나무가 패총이라는 뜻을 가진 것은 이 나무의 고향이 패총이기 때문이다. 패총은 일본 오사카에 속한 지명이다. 이곳에 이 나무가 많이 살고 있다. 이 나무를 한국에 많이 들여온 이유가 무엇인지 정확하게 알 수 없지만, 바닷가든 내륙이든 가리지 않는 붙임성 강한 나무이기 때문일 것이다. 이 향나무는 모습이 소라모양으로 뒤틀려 있어서 한자로 '나사백(螺絲柏)'이라 부른다. 학명 중 유니페루스(*Juniperus*)는 측백나무과의 노간주나무를 의미하는 고대 라틴명이다.

향나무 | 계명한학촌

측백나뭇과
Juniperus chinensis L.
(Chinese) Juniper
늘푸른큰키나무

✚ 향(香)나무는 나무에서 향이 난다는 뜻이지만, 직접 맡아 보면 향을 느끼기 어렵다. 향나무의 이름은 이 나무로 향을 피우기 때문이다. 그러나 학명에는 향나무를 의미하는 유니페루스(*Juniperus*)외엔 향나무의 특징을 나타내는 뜻은 없다. 학명 중 키넨시스(*chinensis*)에서 이 나무가 중국 원산지임을 알 수 있고, 영어권에서도 단순히 중국의 향나무로만 표기하고 있다. 그러나 울릉도에서 자생하는 데서 알 수 있는 것처럼 반드시 향나무의 원산지가 중국이라 생각할 필요는 없다.

향나무의 한자 이름은 회백(檜柏), 향목(香木), 회(檜) 등으로 표기하고 있다. 한자 표기 중 회는 중국의『시경(詩經)』「소(疏)」에 따르면 잎은 측백나무, 몸은 소나무라 풀이하고 있다.『이아익(爾雅翼)』에는 회를 괄(栝)과 같은 의미로 사용하고 있다. 흔히 노송나무로 알려져 있는 괄은 향나무를 말한다. 그리고 회는 원백(圓柏)이라 불렀으며, 원백은 곧 향나무의 다른 이름이다. 향나무를 원백이라 부른 것은 잎이 납작한 측백과 구분하기 위해서였다.

호랑가시나무 | 아담스채플

감탕나뭇과
Ilex cornuta Lindl. & Paxton
Holly
늘푸른떨기나무

✚ 호랑가시나무는 '호랑이'와 '가시'의 합성어다. 이 나무의 이름에 호랑이와 가시를 합성한 것은 잎이 호랑이발톱을 닮았기 때문이다. 그래서 이 나무의 한자 노호자(老虎刺)도 호랑이 가시라는 뜻이고, 또 다른 한자 묘아자(猫兒刺)는 고양이 가시라는 뜻이다. 호랑이나 고양이 모두 날카로운 발톱을 가지고 있으니 같은 뜻이다. 영국의 식물학자 린들리(Lindley, 1799-1865)가 붙인 학명 중 '일렉스(*Ilex*)'는 '서양호랑가시(holly)'를 의미한다. '코르누타(*cornuta*)'는 '각(角) 있는'을 의미한다. 학명에 등장하는 각은 이 나무의 잎 끝 부분에 가시가 있다는 뜻이다. 호랑가시나무의 영어 이름은 '차이나 홀리(China Holly)'다. 이는 영어권에서 호랑가시나무를 중국 원산으로 인식하고 있다는 뜻이다.『시경(詩經)·소아(小雅)』에 "남산에 호랑가시나무 있네(南山有枸)"라는 구절이 있는 것으로 보아 중국에서 호랑가시나무가 아주 오랜 시절부터 있었다.

호랑가시나무는 크리스마스를 상징하는 나무이다. 이 나무가 크리스마스를 상징하는 이유는 다음과 같다. 십자가를 진 예수가 가시관을 쓰고 골고다 언덕을 오를 때, 이마에 파고드는 날카로운 가시에 찔려 피를 흘리며 고난을 받자 그 고통을 덜어주기 위해 몸을 던진 새가 있었다. 그 새가 바로 지빠귀과의 티티새인 '로빈'이었다. 로빈은 열심히 부리로 가시를 파내었고, 그 과정에서 자신도 가시에 찔려 가슴이 온통 붉은 피로 물들어 죽고 말았다. 그래서 지금도 가슴이 붉은 이 새가 바로 호랑가시나무의 열매를 잘 먹기 때문에 사람들은 이 나무를 귀하게 여기고 있다. 이에 따라 예수가 탄생한 성탄을 장식하는 전통이 생겼다.

꽃이 아름다운 나무

개나리 | 계명한학촌

물푸레나뭇과
Forsythia koreana (Rehder) Nakai
Korean forsythia 갈잎떨기나무

✚ 개나리는 봄을 상징하는 나무 중 하나이다. "나리나리 개나리/입에 따다 물고요/병아리 떼 쫑쫑쫑/봄나들이 갑니다." 라는 동요 「개나리」는 이 나무의 주요한 특징을 담고 있다. 즉 이 동요는 개나리의 꽃과 피는 시기와 병아리의 색깔을 절묘하게 엮은 노래이다. 봄을 알리는 나무는 개나리처럼 대개 잎보다 꽃이 먼저 핀다. 개나리의 이름을 붙인 사람은 일본의 나까이다. 그런데 개나리의 학명에는 1908년 네덜란드의 식물학자가 붙인 영국의 원예학자 윌리엄 포르시스(William A. Forsyth)의 이름도 들어있다.

개나리를 의미하는 한자 중 하나는 연교(連翹)다. 이는 개나리의 열매를 강조한 이름이다. 연교의 '교'는 '꼬리 긴 깃털'이라는 뜻이다. 개나리의 꽃은 봄을 상징하기 때문에 '봄을 맞이하는 꽃'을 의미하는 '영춘화(迎春花)'라는 이름을 갖고 있다.

넉 장으로 구성된 개나리의 꽃은 마치 황금 종처럼 생겼다. 그래서 개나리를 달리 '금종화(金鐘花)'라 부른다. 영어권에서도 '코리안 골든 벨(Korean Golden bell)'이라 부른다. 영어권에서 개나리를 코리아 골든 벨로 부르는 데서 알 수 있듯이 개나리의 원산지는 한국이다. 학명에서도 개나리가 한국산임을 명시하고 있다.

골담초 | 스미스관

콩과

Caragana sinica (Buc'hoz) Rehder

Chinese pea tree 갈잎떨기나무

✚ 골담초는 '뼈를 담당한다'는 뜻이다. 이 나무의 이름이 뼈와 관계있다면 나무 성분에 뼈를 이롭게 하는 뭔가가 있기 때문일 것이다. 이 나무의 뿌리와 가지를 약재로 사용한다. 특히 타박상과 관절염 치료에 사용한다. 레데르(Rehder, 1863-1949)가 붙인 학명 중 '카라가나(*Caragana*)'는 몽골의 '카라곤(caragon)'에서 유래했다. 학명 중 시니카(*sinica*)는 원산지가 중국이라는 뜻이다. 그러나 한국에서도 골담초가 자생한다. 이른바 조선골담초(*Caragana koreana* Nakai)가 바로 그것이다. 나까이가 붙인 조선골담초의 학명에 한국 원산지를 표기하고 있다.

농촌의 흙 담 주변에는 구기자나무를 비롯한 각 종 나무를 심곤 한다. 울타리 대용이기도하고, 약재이기도 하다. 골담초도 담 옆에 주로 심는 나무 중 하나이다. 골담초가 콩과에 속하는 지 궁금하면 6월경에 피는 꽃을 보면 알 수 있다. 꽃 모양은 보는 사람에 따라 다르지만 나비처럼 생겼다. 혹은 이 나무의 또 다른 한자처럼 노란 비단 색을 띤 닭, 즉 금계(錦鷄兒)를 닮기도 했다.

귀룽나무 | 체육관

장미과

Prunus padus L.

European bird cherry 갈잎큰키나무

✚ 풍수에서 용은 물이다. 그래서 용은 비를 타고 하늘에 올라간다. 폭포 아래를 흔히 용소(龍沼) 혹은 용추(龍湫)라 부는 것도 물이 용을 의미하기 때문이다. 귀룽나무도 아홉 마리 용을 뜻하는 구룡(九龍)에서 온 말이다. '구룡'이 '귀룽'으로 변한 것이다. 왜 하필 나무 이름을 아홉 마리 용에 비유했을까. 석가 탄생 때 아홉 마리 용이 내려왔다거나 금강산의 구룡폭포등에서 볼 수 있듯 일상에서 구룡은 자주 만난다. 구룡폭포는 떨어지는 물줄기가 용이 하늘에 오르는 모습을 묘사한 것이다. 그러니 귀룽나무도 이 나무의 어떤 모습을 용에 비유한 것으로 볼 수 있다.

리나이우스가 붙인 학명에는 '자두'를 의미하는 '프루누스(*Prunus*)'와 그리스 이름을 뜻하는 '파두스(*padus*)'만 표기하고 있을 뿐 나무의 특성을 알려주는 정보는 없다. 귀룽나무의 꽃은 뭉게뭉게 핀 흰 구름을 닮았다. 그래서 북한에서는 이 나무를 '구름나무'라 부른다. 아마 구룡도 이 나무의 꽃모습에서 승천하는 용을 상상했을지 모른다.

귀룽나무의 열매는 벚나무의 열매인 버찌만하다. 새들이 먹기에 적당한 크기다. 그래서 서양에서는 이 나무를 '유로피언 버드 체리(European Bird Cherry)', 즉 '유럽의 새 버찌' 라 부른다. 그러나 이 나무의 어린가지를 꺾거나 껍질을 벗기면 좋지 않은 냄새가 난다. 특히 파리가 이 냄새를 싫어해서 옛날에는 파리를 쫓는데 사용했다.

꽃댕강나무 | 취업지원센터

인동과

Abelia x grandiflora (Rovelli ex Andre) Rehder

Glossy abelia 반늘푸른떨기나무

✚ 꽃댕강나무는 꽃 때문에 관상용으로 심는 댕강나무라는 뜻에서 유래된 이름이다. 속명 아베리아(*Abelia*)는 영국의 의학자로서 중국에서 근무한 아벨(Dr. Clarke Abel, 1780~1826)의 이름에서 유래한다. 종소명 그란디플로라(*grandiflora*)는 '꽃이 큰, 큰 꽃의'이라는 뜻을 가지고 있다. 꽃댕강나무는 중국산 댕강나무 사이에서 원예종으로 잡종 육성된 중간 잡종이며, 1930년경 일본으로부터 도입되었다.

꽃복숭아나무 | 스미스관

장미과

Prunus persica for. rubroplena C.K.Schneid.

Flowering peach 갈잎떨기나무

✚ 꽃복숭아나무는 '만첩홍도'라고 부르며, 홍색 겹꽃이 피는 복숭아나무라는 뜻에서 유래된 이름이다. 속명 프루누스(*Prunus*)는 자두에 대한 라틴어 고명에서 유래한 이름으로 장미과 벚나무 속 식물을 지칭한다. 종소명 페르시카(*persica*)는 라틴어로 복숭아나무를 가리키며, 품종명 루브로프레나(*rubroplena*)는 '홍색 만첩 꽃의'라는 뜻을 가지고 있다.

꽃사과나무 | 백학관

장미과

Malus floribunda Siebold ex Van Houtte

Crab apple 갈잎떨기나무

✚ 유럽 사과라는 별명을 가지고 있는 꽃사과나무는 절세의 미녀를 해당화에 빗대고 있는 것이 인연이 되어 미인을 형용하는 꽃으로 자주 등장한다. 학명중 종소명 말루스(*Malus*)는 '사과'를 뜻하며, 사과나무의 종소명 '말론(malon)'과 같다. 속명 플로리분다(floribunda)는 '꽃이 많은'을 뜻한다. 꽃사과나무의 원산지는 유럽 및 아시아에 25종이 남 · 북아메리카에 9종이 나며 남반구에는 없다.

꽃산딸나무 | 본관

층층나뭇과

Cornus florida L.

Flowering Dogwood 갈잎큰키나무

✚ 꽃산딸나무는 서양산딸나무라고도 불리며 미국 버지니아주의 주화이기도 하다. 꽃산딸나무라는 이름은 아직 우리나라 식물학계의 공식적 이름이 아니라 편의상 부르는 이름이다. 외국에서는 '십자가나무'라고도 불린다. 학명중 속명 코르누스(*Cornus*)는 '발'을 의미하는 코르누(cornu)에서 유래했다. 나무의 재질이 단단하다는 뜻이다. 종소명 플로리다(*florida*)는 '꽃이 피다'는 뜻이다.

노각나무 | 계명한학촌

차나뭇과

Stewartia pseudocamellia Maxim.

Korean mountain camellia 갈잎큰키나무

✚ 노각나무의 이름은 해오라기의 다리를 의미하는 한자 노각(鷺脚)을 의미한다. 노각은 백로과의 새 이름이다. 이 나무가 새 이름을 빌린 것은 해오라기의 다리에 흐린 세로무늬와 작은 얼룩점 때문이다. 노각나무 껍질에도 홍황색의 얼룩무늬가 있다.

노각나무는 배롱나무처럼 껍질이 아주 매끈하다. 그래서 중국에서는 노각나무를 '비단나무, 즉 '면수목(錦繡木)'이라 부른다. 경상북도와 충청북도에 자생하는 노각나무의 이름과는 달리 이 나무의 학명(學名)에는 노각나무의 특징을 알려주는 부분은 한곳도 없다. 학명 중 속명인 스테바르티아(*Stewartia*)는 18세기에 살았던 존 스튜어트(John Stuart, 1713-1792)를 의미한다. 학명 중 종소명인 코레아나(*koreana*)는 이 나무의 원산지가 한국이라는 뜻이다. 그래서 중국에서는 이 나무를 조선자경(朝鮮紫莖)이라 부른다. 자경은 '붉은 줄기'라는 뜻이니, 이 나무의 홍황색 껍질을 두고 붙인 이름일 것이다. 노각나무는 한국 특산이지만 이름을 붙인 사람은 일본의 나카이(中井猛之進, 1882-1952)이다. 그는 한국의 나무 이름을 가장 많이 붙인 사람이다.

능수매화 | 행소박물관

장미과

Prunus mume 'Pendula'

Japanse apricot 갈잎떨기나무

✚ 능수매화는 능수버들처럼 늘어진 가지에 매화가 매달리듯 피었다 하여 붙여진 이름 수양매화라고도 불린다. 능수매화의 꽃은 4월에 잎보다 먼저 피며, 연한 홍색이 도는 흰빛으로 향기가 강하다. 꽃잎은 다섯 개인 것이 기본형이지만 그 이상인 것도 있다. 매화나무는 흰 꽃이 피는 것을 기본형으로 삼고 있으나 분홍꽃이 피는 것과 구별하기 위하여 흰매화라 부르며, 분홍꽃이 피는 것은 분홍매화, 꽃잎이 다섯 개보다 많은 것은 만첩흰매화 · 만첩분홍매화 등으로 구별하고 있다.

동백나무 | 스미스관

차나뭇과
Camellia japonica L.
Common Camellia 늘푸른떨기나무

✚ 동백나무는 한자의 뜻대로 풀이하면 '겨울측백나무'다. 그런데 동백나무 이름에는 이 나무의 특성을 구체적으로 드러내는 정보를 발견할 수 없다. 중국 식물 사전에 등장하는 동백의 한자 이름은 '산다(山茶)'다. 산다는 '산에 사는 차나무'라는 뜻이다. 이 이름은 동백나무의 특성을 담고 있다. 산다에서 이 나무가 차나무과라는 것을 알 수 있기 때문이다. 산다는 잎이 차나무와 닮아 붙인 이름이지만, 꽃도 차나무와 닮았다. 동백나무도 차나무처럼 직근성(直根性)이기에 옮기면 잘 죽는다. 중국 명대 이시진(李時珍, 1518-1593)의 『본초강목(本草綱目)』에 따르면 이 나무의 이름에 '차'자를 붙인 것은 동백나무의 잎 역시 차나무 잎처럼 차로 만들어 마실 수 있기 때문이다. 리나이우스가 붙인 동백나무의 학명(*Camellia japonica* Linnaeus)에는 원산지를 일본으로 표기하고 있다. 학명 중 '카멜리아'는 17세기 체코의 선교사 카멜(G. J. Kamell)을 말한다. 이 사람은 마닐라에 살면서 아시아의 식물을 채집했다.

중국인들은 동백나무를 아주 좋아했다. 명나라의 작품인 『산다백운시(山茶百韻詩)』에는 10가지로 동백을 칭찬했다.

때죽나무 | 의양관

때죽나뭇과
Styrax japonicus Siebold & Zucc.
Fragrant Snowbell, Japanese Snowbell 갈잎떨기나무

✚ 때죽나무는 이름의 유래는 정확하지 않지만 열매를 보면 그럴 듯한 실마리를 찾을 수 있다. 때죽나무의 꽃은 5-6월에 하얀 모습으로 핀다. 달린 꽃 모양을 보면 다른 나무의 꽃과 다른 점을 발견할 수 있다. 대부분의 꽃들은 하늘로 향하지만 종 모양처럼 조롱조롱 달린 때죽나무의 꽃은 모두 땅을 향한다. 영어권에서는 이 나무의 꽃모습을 본떠 '눈 종(Snowbell)'으로 부른다.

9-10월에 익는 때죽나무의 열매도 꽃처럼 아래로 향한다. 열매도 꽃처럼 조롱조롱 달렸다. 열매의 색깔은 갈색이다. 이러한 열매의 모습은 스님의 머리를 떠올린다. 사람들은 '떼'로 달린 때죽나무의 열매가 마치 스님이 떼로 달려오는 것처럼 생각했다. 그래서 처음엔 때죽나무를 '떼죽나무'로 불렀다. 이 나무의 열매에는 기름 성분이 풍부하게 들어 있다. 그래서 옛날에 등잔 혹은 머리 기름으로 사용했다. 이러한 기름성분 때문에 기름때를 없애 주는 비누의 대용으로 사용했다.

이 나무의 학명 중 '스티락스(*Styrax*)'는 '안식향(安息香)'을 의미하는 그리스어인 '스토락스(storax)'에서 유래했다. 안식향의 '안식'은 지금의 이란을 말한다. 학명에서 알 수 있듯이 네덜란드의 식물학자 지볼트(Siebold, 1796-1866)와 독일의 식물학자 주카리니(Zuccarini, 1797-1848) 등이 붙인 학명은 이란에서 살고 있는 때죽나무의 특성을 보고 이름을 붙인 셈이다. 그러나 학명에는 때죽나무의 원산지를 일본으로 표기하고 있지만, 우리나라 황해도 이남에 자생한다.

매실나무 | 계명한학촌

장미과

Prunus mume Sieb. et Zucc.

Japanese apricot 갈잎떨기나무

✚ 매실나무의 이름은 이 나무의 열매를 의미한다. 매실나무를 의미하는 한자 매(梅)는 나무 목(木)에 매양 매(每)를 합한 형성 문자이다. 매실나무는 때론 매화나무로 부른다. 매화나무는 이 나무의 꽃을 강조한 이름이다. 그러나 지볼트와 주카리니가 함께 붙인 학명에는 이 나무에 관한 구체적인 정보는 없다. 단지 자두를 의미하는 프루누스(*Prunus*)와 매실나무를 의미하는 일본어 무메(*mume*), 즉 우메(うめ)만 언급하고 있다. 사군자(四君子: 梅・蘭・菊・竹) 중 하나다.

매실나무는 다른 나무보다 꽃이 일찍 핀다. 그래서 매실나무를 꽃의 우두머리를 의미하는 '화괴(花魁)'라 한다. 매화나무는 꽃이 피는 시기에 따라 이름을 달리한다. 일찍 피기에 '조매(早梅)', 추운 날씨에 핀다고 '동매(冬梅)', 눈 속에 핀다고 '설중매(雪中梅)'라 한다. 아울러 매화는 색에 따라 '백매(白梅)'와 홍'매(紅梅)'로 나눈다. 우리나라의 화가의 경우 대개 18세기까지는 백매를 선호했으나 19세기부터 홍매도 선호했다. 19세기 홍매도(紅梅圖) 중에서 가장 빼어난 작품은 조희룡(趙熙龍, 1797-1859)의 〈〈홍매도대련(紅梅圖對聯)〉〉을 꼽는다.

우리나라에서 가장 오래된 매화나무인 정당매(政堂梅)다. 이 나무는 『양화소록((養花小錄)』의 편찬자인 강희안(姜希顔, 1417-1464)의 조부인 강회백(姜淮伯)이 심은 나무이다. 정당매는 강회백의 벼슬이 정당문학(政堂文學)을 지냈기 때문에 붙인 이름이다. 조선 전기의 문신인 김일손(金馹孫)은 『정당매기(政堂梅記)』를 남겼다.

명자꽃 | 계명한학촌

장미과

Chaenomeles speciosa (Sweet) Nakai

Myeong-ja-kkot 갈잎떨기나무

✚ 중국 원산인 명자꽃이 우리나라에 언제 들어왔는지는 알 수 없지만, 중부 이남에 주로 심는다. 명자꽃은 향나무와 가까이 심으면 배나무와 마찬가지로 붉은별무늬병에 걸려서 꽃을 제대로 볼 수 없다. 명자꽃은 벚꽃처럼 지나치게 화사하지도, 모란처럼 지나치게 요염하지도 않으면서 품격을 갖추고 있다. 그래서 일부 지역에서 명자꽃을 꽃 중의 꽃으로 부르기도 하고, '아가씨꽃나무'라는 이름을 붙이기도 한다. 명자꽃은 아름다운 장미에 가시가 있듯 가지 끝이 가시로 변한다. 꽃은 홍색, 분홍색, 흰색 등 다양하다. 옛 사람들은 이 꽃이 지나치게 화사하고 한창 봄이 익어 가는 시기에 피므로 부녀자가 꽃을 보면 바람난다고 하여 집안에 심지 못하게 했다.

명자꽃은 학명에서 볼 수 있듯이 꽃만큼 열매도 귀중하다. 모과나무의 학명 카이노멜레스(*Chaenomeles*)처럼 열매가 모과처럼 생겼다. 키에 비해 열매는 모과보다 작지만 상당히 큰 편이고, 모과처럼 노랗게 익는다. 일본의 고이즈미(小泉源一, 1883-1953)가 붙인 학명 중 라게나리아(*lagenaria*)도 이 열매가 병(甁)을 닮았다는 뜻이다. 열매를 자세히 보면 병을 닮은 듯도 하다. 명자꽃을 닮은 풀명자(*Chaenomeles japonica* (Thunb.) Lindley)는 일본 원산이다. 열매가 명자꽃보다 작다. 그래서 '애기명자나무'로 부른다.

모감주나무 | 명교생활관

무환자나뭇과
Koelreuteria paniculata Laxmann
Goldenrain Tree 갈잎큰키나무

✚ 모감주나무는 여름을 아름답게 만드는 나무다. 요즘 아주 흔하게 볼 수 있는 조경수이자 때론 가로수로 심기까지 한다. 모감주나무의 유래는 정확하지 않지만, 염주와 밀접한 관계를 지니고 있다. 일설에는 중국 선종을 대표하는 영은사(靈隱寺) 주지의 법명이 묘감(妙堪)이고, 불교에서 보살이 가장 높은 경지에 오르면 '묘각(妙覺)'으로 부른데서 유래했을 것으로 추측한다. 이 나무의 열매를 금강석처럼 아주 단단해서 '금강자(金剛子)'라 부르고, 이 열매가 아주 귀하여 큰 스님의 염주로 만들었다는 점을 감안하면, 불교의 염주와 밀접한 관계가 있는 것만은 분명하다. 러시아의 식물학자 락스만(Laxman, 1737-1796)이 붙인 학명 중 속명 '코엘레우테리아(*Koelreuteria*)'는 독일의 식물학자 코엘로이테르(Joseph Gottlibe Koelreuter, 1734-1806)에서 유래했다. 이는 모감주나무에 이 사람이 미친 영향이 컸다는 것을 의미한다. 종소명 '파니쿨라타(*paniculata*)'는 '원추형(圓錐形)의'를 말한다. 이는 모감주나무의 꽃을 강조한 것이다.

영어권에서는 이 나무를 '골든 레인 트리(Golden Rain Tree)'라 부른다. 이 나무를 이렇게 부르는 것은 이 나무의 꽃이 마치 황금비가 내리는 것처럼 아름답기 때문이다. 모감주나무의 꽃을 멀리서 바라보면 황금 왕관처럼 보이기도 하고, 황금비가 쏟아지는 것 같다. 모감주나무의 한자는 한국의 도감에는 '보리수(菩提樹)', '난수(欒樹)', '목란수(木欒樹)' 등으로 표기하고 있다. 보리수는 이 나무의 열매로 붙여진 이름이지만, 난수와 목란수는 모감주나무를 뜻하는 한자이다.

모란 | 본관

작약과
Paeonia suffruticosa Andrews
Mokdan 갈잎떨기나무

✚ 모란은 한자 목단(牧丹)에서 유래했다. 목단은 붉은 꽃을 강조한 이름이다. 모란은 다양한 이름을 갖고 있다. 화왕(花王), 낙양화(洛陽花), 목작약(木芍藥), 백양금(百兩金), 부귀화(富貴花), 곡우화(穀雨花), 녹구(鹿韭), 서고(鼠姑) 등이다. 중국 서북 원산의 모란은 '화중지왕(花中之王)', 즉 꽃 중의 왕으로 불렸다. 때론 국색천향(國色天香), 즉 나라 안의 첫째 미인이요, 뛰어난 향기라는 뜻이다. 낙양화는 중국에서도 낙양의 모란이 가장 뛰어나서 붙인 이름이다. 구양수(歐陽修, 1007-1072)가 편찬한 『낙양모란기(洛陽牧丹記)』는 현재 남아 있는 중국 최초의 모란 전문서다. 영국의 식물학자 앤드루스(Andrews, 1794-1830)가 붙인 학명 중 속명인 '파이오니아(*Paeonia*)'는 그리스 신화 중 의사(醫師) 신인 '파이온(paeon)'에서 유래했다. 이는 모란의 뿌리를 약용으로 사용하기 때문에 붙인 것이다. 학명 중 종소명인 '수프루티코사(suffruticosa)'는 '아관목(亞灌木)', '관목에 가깝다'는 뜻이다.

모란을 꽃중의 왕으로 불렀지만, 모란꽃은 향기가 거의 없는 게 특징이다. 이와 관련한 내용이 『삼국유사(三國遺事)』「기이(紀異)」에 나온다. 선덕여왕 때 당나라 태종이 모란씨 석 되와 꽃을 그린 그림을 주었다. 여왕이 웃으면서 말하길, "이 꽃은 요염하고 부귀한 모양으로 비록 화왕(花王)이라 부르지만, 꽃에 벌과 나비가 없으니 반드시 향기가 없을 것이다. 황제가 이것을 나에게 준 것은 짐이 여인으로 왕 노릇하고 있기 때문이 아니겠는가? 여기에는 은미한 뜻이 담겨 있는 것이다."라고 했다. 그 씨앗을 심어 꽃이 피길 기다려 보니 과연 향기가 없었다.

목련 | 본관

목련과

Magnolia kobus DC.

Kobus Magnolia 갈잎큰키나무

✚ 목련(木蓮)은 글자대로 '나무의 연(蓮)'이라는 뜻이다. 이는 이 나무의 꽃 모양이 연을 닮아서 붙인 이름이다. 목련의 또 다른 이름은 신이(辛夷)이다. 신이의 신은 이 나무가 쓴 맛이고, 올라오는 싹의 밑 둥이 화살촉처럼 띠(荑)를 닮아 붙인 것이다. 『본초강목』에 따르면, 신이의 다른 한자 이름에는 신치(辛雉), 후도(侯桃), 방목(房木), 목필(木筆), 영춘(迎春) 등이 있다. 신치는 신이와 발음이 비슷해서 붙인 이름이고, 후도는 목련의 싹이 올라올 때 작은 복숭아열매를 닮아서 붙인 이름이다. 목련은 처음 싹이 올라 올 때 그 모습이 붓 머리 같기도 하다. 그래서 중국 북쪽 사람들은 목필로, 남쪽 사람들은 목련 꽃이 가장 일찍 피기 때문에 영춘이라 불렀다. 일반적으로 목련은 백목련이다. 하얀색이 마치 옥 같아 옥란(玉蘭)이라 한다. 매월당(梅月堂) 김시습(金時習, 1435-1493)은 「목련(木蓮)」에서 이 나무를 다음과 같이 소개하고 있다. "잎은 감과 같고, 꽃은 백련과 같고, 꽃송이는 창이자(蒼耳子)와 같고, 열매는 붉다. 스님들이 목련이라 부른다." 목련은 그 종류가 헤아릴 수 없을 만큼 많다.

칸돌레(Candolle)가 붙인 학명 중 속명인 '마그놀리아(*Magnolia*)'는 프랑스 남부에 위치한 몽뺄리에 대학 식물학 교수 삐에르 마뇰(Pierre Magnol)을 의미하고, 종소명인 '코부스는(*kobus*)'는 '목련'을 나타내는 일본어 '고부시(こぶし)'다. 일설에 진시황제 때 지은 아방궁의 대들보에 목련을 사용했을 만큼 목재의 가치도 높다.

무궁화 | 체육관

아욱과

Hibiscus syriacus L.

Rose of sharon 갈잎떨기나무

✚ 무궁화는 끝없이 핀다는 뜻이다. 이는 아침에 피었다가 저녁에 지는 이 나무의 꽃을 표현한 이름이다. 무궁화를 궁에 없는 '무궁(無宮)'으로 주장한 옛 임금은 중국 당나라 현종이고, 현종과 양귀비와 관련한 내용이다. 무궁화는 중국에서는 사용하지 않고 우리나라에서만 사용하는 이름으로 알려져 있다. 무궁화라는 명칭이 가장 먼저 등장하는 자료는 고려시대 이규보(李奎報, 1168-1241)의 『동국이상국집(東國李相國集)·차운장로박환고론근화병서(次韻長老朴還古論槿花竝書)』다. 많은 사람들이 무궁화는 우리나라 원산지로 믿고 있다. 그러나 리나이우스가 붙인 학명에는 오히려 '시리아쿠스(*syriacus*)'에서 보듯 원산지를 '시리아'로 표기하고 있다. 무궁화의 다른 이름은 단(椵), 친(櫬), 순(蕣), 조개모락화(朝開暮落花), 번리초(藩籬草), 화노(花奴), 왕증(王蒸), 학자화(瘧子花), 일급(日及), 이생(易生), 사내(似奈) 등이다. 그런데 이 이름 외에 『본초강목』이나 청대의 식물자료에는 목근(木槿)으로 표기하고 있다. 무궁화가 우리나라 나무로 여기는 사람들이 제시하고 있는 자료 중 하나인 『단기고사』에도 근수(槿樹)로 나온다. 한자 사전에도 근역(槿域), 즉 '무궁화 영역'을 '한국'으로 풀이하고 있다. 무궁화가 한국 원산임을 주장하는 사람들이 내세우는 가장 권위 있는 자료 중 하나는 중국의 『산해경(山海經)』「해경(海經)·해외동경(海外東經)」이다. 여기에 "군자국(君子國)에 훈화초(薰華草)가 있다. 이것은 아침에 나서 저녁에 죽는다."는 내용이 곧 무궁화를 한국 원산으로 생각하는 근거다.

무화과나무 | 대명본관

뽕나뭇과
Ficus carica L.
Fig Tree 갈잎떨기나무

✚ 무화과(無花果)는 '꽃이 없는 열매'라는 뜻이다. 중국 명대 이시진(李時珍)의 『본초강목』에서도 무화과를 꽃이 피지 않고 열매 맺는 나무로 소개하고 있다. 과연 무화과는 꽃이 없이 열매를 맺을까. 그렇지 않다. 이 나무의 이름을 꽃이 없는 과실로 생각한 것은 다른 나무와 달리 겉에서 꽃을 볼 수 없기 때문이다. 그러나 무화과도 분명 꽃이 핀다. 무화과는 봄부터 여름기간동안 잎겨드랑이(葉腋)에 주머니 모양의 열매가 발달한다. 열매 안에는 작은 꽃이 많이 들어 있다. 사람들이 무화과의 이런 특징 때문에 꽃이 없다고 생각했다. 그러면 열매 안의 꽃에는 어떻게 벌레가 날아올까. 바로 무과화는 무화과좀벌레를 유인하여 열매를 맺는다.

스웨덴의 식물학자 리나이우스(Linnaeus, 1707-1778)가 붙인 학명에는 꽃이 없다는 점을 언급하지 않았다. 학명의 '피쿠스(*Ficus*)'는 그리스어 '시콘(sycon)'에서 유래했다. 그리스 크레타 섬에서는 시콘을 무화과의 마른 열매를 의미했다. 무화과의 생 열매는 '올린토스(olynthos)'라 불렀다. 그런데 피쿠스는 여성형일 때는 무화과이지만 남성형일 때는 '무사마귀'를 의미한다. 더욱이 피쿠스의 어원에는 이 나무의 열매가 음낭과 반쯤 열린 여자의 외음부와 연결되어 있다. 학명의 '카리카(*carica*)'도 '무화과'를 의미한다.

무화과의 원산지는 아라비아 서부 및 지중해다. 이집트에서는 기원전 14세기경에 무화과 계통을 가로수로 삼을 만큼 중시했다. 고대 중동지역에서는 유실수(有實樹)와 편도(扁桃) 등과 함께 무화과를 가로수로 삼았다. 사시사철 먹을 수 있는 무화과는 그리스의 중요한 양식이었다. 무화과는 올리브처럼 고대 유럽을 이해하는 데 매우 중요하다. 무화과는 『성경』에 60회 이상 등장한다. 더욱이 무화과는 성경에 처음 등장하는 나무로도 유명하다.

물푸레나무 | 계명한학촌

물푸레나뭇과
Fraxinus rhynchophylla Hance
An ash tree 갈잎큰키나무

✚ 물푸레나무는 '물을 푸르게 하는 나무'라는 뜻이다. 왜 이 나무의 이름을 이렇게 붙였는가를 알려면 어린 가지를 꺾어 껍질을 벗긴 다음, 그 껍질을 맑은 물에 담그고 한참 기다리면 알 수 있다. 한 참 기다리면 파란 물을 볼 수 있다. 그래서 이 나무의 한자도 수청목(水青木) 혹은 수정목(水精木)이라 부른다. 물푸레나무를 의미하는 또 다른 한자에는 규(槻)가 있다. 그런데 규는 둥근느티나무를 의미하기도 한다. 영국의 식물학자 핸스(Hance, 1827-1886)가 붙인 학명 중 속명인 '프락시누스(*Fraxinus*)'는 서양물푸레나무의 라틴 고명이며, '분리하다'를 의미하는 '프락시스(phraxis)'에서 유래했다는 설이 있지만 불확실하다. 그런데 라틴어로 프락시누스는 '물푸레나무로 만든 창(倉)'을 의미한다. 이 같은 뜻은 물푸레나무의 또 다른 한자인 목창목(木倉木), 즉 '나무창고 나무'와 일맥상통한다. 물무레나무와 나무 창고의 관계는 이 나무의 재질이 창고를 만들 데 사용했다는 뜻이다. 물푸레나무의 학명에는 원산지 표기가 없지만 영어식 표기에는 이 나무가 한국 원산임을 알려준다. 이 나무의 영어 표기는 '코리언 애쉬(Korean Ash)', 즉 한국 물푸레나무라는 뜻이다.

마주 나는 물푸레나무의 잎은 하나의 잎자루에 대여섯 개씩 달려 있다. 꽃은 새로 난 가지 끝에서 원뿔 모양의 꽃대에 하얗게 핀다. 열매는 마치 납작한 주걱처럼 날개가 붙어 있다. 이 나무의 열매는 날개가 두 개 맞붙은 단풍나무와 달리 한 개씩 무더기로 달렸다. 물푸레나무는 우리나라 계곡 어디서든 만날 수 있다. 경기도 파주시 적성면 무건리에 있는 물푸레나무(천연기념물 제286호)는 높이 14미터이며, 우리나라에서 가장 키가 크다. 북유럽 신화에는 물푸레나무가 세계수(世界樹)로 등장한다.

미선나무 | 보산관

물푸레나뭇과
Abeliophyllum distichum Nakai
White Forsythia
갈잎떨기나무

✚ 미선나무는 한자이름이다. 미선은 이 나무의 열매가 마치 부채꼬리를 닮아 '미선(尾扇)'이라 부르기도 하고, 부채처럼 아름답다고 '미선(美扇)'이라 부른다. 중국에서는 둥근 부채 같은 나무를 의미하는 단선목(團扇木)이라 부른다. 흰 색 혹은 분홍색을 띤 미선나무의 꽃도 개나리처럼 잎보다 먼저 필 뿐 아니라 개나리꽃보다 먼저 핀다. 미선나무도 개나리처럼 우리나라 원산지로 알려져 있다. 특히 세계에서도 1속(屬) 1종(種)만 존재하는 아주 귀하면서도 소중한 나무다. 현재 충북 진천군 초평면, 괴산군 장연면과 칠선면, 영동군 영동읍, 전북 부안군 변산반도 등지의 미선나무 군락지는 대부분 천연기념물로 지정하고 있다. 그 만큼 미선나무는 그 자체가 한국 식물의 보물이다. 그러나 학명에는 한국 원산이라는 사실이 기록되어 있지 않다.

미선나무의 학명 중 '아벨리오필룸(*Abeliophyllum*)'은 댕강나무 속(屬)의 '아벨리아(*Abelia*)'와 '잎'을 의미하는 그리스어 '필론(phyllon)'의 합성어이다. 이는 미선나무의 잎이 댕강나무와 닮았다는 뜻이다. 댕강나무는 인동과의 갈잎 떨기나무다. 그러나 미선나무 잎과 댕강나무 잎은 그다지 닮지 않았다. 물론 이 나무의 학명을 붙인 사람은 학명을 붙일 때 미선나무를 드러내는 데 가장 적합한 것을 댕강나무 잎으로 생각했던 모양이다. 이처럼 학명은 열매를 강조한 미선과는 달리 꽃을 강조했다. 영어권에서도 미선나무를 '화이트 포르시시아(White Forsythia)'라 부른다. 학명 중 종소명에서도 꽃을 강조하고 있다. '디스티쿰(*distichum*)'은 꽃이 두 줄로 달린다는 뜻이다. 미선나무의 학명을 붙인 사람도 개나리의 학명을 붙인 일본의 나까이(Nakai)다.

박태기나무 | 아담스채플

콩과
Cercis chinensis Bunge
Chiness redbud
갈잎떨기나무

✚ 박태기나무는 꽃 모양이 마치 밥알을 닮아 붙인 이름이다. 경상도와 충청도를 비롯한 중주지방에서는 밥알을 '밥티기'라 부른다. 박태기나무는 가지 마디마디에 꽃자루 없는 꽃이 7-8개씩 모여서 나뭇가지 전체를 완전히 덮어버린다. 꽃잎은 혹 나방을 닮은 듯하고, 혹 구슬을 닮기도 했다. 그래서 북한에서는 '구슬꽃나무'라 부른다. 영어권에서는 중국의 붉은 꽃봉오리를 뜻하는 '차이니즈 레드버드(Chinese Redbud)'라 부른다. 러시아의 식물학자 분지(Bunge, 1803-1890)가 붙인 학명에도 열매를 강조하고 있다. 학명 중 '케르키스(*Cercis*)'는 그리스어로 '꼬투리가 칼집(cercis) 같다'는 뜻이다. 심장을 닮은 잎도 콩잎과 닮았다.

박태기나무의 한자 이름은 소방목(蘇方木), 자형(紫荊), 만조홍(滿條紅) 등으로 사용한다. 소방목은 『본초강목』에 따르면 이 나무가 해도(海島)에 있는 소방이라는 나라에서 난다고 붙인 이름으로 해석하고 있다. 자형은 글자대로라면 '붉은 가시나무'라는 뜻이지만, 박태기나무에 가시를 발견하기란 어렵다. 박상진 교수는 자형을 '자주꽃나무'로 번역하고 있지만, 『본초강목』에 따르면 자형은 나무가 황형(黃荊)나무와 비슷하면서도 꽃이 붉어 붙인 이름이다. 그러나 『본초강목』에는 김태욱의 『한국의 수목』과는 달리 소방목과 자형을 다른 나무로 분류하고 있다. 홍성천의 『원색식물도감』에는 박태기나무의 한자로 자형만 표기하고 있다. 만조홍은 가지에 꽃이 가득하다는 뜻이다. 이 이름은 박태기의 여러 한자 이름 중 중국의 식물도감에 자주 등장한다. 서양에서는 때론 예수를 배반한 유다가 목을 매어 죽은 나무라 하여 '유다나무'라고도 한다.

배롱나무 | 행소박물관

부처꽃과
Lagerstroemia indica L.
Crape Myrtle
갈잎떨기나무

✚ 배롱나무는 한자 백일홍(百日紅)을 우리말로 바꾼 것이다. 백일홍은 중국 송나라의 시인 양만리(楊萬里, 1127-1206)가 "누가 꽃이 백일동안 붉지 않고, 자미화가 반년동안 꽃핀다는 것을 말하는가(誰道花無百日紅, 紫薇長放半年花)."에서 처음 등장한다. 많은 사람들이 배롱나무의 원산지를 중국으로 알고 있지만, 학명에는 인도로 표기하고 있다. 배롱나무는 이름에서 알 수 있듯이 꽃이 특징이다. 그러나 리나이우스가 붙인 학명에는 원산지외에 그의 친구인 라게르스트룀(Lagerstroem, 1696-1759)을 의미하는 '라게르스트로에미아(*Lagerstroemia*)'만 언급하고 있다.

중국에서는 배롱나무를 '자미화(紫薇花)'로 즐겨 부른다. 자미는 '붉은 배롱나무'라는 뜻이다. 한자 미(薇)가 배롱나무를 뜻한다. 특히 중국의 당나라 현종은 배롱나무를 아주 좋아한 사람으로 유명하다. 그는 삼성(三省: 중서성, 상서성, 문하성) 중 자신이 업무를 보던 중서성에 배롱나무를 심고, 개원원년(開元元年, 713)에 중서성을 '자미성(紫薇省)'으로 고쳤다. 그래서 중서성을 미원(薇垣:배롱나무가 있는 관청)이라 부른다. 그래서 우리나라에서도 관청에 많이 심었다. 우리나라에서 현재 가장 오랫동안 살고 있는 것은 부산광역시 부산진에 살고 있다. 이곳의 배롱나무는 800살이다(천연기념물 제168호). 일편단심은 곧 배롱나무 꽃과 같은 붉은 마음이다. 무덤가나 사당 근처에 배롱나무를 심는 것도 같은 이치이다.

산벚나무 | 학군단

장미과
Prunus sargentii Rehder
Sargent Cherry
갈잎큰키나무

✚ 산에 사는 벚나무를 뜻한다. 산벚나무는 왕벚나무와 구분할 필요가 있다. 왕벚나무는 꽃보다 잎이 먼저 피지만 산벚나무는 꽃과 잎이 거의 같이 핀다. 왕벚나무의 꽃은 3~6개가 잎의 겨드랑이에 모여 피고 꽃자루에 털이 있고, 산벚나무는 2~3개가 잎의 겨드랑이에 모여 피고 꽃자루에 털이 없다. 산벚나무는 팔만대장경판의 60%를 차지할 만큼 목판인쇄에 뛰어난 재질을 갖고 있다.

산수유 | 월슨관

층층나뭇과
Cornus officinalis Siebold & Zucc.
Japanese Cornelian Cherry — 갈잎떨기나무

✚ 산수유는 '산의 수유'라는 뜻이다. 우리나라 양반집에 가면 거의 예외 없이 뜰에 산수유를 발견할 수 있다. 양반들이 집 뜰에 산수유를 심은 것은 무엇보다도 이 나무의 붉은 열매를 얻기 위해서였다. 이 열매는 강장제로 사용했다. 학명에 층층나무처럼 재질이 단단한 '코르누스(*Cornus*)'외에 '약용의'를 뜻하는 '오피키날리스(*officinalis*)'만 보아도 열매가 이 나무의 특징임을 알 수 있다.

산수유의 열매는 크기가 대추만하다. 그래서 산수유를 중국 촉나라(지금의 사천성)에서 나는 신 맛의 대추, 즉 '촉산조(蜀酸棗)'라 불렀다. 나무의 이름에 신맛을 의미하는 글자가 들어간 것은 『본초강목』에도 언급하고 있듯이 산수유의 맛이 신맛을 내기 때문이다. 명대에는 족산조를 '육조(肉棗)'라 불렀다. 산수유의 수유는 '산복숭아'를 말한다.

산수유는 잎보다 꽃이 먼저 핀다. 노란 꽃은 봄을 알린다. 우리나라 경기도이남 지역 어디서나 볼 수 있는 산수유지만 경상북도 의성군 사곡면과 전남 구례군 산동면의 산수유는 장관이다. 두 지역의 산수유는 그저 구경꺼리가 아니라 주요한 생계 수단이다.

『삼국유사』에도 산수유가 등장할 만큼 산수유 재배 역사는 길다. 특히 『삼국유사』에는 19종의 나무가 등장하지만 나무와 관련한 설화 중 가장 유명한 것은 신라 제 48대 경문왕과 관련한 산수유이다.

서향 | 행소박물관

팥꽃나뭇과
Daphne odora Thunb.
Winter Daphne — 늘푸른떨기나무

✚ 중국 원산으로 알려진 서향은 남부 지방에서 관상용으로 많이 심는다. 서향(瑞香)은 글자대로 상스러운 향기가 나는 나무이다. 그래서 학명 중 '오도라(*odora*)'도 '향기가 난다'는 뜻이다. 학명 중 '다프네(*Daphne*)'는 그리스의 여신 이름이자 월계수를 의미하기도 한다. 잎이 월계수와 닮았기 때문이다. 영어권에서는 '겨울에 향기가 나는 나무(Winter Daphne)'로 부른다. 서향은 그 향기가 천리까지 간다고 생각하여 '천리향(千里香)'이라 부르기도 하고, 여승이 잠에서 맡은 향기이기 때문에 '수향(睡香)'이라 부른다. 설화에서 보듯 꽃이 안은 흰색, 바깥쪽은 자주색인 서향은 중국 및 일본 원산이다. 『양화소록』에 따르면 서향은 고려 충숙왕(忠肅王)이 공주를 데리고 우리나라에 올 때 중국의 황제가 선물한 것이다.

서향과 닮은 백서향(白瑞香, *Daphne kiusiana* Miquel)은 꽃 전체가 흰색이라 붙인 이름이다. 그래서 흰서향나무라 부른다. 때론 이 나무를 개서향나무라 부른다. 백서향은 은행나무처럼 암수가 다른 나무이다. 학명 중 종소명인 키우시아나(*kiusiana*)는 '일본 규슈(九州)'를 의미한다. 이는 원산지라 규슈라는 뜻이다.

아까시나무 | 교육역사박물관

콩과

Robinia pseudoacacia L.
False acasia — 갈잎큰키나무

✚ 학명 중 로비니아(*Robinia*)는 16세기 스페인의 로빈 대령이 이 식물을 유럽에 전했기 때문에 리나이우스가 붙인 것이다. 학명 중 프세우도아카키아(*pseudoacacia*)는 아카시아와 유사하다는 뜻이다. 그러니 아까시나무는 로빈 대령이 갖고 온 아카시아와 비슷한 나무라는 뜻이다. 우리말 '아까시'도 '아깝다'는 뜻이니, 아카시아와 닮았다는 의미를 담고 있다. 아까시나무의 영어 표기는 검은 아까시나무를 의미하는 '블랙 로커스트(Black Locust)'이다. 이는 아까시나무의 껍질이 검은 데서 빌린 이름이다. 그런데 아까시나무의 한자, 즉 자괴(刺槐)는 가시와 회화나무의 합성 글자다. 자괴는 아까시나무의 특징 중 하나인 가시와 회화나무를 닮은 껍질을 잘 묘사하고 있는 이름이다.

북미 원산의 아까시나무는 1900년 초에 우리니라에 도입했다. 처음 심은 곳은 경인 철도변과 용산의 육군본부 자리였다. 아까시나무를 처음 도입할 때 일제 강점기 초대 총독인 테라우치 마사타케(寺內正毅)는 독일의 총영사 크루크에게 당시 노량진과 제물포간의 경인 철도변에 심을 수종에 대해 물었다. 독일 총영사는 테라우치에게 중국 산동성의 독일령 청도(靑島)에 자국에서 옮겨와 심은 아까시나무가 잘 자란다고 대답했다. 이런 과정을 거쳐 아까시나무는 당시의 프랑스인 불어 교사 에밀 마텔이 번식력을 걱정하여 산지에는 심지 말 것을 건의했음에도 총독부 당국은 우리나라 전역에 심기 시작했다.

애기동백나무 | 동산도서관

차나뭇과

Camellia sasanqua Thunb.
Sasanqua Camellia — 늘푸른떨기나무

✚ '애기동백' 명칭은 잎과 열매가 동백나무보다 작아서 붙인 이름이며 '차매'라 부른다. 애기동백은 동백나무와 큰 차이는 없으나, 5~7장의 꽃잎이 활짝 피는게 특징이다. 동백나무는 5~7개의 꽃잎이 비스듬이 핀다. 학명중 속명 카멜리아(*Camellia*)는 17세기 체코슬로바키아의 선교사 G. J. 카멜(KAMELL)에서 유래했다. 그는 마닐라에 살면서 동아시아의 식물을 수집했다. 종소명 사산쿠아(sasanqua)는 일본명 '산사과'를 의미한다. 애기동백은 일본이 원산이다.

야광나무 | 아담스채플

장미과
Malus baccata (L.) Borkh.
Siberian Crab 갈잎중간키나무

✚ 새하얀 꽃이 나무를 완전히 뒤덮어 밤에도 빛을 낸다 하여 야광이란 이름을 붙였다. 속명 말루스(*Malus*)는 사과에 대한 그리스어 말론(malon)에서 유래한 말로 장미과 사과나무속 식물을 지칭한다. 종소명 바카다(*baccata*)는 '액과의, 액과 모양의'라는 뜻을 가지고 있다. 야광나무는 사과나무에 가깝지만 잎이 돌배나무를 많이 닮았다. 야광나무의 잎은 그냥 톱니가 있지만 돌배나무는 바늘모양의 톱니가 있다. 열매는 콩알만하고 붉은 빛으로 익는다.

옥매 | 아담스채플

장미과
Prunus glandulosa for. *albiplena* Koehne
갈잎떨기나무

✚ 옥매는 꽃색깔이 옥처럼 생긴 매화라는 뜻이다. 학명중 속명인 프루누스(*Prunus*)는 '자두'를 의미하는 라틴이름이다. 속명 그란둘로사(*glandulosa*)는 '점액질이 있는'을 뜻하며, 알비플레나(*albiplena*)는 '흰꽃'을 의미한다.

왕벚나무 | 쉐턱관

장미과
Prunus yedoensis Matsum.
Potomac Cherry 갈잎큰키나무

✚ 일본의 나라꽃 사꾸라(さくら)는 왕벚나무(*Prunus yedoensis* Matsum.)를 의미한다. 그러나 왕벚나무는 한국이 원산이다. 그런데 일본에서 말하는 사꾸라는 한자 앵두 '앵(櫻)'의 음이다. 그래서 벚나무의 한자에 '앵' 자를 사용하고 있다. 그런데 왕벚나무의 학명에서는 벚나무의 꽃보다 잎을 강조하고 있다. 학명 중 세룰라타(*serrulata*)는 '잎에 톱니가 많다'는 뜻이고, 스폰타네아(*spontanea*)는 '야생'이라는 뜻이다. 중국의 식물관련 작품에서는 벚나무를 산앵도(山櫻桃), 산앵화(山櫻花), 복도앵(福島櫻), 앵화(櫻花)로 표기하고 있다. 중국 청대의 식물도감에는 벚나무의 열매를 먹을 수 없는 것으로 소개하고 있으나, 벚나무의 열매인 버찌는 먹을 수 있다. 버찌는 서양의 벚나무 열매인 체리보다 작다.

우리나라에서는 벚나무를 화목(樺木)으로 표기했다. 그런데 한자 화는 자작나무를 뜻하기도 해서 과거엔 화목을 자작나무로 풀이한 적도 있지만, 요즘은 일반적으로 벚나무로 이해하고 있다. 각종 벚나무는 나무의 조직이 조밀하고 너무 단단하지도 너무 무르지도 않을 뿐 아니라 잘 썩지도 않아 글자를 새기는 데 안성맞춤인 나무이다.

자귀나무 | 아담스채플

콩과
Albizia julibrissin Durazz.
Silk Tree 갈잎떨기나무

✚ 자귀나무는 바람이 세게 불거나 비가와도 잎을 오므린다. 더욱이 밤이면 짝수의 자귀나무 잎은 애인처럼 끌어안고 잔다. 사람들은 자귀나무의 이런 모습을 보고 여러 가지 이름을 붙였다. 자귀나무의 다른 이름 중 가장 잘 알려진 것은 '합혼수(合昏樹)'와 '합환수(合歡樹)'이다. 합혼수는 자귀나무의 잎이 합하는 모습을 보고 지은 이름이다. 밤에 잎을 합한다고 야합수'(夜合樹)'라고도 한다. 어둑하면 잎을 합하는 모습은 곧 기쁨이기에 합환수이다. 아울러 이런 모습이 정이 있으니 '유정수(有情樹)'라 부른다. 기쁨을 나누면 근심마저 잊으니 자귀나무를 '근심을 잊는다'는 '망우(忘憂)'라 부른다. 이외에도 중국 사람들은 자귀나무에 '맹갈(萌葛)', '오뢰수(烏賴樹)', '황혼목(黃昏木)', '시리쇄수(尸利灑樹)'등의 이름을 붙였다. 아울러 중국 사람들은 자귀나무를 '청상(靑裳)이라 불렀다. 청상은 곧 푸른 치마를 뜻한다. 자귀나무의 잎 달린 푸른 가지를 보면 마치 푸른 치마와 닮았다. 부부의 화목을 상징하는 자귀나무는『성경 · 창세기』에 아주 귀한 존재로 등장한다.

이탈리아 식물학자 두라지니(Durazzini)가 붙인 학명에는 자귀나무의 특성을 알려주는 정보는 없다. 학명 중 알비지아(*Albizzia*)는 이탈리아 아이엔슬리에(Whitelaw Ainslie)를 기념하는 이름이고, 율리브리신(*julibrissin*)은 동인도 이름이다. 자귀나무는 중국원산이지만, 목포 유달산 및 제주도에서 자생하는 왕자귀나무(*Albizia coreana* Nakai)는 우리나라 원산이다.

자목련 | 본관

목련과
Magnolia liliiflora Desr.
Lily Magnolia 갈잎큰키나무

✚ 자목련(紫木蓮)은 꽃이 붉은 목련을 말한다. 다른 이름 중 하나는 자옥란(紫玉蘭)이다. 이 역시 깨끗한 꽃을 강조한 것이다. 프랑스의 식물학자 데스루솟스(Desrousseaux, 1753-1838)가 붙인 학명 중 속명은 목련과 같다. 종소명 '릴리이플로라(*liliiflora*)'는 '백합같은 꽃'을 의미한다. 중국 원산의 자목련에는 백목련과 함께 전설이 전한다.

옛날 옥황상제의 예쁜 딸이 다른 총각들에게는 관심이 없고, 오직 북쪽 나라의 왕만 사모했다. 옥황상제의 딸은 북쪽 왕이 결혼한 것도 모르고 아버지의 정략적 결혼에 염증을 느껴 집을 나가 그를 찾아 나섰다. 딸은 그곳에 도착한 뒤에야 그가 결혼한 사실을 알았다. 그녀는 충격을 받아 자살하고 말았다. 북쪽 나라 왕은 옥황상제의 딸이 자신을 사모하여 죽은 것을 알고 장사 지낸 후, 자신의 아내인 왕비마저 죽여 같이 장사지냈다. 이 소식을 들은 옥황상제는 그들을 가엽게 여겨 두 사람의 무덤에서 각각 꽃을 피게 했다. 공주의 무덤에서는 백목련이, 왕비의 무덤엔 자목련이 피었다. 그 뒤로 두 목련의 꽃 봉우리가 모두 북쪽을 향했으며, 같은 자리에서 피지 않았다.

장미 | 백학관

장미과
Rosa hybrida 'Rosekona'
Rose 갈잎떨기나무

✚ 학명의 히브리다(*Hybrida*)는 '잡종'을 의미한다. 장미를 의미하는 영어 로즈(Rose)는 학명 로사(*Rosa*)에서 따온 것이다. 로사는 라틴어의 옛 이름이고, '장미'를 의미하는 로돈(rhodon)과 '붉음'을 의미하는 켈트어 로드(rhodd)에서 유래했다. 오늘날 장미는 야생종 사이의 잡종이거나 그 개량종이며, 예부터 주로 향료용 · 약용으로 재배하다가 중세 이후에 관상용으로 개량 · 재배한 원예종이다.

장미는 메소포타미아 수메르인의 『길가메시서사시』에 '이 풀의 가시는 장미처럼 네 손을 찌를 것이다'라는 구절이 나올 만큼 오랜 역사를 지니고 있다. 이 시에 등장하는 여신 이슈타르의 소상(塑像) 「꽃향기 맡는 이슈타르」의 꽃은 장미꽃으로 추정하기도 한다. 고대 이집트의 고서에도 장미품종이 기재되어 있다. 기원전 3000~기원전 2000년 바빌로니아에서는 바빌론궁전 등에서 장미를 많이 재배했으며, 에게 문명기에는 에게 제도(諸島)에서 향료 · 의약용 장미를 재배했다.

고대그리스에서는 많은 시인들이 장미를 꽃의 여왕, 사랑의 꽃 등으로 찬미했으며, 아프로디테(비너스)의 장미꽃은 사랑 · 기쁨 · 아름다움 · 순결의 상징이었다. 역사가 헤로도토스는 『우라니아』에서는 겹꽃의 장미, 꽃잎이 60개인 센티폴리아, 최고의 방향을 자랑하는 다마스크로즈 등을 기록하고 있다. 이는 장미에 관한 세계 최초의 구체적인 기록이다.

한국에서도 예부터 장미를 관상용으로 재배했다. 강희안의 『양화소록(養花小錄)』에는 장미를 아름답고 아담한 자태로 표현했으며, 아름다운 벗을 의미하는 '가우(佳友)'로 칭찬했다.

조팝나무 | 동산도서관

장미과

Spiraea prunifolia for. *simpliciflora* Nakai

Bridal wreath 갈잎떨기나무

✚ 우리말 조팝나무는 꽃이 마치 좁쌀을 튀겨놓은 듯해서 붙인 이름이다. 조팝나무를 '조밥나무'로 부른다. 이는 꽃이 마치 조밥과 비슷해서 붙인 이름이다. 중국 사람들은 이 나무의 꽃을 '보조개(笑靨)'에 비유했다. 꽃 모양이 예쁜 보조개를 닮아서 붙인 이름일까. 나까이가 붙인 학명 스피라이아(*Spiraea*)는 그리스어 '나선(螺旋)' 혹은 '끈'을 의미하는 '스페이라(speira)'와 '또렷한'을 의미하는 '델로스(delos)'의 합성어이다. 학명에 등장하는 나선은 조팝나무의 열매 모양이 소라처럼 생겨서 붙인 이름이다. 일설에 따르면 조팝의 이름은 이 나무의 꽃으로 화환(花環)을 만들어서 붙인 이름이다. 또 다른 학명 심플리키플로라(*simpliciflora*)는 '외겹 꽃'을 뜻한다.

잎보다 꽃이 먼저 피는 조팝나무는 "소상강 기러기는 가노라고 하직하고, 강남서 나오는 제비는 왔노라고 헌신(獻身)하고, 조팝나무 비쭉새 울고, 함박꽃에 둥웅벌이오…."처럼 『토끼전』에도 나올 만큼 우리에게 친근하다. 조팝나무의 잎은 산(酸)이 있어 열을 내리고 통증을 가라앉히는 성분을 가지고 있다. 진통제의 대명사라 할 수 있는 아스피린(Aspirin)은 버드나무 등에 들어 있는 진통제의 원료인 아세틸살리산의 'A'와 조팝나무의 속명(屬名) 스피라에아(*Spiraea*)의 영어식 발음 스파이리어에서 'Spir'를 빌리고, 당시 바이엘 사의 제품명 끝에 공통으로 사용한 'in'을 붙여 만들었다.

진달래 | 계명한학촌

진달래과

Rhododendron mucronulatum Turcz.

Korean Rhodo-dendron 갈잎떨기나무

✚ 진달래는 진월배(眞月背)에서 온 말이다. 진달래를 참꽃이라 하고, 철쭉을 진달래라 하는 곳도 있다. 또한 철쭉을 개꽃, 진달래를 참꽃이라 부르는 곳도 있다. 진달래의 한자는 두견화(杜鵑花)다. 두견새의 피 토한 자국에서 꽃이 피었기 때문에 붙인 이름이다. 중국에서는 두견화를 영산홍(映山紅), 산석류(山石榴), 산척촉(山躑躅), 홍척촉(紅躑躅), 산견(山鵑), 만산홍(滿山紅), 조산홍(照山紅) 등으로 불렀다. 이 같은 이름은 철쭉과 영산홍 등과 혼동할 수 있는 이름이다.

러시아의 식물학자 투르차니노프(Turczaninov, 1796-1864)가 붙인 학명 중 속명 '로도덴드론(*Rhododendron*)' '장미'를 의미하는 그리스어 '로돈(rhodon)'과 '수목(樹木)'을 의미하는 '덴드론(dendron)'의 합성어다. 이는 붉은 꽃이 피는 나무라는 뜻이다. 처음에는 협죽도의 이름이었다. 종소명 '무크로눌라툼(*mucronulatum*)'은 '머리가 약간 뾰족한'을 의미한다. 이는 잎이 뾰족하다는 의미인지, 꽃이 뾰족하다는 것인지 알 수 없다. 둘 다 끝이 조금 뾰족하기 때문이다.

진달래는 한국원산으로 알려져 있다. 그래서인지 진달래에 대한 한국인의 감정은 애틋하다. 이런 감정을 가장 잘 드러내는 시가 김소월의 「진달래꽃」이다.

찔레꽃 | 희망의 숲

장미과
Rosa multiflora Thunb.
Baby Rose 갈잎떨기나무

✚『우리말어원사전』「찔레」 항목에는 질늬, 즉 해당(海棠)이 찔레로 바뀐 것으로 표기하고 있다. 따라서 남쪽에서 흔히 볼 수 있는 해당화가 곧 야생장미에 해당하는 찔레일 수 있다. 해당화는 노래가사처럼 붉게 핀다. 붉은인가목이나 생열귀나무도 해당화처럼 꽃이 붉고, 흔히 야생장미로 부른다. 아울러 옛날에는 붉은 찔레가 있었을 가능성도 배제할 수 없다. 찔레꽃은 학명 중 물티플로라(*multiflora*)에서도 알 수 있듯이 꽃이 아주 많다. 그래서 한자로 찔레를 꽃이 많은 장미, 즉 '다화장미(多花薔薇)'라 부른다.

찔레꽃이 필 시기는 모내기철이다. 그래서 이때는 물 공급이 매우 중요하지만, 종종 가뭄으로 고생한다. 그래서 이때의 가뭄을 '찔레꽃가뭄'이라 한다. 중국 지식인들도 찔레를 무척 사랑했다. 수많은 사람들이 찔레를 찬미했다. 당나라의 양귀비도 고운 피부를 유지하기 위해 찔레꽃을 욕탕에 넣었다. 서양에서는 찔레뿌리로 담배파이프를 만든다. 최고급 남성용품 담배파이프의 대명사인 던힐의 창업주 앨프리드 던힐(A.Dunhill)이 1907년 런던 듀크가(街)에 담배 가게를 열면서 만든 것이 바로 찔레뿌리로 아름답게 수가공(手加工)한 파이프였다.

참싸리 | 계명한학촌

콩과
Lespedeza cyrtobotrya Miq.
Shortstalk Bushclover 갈잎떨기나무

✚ 싸리의 종류도 많다. 참싸리는 싸리와 거의 구분할 수 없을 만큼 닮았다. 참싸리는 '진짜싸리'라는 뜻이다. 분홍빛 꽃이 예쁜 꽃싸리, 거문도 외진 섬에서 자라는 해변싸리, 흰색 꽃이 피는 흰싸리 등 20여 종에 달한다. 싸리는 싸리로 만든 싸립문, 물건을 담아 두는 고리 등 옛날에는 일상에서 아주 긴요하게 사용했다. 아울러 옛날 마당을 청소할 때 사용한 싸리비도 싸리로 만들었다. 그래서 한자로 싸리를 '청소하는 나뭇가지'를 의미하는 '소조(掃條)'라 불렀다. 그러나 싸리의 어원은 정확하게 알 수 없다. 혹 싸리로 만든 화살과 무관하지 않을지도 모른다. 소리 내어 우는 화살을 '효시(嚆矢)'라 부른다. 이 소리는 옛날 전쟁을 시작할 때 먼저 우는 살을 쏘았기 때문에 붙인 이름이다. 그래서 이 말이 현재 '시초'로 사용한다.

싸리의 용도 중에서 빼놓을 수 없는 게 화살 재료이다. 중국과 한국에서는 아주 오래전부터 화살을 싸리로 만들었다. 중국의 『진서(晋書)』에 따르면 주(周)나라 무왕(武王) 때 만주 지역의 읍루(挹婁) 사람들이 싸리 화살을 바쳤다. 『삼국사기(三國史記)』에도 고구려 미천왕(美川王)이 중국의 후조(後趙)에게 싸리 화살을 선물한 내용을 기록하고 있다. 여기서 말하는 싸리 화살을 '호시(楛矢)'라 한다.

채진목 | 비사광장

장미과

Amelanchier asiatica (Siebold & Zucc.) Endl. ex Walp.

Shadbush 갈잎떨기나무

✚ 채진목이라는 이름은 일본에서 장군의 지휘봉 끝에 달린 수술을 채배라고 하는데 '채배'같은 나무란 뜻을 가진 한자 이름을 한글로 소리나는 대로 불러서 생겼다. 속명 아멜란치에르(*Amelanchier*)는 이 속 식물 중 유럽에 분포하는 종에 대한 프로방스 지역에서 부르던 옛 이름에서 유래했으며, 장미과 채진목속 식물을 지칭한다. 종소명 아시아티카(*asiatica*)는 '아시아의'이라는 뜻이다.

처진개벚나무 | 행소박물관

장미과

Prunus leveilleana var. *pendula*(Nakai) W.T.Lee

Weeping Willow 갈잎큰키나무

✚ 능수벚나무라고도 한다. 처지는 가지가 시선을 아래로 끌어내리기 때문에 물가에 심으면 잘 어울린다. 학명중 프루누스(*prunus*)는 '자두'를 의미하는 플룸(plum)의 라틴어이다. 종소명 레베일레아나(*leveilleana*)는 프랑스의 레빌레(1863-1918)를 의미하며, 펜둘라(pendula)는 '밑으로 처진'을 의미한다.

철쭉 | 동산도서관

진달래과
Rhododendron schlippenbachii Maxim.
Royal Azalea 갈잎떨기나무

✚ 철쭉은 척촉(躑躅)에서 유래했다. 이 나무의 한자어는 '머뭇거리다'를 의미한다. 이 말이 생긴 데는 꽃이 아주 아름다워 사람들이 발걸음을 머뭇머뭇했다는 설, 어린 양이 꽃을 엄마의 젖꼭지로 잘 못 알고 가던 길을 멈췄다는 설, 꽃에 독성이 있어 양이 꽃만 봐도 가까이 가지 않고 머뭇거린다는 설 등 다양한 설이 있다. 러시아의 식물학자 막시모비츠(Maximowicz, 1827-1891)가 붙인 학명 중 속명은 진달래와 같다. 종소명 스크리펜바키이(schlippenbachii)는 1854년에 한국 식물을 처음으로 수집한 독일의 해군 장교 슐리펜바흐(B. A. Schlippenbach)를 의미한다. 소백산의 철쭉제가 유명하다.

철쭉과 관련해서 『삼국유사』에 노인이 수로부인에게 꽃을 바친 『헌화가(獻花歌)』얘기가 전한다. 성덕왕 때 순정공(純貞公)이 강릉태수(지금의 명주)로 부임하는 도중에 바닷가에서 점심을 먹었다. 곁에는 돌 봉우리가 병풍과 같이 바다를 두르고 있어 그 높이가 천 길이나 되었다. 그 위에 철쭉꽃이 만발해 있었다. 공의 부인 수로가 이것을 보더니 좌우 사람들에게 말했다. "꽃을 꺾어다가 내게 줄 사람은 없는가." 그러나 종자들은 "거기는 사람이 갈 수 없는 곳입니다."하고 아무도 나서지 못했다. 이때 암소를 끌고 곁을 지나가던 늙은이 하나가 있었다. 그는 부인의 말을 듣고는 그 꽃을 꺾어 가사까지 지어서 바쳤다. 그러나 그 늙은이가 어떤 사람인지 알 수가 없었다.

푸밀라꽃사과 | 행소박물관

장미과
Malus pumila Dulcissim
Flowering crab apple 갈잎떨기나무

✚ 중국서부지방에서 사는 나무라고 하여 '서부해당화'라고도 한다. 꽃줄기가 가늘어서 '수사(수서)해당화'라고도 한다. 학명중 속명 말루스(*Malus*)는 '사과'를 뜻하는 말로 말론(Malon)의 그리스어다. 속명 푸밀라(*pumila*)는 '키가 작은'을 뜻한다.

흰철쭉 | 동산도서관

진달래과

Rhododendron schlippenbachii for. *albiflorum* Y.N.Lee

White royal azalea 갈잎떨기나무

✚ 흰철쭉은 백색 꽃이 피는 철쭉나무라는 뜻이다. 속명 로도덴트론(*Rhododendron*)은 장미를 닮은 나무라는 의미이며, 진달래과 진달래속 식물을 지칭한다. 종소명 스크리펜바키이(*schlippenbachii*)는 백철쭉이 동해안의 암석 위에 핀 것을 러시아의 해군이던 스크리펜바키이(Schlippenbachii)가 처음으로 일본과 유럽에 전해서 그의 이름을 따서 붙여졌다. 알비폴로룸(*albiflorum*)은 '흰색 꽃의' 라는 뜻을 가지고 있다.

열매가 아름다운 나무

감나무 | 동산도서관

감나뭇과
Diospyros kaki Thunb.
Persimmon tree　　갈잎큰키나무

✚ 스웨덴의 식물학자 툰베르크(Thunberg, 1743-1828)가 붙인 감나무의 학명에서도 열매의 특성을 강조하고 있다. 학명 중 속명인 '디오스피로스(*Diospyros*)'는 주피터의 신인 '디오스(dios)'와 '곡물'을 의미하는 '피로스(pyros)'의 합성어다. 이는 신의 식물을 뜻한다. 그 만큼 맛이 좋다는 뜻이다. 갈잎 키 큰 감나무의 학명 중 종소명인 카키(*kaki*)는 일본 말이다. 우리가 흔히 감색, 즉 시색(柹色)을 의미할 때 카키(かき)는 바로 감나무의 잎이다. 그래서인지 영어권에서는 감나무를 일본 감나무(Japanese persimmon)로 표기하고 있다. 작자 미상의 국어어휘 어원을 해석한 책인 『동언고략(東言攷略)』에 따르면 감나무의 감은 달 감(甘)이다. 감나무의 감을 달다는 뜻을 가진 감으로 사용한 것은 이 나무의 익은 열매인 홍시가 달기 때문에 붙인 것이다.

감나무를 의미하는 한자는 시(柹;柿;枾)다. 그래서 감나무를 시수(柿樹)라 한다. 감나무 열매를 말린 것은 곶감이다. 곶감의 '곶'은 감 열매를 곶이처럼 묶었다는 뜻이다. 이는 곶감을 만드는 방법에서 온 말이다. 곶감은 경상북도 상주의 특산물을 의미하는 삼백(三白: 쌀, 누에, 곶감)에서 알 수 있듯이 말리면 흰 분이 나온다. 곶감의 흰 분을 눈에 비유하여 시설(柹雪)이라 부른다. 혹 곶감을 떡에 비유하여 시병(柿餅)이라 한다. 우리나라 유일의 감나무 천연기념물은 450살 경상남도 의령군 백곡리의 천연기념물 제492호이다.

고욤나무 | 계명한학촌

감나뭇과
Diospyros lotus L.
Date plum 갈잎큰키나무

✚ 린네가 붙인 학명에는 속명은 감나무와 같고, 종소명 '로투스(*lotus*)'는 그리스 말이지만 뜻을 정확히 알 수 없다. 단지 로투스가 연꽃을 의미할 때도 있기 때문에 고염나무의 꽃을 강조한 것인지도 모른다. 우리말 고욤은 이 나무의 한자인 소시(小柹), 즉 작은 감나무와 관련 있는 듯하다. 우리 속담에 "고욤 일흔이 감 하나만 못하다"는 뜻은 '자질구레한 것이 아무리 많아도 큰 것 하나만 못하다'는 말이다. 이런 속담에서 볼 때 고욤은 작다는 것을 의미하는 듯하다.

고욤나무도 감나무처럼 열매를 강조하고 있다. 중국에서는 고욤의 열매를 대추에 비유했다. 이 나무를 의미하는 하나가 검은 대추를 의미하는 흑조(黑棗)이다. 이는 이 나무의 열매가 익으면 검게 변하는 것이 마치 검은 대추처럼 생겨서 붙인 이름이다. 중국의 『본초강목(本草綱目)』에는 흑조 외에 다양한 이름을 표기하고 있다. 고욤나무를 연조(軟棗)라 부르는 것도 이 나무의 열매가 대추를 닮았지만 부드럽기 때문에 붙인 이름이다. 연조 외에도 고욤나무를 의미하는 한자에는 우내시(牛奶柹), 정향시(丁香柹), 홍람조(紅藍棗) 등이 있다. 중국 송대의 사마광(司馬光)은 우내시를 원(苑)이라 불렀다. 그런데 『본초강목』에서 고욤나무를 공식적으로 사용한 이름은 군천자(桾櫏子)다. 군천자의 자는 고염나무의 열매를 의미하지만, 군천은 무슨 뜻인지 알 수 없다. 단지 이 말은 중국 서진(西晉)의 문학가인 좌사(左思, 250?-305?)의 「오도부(吳都賦)」에서 유래했다.

대추나무 | 동천관

갈매나뭇과
Zizyphus jujuba var. *inermis* (Bunge) Rehder
Juiube tree 갈잎떨기나무

✚ 대추는 한자 대조(大棗)에서 변한 이름이다. 대추를 의미하는 한자 조(棗)는 가시가 많다는 뜻이다. 그러나 독일의 식물학자 레데르(Rehder, 1863-1949)가 붙인 학명 중 종소명 '이네르미스(*inermis*)'는 '가시가 없는'을 의미한다. 이는 학명을 붙인 사람이 보았던 대추나무는 중동산이기 때문일지 모른다. 대추나무도 종류가 아주 많기 때문이다. 중국 최초의 사전인 『이아(爾雅)』에 따르면, 대추는 선(洗)을 의미하고, 이는 열매가 굵은 것을 말한다. 중국 하동(河東) 의씨현(猗氏縣)의 대추는 크기가 계란만 했다.

대추는 다른 나무보다 싹이 아주 늦게 나는 게 하나의 특징이다. 그래서 느릿느릿한 양반에 빗대어 '양반나무'라 부른다. 대추는 제사에 빠지지 않고 올리는 과일이다. 대추를 제사에 올리는 것은 이 나무에 열매가 많이 달려 자손이 번성하라는 뜻이기도 하고, 조상을 모시는 마음이 변치 않길 바라는 것이다. 대추는 붉게 익으면 변하지 않는 특성을 갖고 있다. 정월 대보름과 5월 단오에 '대추 시집보내기'가 있었다. 이 날에는 대추 가지가 둘로 갈라진 틈에 돌을 끼운다. 그리고 마을 아낙네들이 저마 흩어져 큰 돌을 주워오면 마을에서는 이 가운데 가장 적절한 돌을 골라 상처가 날 정도로 빠지지 않게 나무에 꽉 끼운다. 가지가 갈라진 대추는 곧 여자요, 돌은 곧 남자다. 따라서 이는 남자와 여자의 결혼과 같은 의식이다.

돌배나무 | 본관

장미과

Pyrus pyrifolia (Burm.f.) Nakai

Sand Pear, Chinese Pear, Japanese Pear, Asian Pear, Oriental Pear

갈잎큰키나무

✚ 접두어 '돌'은 동식물에 품종이 낮거나 저절로 난 야생을 뜻한다. 그래서 돌배나무는 야생배나무라는 뜻이다. 현재 중국에서 사용하고 있는 돌배나무나 산돌배나무의 한자는 산리(山梨)지만, 일반적으로 배나무를 나타내는 한자는 이(梨)다. 이는 나무의 성질이 물 흐르듯 이롭기 때문에 붙여진 이름이다. 실제 배나무는 대추나무와 더불어 책을 출판하는 판목(版木)에 가장 적합하여 출판을 의미한다. 돌배나무의 학명에는 배나무의 특성을 드러내는 내용은 없다. 피루스(*Pyrus*)는 배나무의 라틴어 옛 이름이고, 피리폴리아(*pyrifolia*)는 배나무의 잎을 닮았다는 뜻이다. 산돌배나무의 우수리엔시스(*ussuriensis*)는 산돌배나무의 원산지가 시베리아 우스리라는 뜻이다.

배나무의 다른 이름은 쾌과(快果), 과종(果宗), 옥유(玉乳), 밀부(蜜父)이다. 배나무 꽃, 즉 이화(梨花)는 눈처럼 희다. 그래서 배꽃을 '이화설(梨花雪)'이라 부른다. 눈처럼 흰 배꽃이 비처럼 떨어지는 것을 '이화우(梨花雨)'라 부른다. 『청구영언(靑丘永言)』에 실린 이조년(李兆年, 1269-1343)의 시조 다정가(多情歌)는 배나무에 대한 가장 잘 알려진 고전 작품이다. 중국 당나라 현종은 수도 장안(長安) 금원(禁苑)에 있는 배나무 동산에서 300명을 선발하여 속악(俗樂)을 배우게 하고, 궁녀 수 백 명을 이원의 제자로 배치했다. 이런 연유로 이원을 연극계, 이원제자(梨園弟子)를 배우라 부른다. 당나라 시인 백거이(白居易, 772-846)의 「장한가(長恨歌)」에도 이원이 등장한다. 더욱이 돌배나무는 산벚나무 다음으로 팔만대장경판에 활용한 나무로 유명하다.

뜰보리수 | 계명한학촌

보리수나뭇과

Elaeagnus multiflora Thunb.

Cherry Eleaegnus, Gumi

갈잎떨기나무

✚ 보리수나무의 한자는 맥립(麥粒), 즉 '보리알맹이'다. 흔히 대맥(大麥)을 보리로, 소맥(小麥)을 밀이라 부른다. 보리수나무의 보리는 곡식 '보리' 알맹이에서 온 것으로 보인다. 한편 학명에서는 보리수나무의 열매를 올리브 열매와 비교하고 있다. 스웨덴의 식물학자 툰베르크(Thunberg, 1743-1828)가 붙인 학명 엘라이아그누스(*Elaeagnus*)는 '올리브'를 뜻하는 '엘라이아(elaia)'와 '서양 목형(木荊)'을 의미하는 '아그노스(agnos)'의 합성어다. 이는 보리수를 올리브의 열매에 비유한 것이다. 기원전 3000년 경 부터 재배한 터키 원산의 올리브 열매가 곧 보리수나무 열매와 닮았다. 학명 움벨라타(*umbellata*)는 '우산 모양'을 뜻하지만, 무엇을 두고 붙였는지 불분명하다. 아마 꽃 모양을 두고 붙인 이름일 것이다. 요즘 정원수로 많이 심고 있는 뜰보리수(*Elaeagnus multiflora* Thunberg)는 글자대로 뜰에 많이 심는다고 붙인 이름이다. 일본 원산인 뜰보리수는 보리수나무보다 열매도 굵고 초여름에 붉게 익는다. 학명 중 물티플로라(*multiflora*)는 '꽃이 많다'는 뜻이다. 석가모니의 보리수나무와 관계없다.

매자나무 | 바우어관

매자나뭇과
Berberis koreana Palib.
Korean barberry 갈잎떨기나무

✚ 매자나무는 학명 코레아나(*koreana*)에서 알 수 있듯이 한국 원산이다. 매자나무의 학명을 붙인 팔리빈(Palibin, 1872-1949)은 러시아 출신이다. 학명 중 '베르베리스(*Berberis*)'는 '열매'를 의미하는 아랍어 '베르베리스(berberys)'를 뜻하기도 하고, 잎이 조개껍질(berberi)을 닮았기 때문이다. 아울러 베르베리스는 베르베린의 성분이 들어있다는 뜻이기도 하다. 매자나무의 노란 껍질 속에 들어 있는 베르베린 성분은 유희(柳僖, 1773-1837)의 『물명고(物名攷)』에서도 언급하고 있는 것처럼 쓴 맛을 의미한다.

매자나무를 작은 황벽나무(小蘗)로 부르는 것도 매자나무에 황벽나무처럼 베르베린 성분이 들어 있기 때문이다. 매자나무의 특징 중 하나는 열매이다. 그래서 9월경에 붉게 익는 열매를 강조한 이 나무의 한자가 자벽(子蘗)이다. 중국에서는 매자나무가 그 모양이 석류나무 같아서 산석류(山石榴)라 부른다.

매자나무의 또 다른 특징은 가시이다. 매자나무의 이런 특징 때문에 이 나무는 울타리용으로 적합하다. 매자나무를 울타리로 심으면 열매와 더불어 자줏빛 단풍도 즐길 수 있다. 매자나무 중에는 당매자나무도 있다. 당매자나무처럼 식물 이름에 '당(唐)' 자가 있으면 '당나라'가 아니라 '중국'이라는 뜻이다. 매자나무는 잎 가장자리에 고르지 않은 톱니가 있는 반면, 당매자나무는 잎 가장자리가 밋밋하다. 슈나이더(Schneider, 1876-1951)가 붙인 당매자나무의 학명 중 속명은 매자나무와 같고, 종소명 '포이레티(*poiretii*)'는 이 나무에 도움을 준 프랑스의 푸와레(Jean Louis Marie Poiret, 1755-1834)를 의미한다.

머루 | 정문

포도과
Vitis coignetiae Pulliat ex Planch.
Wild grape 갈잎덩굴나무

✚ 머루는 다래와 마찬가지로 고려 가요 『청산별곡(靑山別曲)』에 등장한다. "살어리 살어리랏다/청산(靑山)애 살어리랏다/멀위랑 ᄃ래랑 먹고/청산애 살어리랏다."에서 알 수 있듯이 산속에서 흔히 만날 수 있는 게 머루이다. '머루포도'는 머루에 접을 붙인 신품종 포도이다. 머루는 한국 토종 포도다. 머루의 유래는 알 수 없지만 '산포도'라 부른다.

갈잎 덩굴성 나무인 머루의 속명은 포도와 같다. 학명 중 종소명인 '코이네그티아이(*coignetiae*)'는 어떤 사람 '구와넷(Goignet)'을 의미한다. 이 사람은 머루의 학명을 붙인 뿔리아(Pulliat, 1827-1866)에게 큰 도움을 준 사람이다. 따라서 학명에는 포도의 상징인 '생명'을 뜻하는 의미 외에는 다른 뜻이 없다. 머루와 아주 닮은 왕머루도 흔히 산포도라 부른다. 그러나 잎의 뒷면에 적갈색 털이 있는 것은 머루이고, 그렇지 않는 게 왕머루이다. 대부분 산에서 볼 수 있는 것은 왕머루이다. 그러나 개머루는 '가짜'라는 '개' 자를 가진 이름에서도 알 수 있듯이 열매를 먹을 수 없어서 쉽게 구별할 수 있다. 이 외에도 새머루, 까마귀머루가 있다.

모과나무 | 본관

장미과

Chaenomeles sinensis (Thouin) Koehne

Chinese quince 갈잎큰키나무

✚ 모과나무는 한자 목과(木瓜)에서 온 말이다. 이는 열매가 작은 오이를 닮아 붙인 이름이다. 이는 중국 최초의 사전인 『이아(爾雅)』의 곽박(郭璞) 주(注)에 나온다. 그러나 학명에서는 모과를 사과에 비유하고 있다. 학명 중 카이노멜레스(*Chaenomeles*)는 '갈라지다'는 뜻을 가진 그리스어 '카이노(chaino)'와 '사과'를 뜻하는 멜론(melon)의 합성어이다. 이는 모과나무가 사과처럼 생겼지만 갈라진다는 뜻이다. 학명 중 시넨시스(*sinensis*)는 모과나무의 원산지가 중국이라는 의미다. 중국에서는 아주 오래전부터 재배했다. 『시경(詩經)·위풍(衛風)·모과(木瓜)』에 벌써 등장한다.

모과나무의 주요 생산지는 절강성(浙江省) 산음(山陰)과 난정(蘭亭)이었다. 특히 난정은 왕희지(王羲之)가 활동한 곳이다. 모과나무는 열매도 좋고 꽃도 아름답지만 줄기만 보아도 아주 단단하다는 것을 알 수 있다. 옛날부터 중국에서는 주로 이 나무로 곡식을 담는 원통의 재료로 사용하였지만, 우리나라에서는 장롱을 만드는 데 사용했다. 놀부가 동생 흥부 집에서 자기의 집으로 가져가면서 이름을 외우느라 고생한 이른바 화초장이 바로 모과나무로 만든 것이다. 모과나무를 따로 '화초목'이라 부른다. 식물 농서인 『군방보(群芳譜)』에 따르면 중국에서는 모과나무 껍질로 장(漿), 즉 미음을 만들어 먹었다.

뽕나무 | 체육관

뽕나뭇과

Morus alba L.

Mulberry tree 갈잎큰키나무

✚ 뽕나무 이름 중 '뽕'이 어디서 왔는지 정확하게 알 수 없다. 단만 민간에서는 오디를 먹으면 소화가 잘되어 곧 방귀 소릴 냈기 때문이라는 설이 전한다. 오디가 소화에 좋다는 『본초강목』의 오디에 관한 설명을 보더라도 황당한 얘기만은 아니다. 뽕나무와 사랑은 뗄 수 없다. 한국 영화 『뽕』에서 연상할 수 있듯이 뽕밭은 사랑을 연상시킨다. 왜 사람들은 사랑을 뽕나무와 연결시킬까? 그 단서는 중국의 고전인 『시경(詩經)·국풍(國風)·용풍(鄘風)』, 「상중(桑中)」에서 확인할 수 있다. 뽕나무는 우리나라만이 아니라 서양에서도 사랑과 관련 있는 나무이다. 이 나무가 그리스 원산이라고 하는 설도 서양에서도 뽕나무가 존재한다는 것을 말한다. 여느 사랑이 그러하듯이 신화속의 사랑은 언제나 비극적이다.

리나이우스가 붙인 학명 중 '알바(*alba*)'는 '흰색'을 의미하고, '모루스(*Morus*)'는 '흑(黑)'을 의미하는 켈트어 '모르(mor)'에서 유래했다. 뽕나무의 열매를 의미하는 지중해 지역의 단어인 모론(*moron*)은 불행을 뜻하는 '모로스(*moros*)'와 유사하다. 오디를 의미하는 한자는 심(椹:葚)이다.

우리나라에서도 중국처럼 뽕나무를 중시했다. 『삼국사기』, 「신라본기」에 나오는 것처럼 박혁거세도 누에치는 것을 권장했다. 고려때도 누에치기를 권장했지만, 조선 초기 법전인 『경제육전(經濟六典)』에 따르면 큰 집에는 뽕나무 300그루, 중간쯤의 집에는 뽕나무 200그루, 제일 작은 집에는 뽕나무 100그루를 심도록 했다. 만약 규정대로 심지 않으면 그 지역의 수령을 파면했다. 조선왕조에서는 왕비가 친히 누에를 치는친잠례(親蠶禮)를 거행했다. 현재 선잠단지(先蠶壇址, 사적 제83호)가 서울 성북구 성북동에 남아 있다. 누에를 키우고 종자를 나누어주는 잠실(蠶室)도 설치했다. 서울의 잠실이 바로 이런 역사적 현장을 알려주는 지명이다.

사과나무 | 선교박물관

장미과
Malus pumila Mill
Apple tree 갈잎큰키나무

✚ 사과(沙果)는 중국 화북지방 빈과(蘋果)의 방언이다. 영어의 애플(Apple)이 바로 빈과에 해당한다. 지금은 사과라는 이름에 아주 익숙하지만 『조선왕조실록』에는 1670년 전까지 사과 단어가 등장하지 않는다. 사과를 의미하는 또 따른 한자는 내(柰)이다. 내는 과거에 도홍경(陶弘景)의 『신농본초경집주(神農本草經集註)』(502-536)에 처음 등장한다고 믿었으나, 최근 사마상여(司馬相如, ?-기원전 118)의 『상림부(上林賦)』에도 '내'가 등장함에 따라 그 기원은 기원전 2세기까지 거슬러 올라간다. 학명의 푸밀라(*pumila*)는 '키가 작다'는 뜻이다.

애플이라는 말은 그리스시대까지만 해도 먹을 수 있는 모든 과일을 의미했다. 이런 사과가 유럽의 남동부인 코카서스, 터키에서 2차 중심지를 형성했다. 기원전 20세기 경 스위스 토굴 주거지에서 탄화된 채 발굴되기도 했다. 이런 점으로 보아 서양의 사과는 4,000년 이상의 재배 역사를 지니고 있다. 벌써 그리스 시대에 재배종과 야생종을 접붙이는 방법을 알고 있었다. 그 후 유럽 각지에 전파된 사과는 미국으로 전파되고, 19세기 초 영국은 사과를 가장 많이 생산했다.

우리나라에는 숙종 때 사과를 북한산 뒤 자하문 밖 일대에 심었으며, 한말 자하문 밖 20만 그루의 사과나무는 바로 숙종 때 사과나무 덕분이었다. 서양사과는 서양 선교사들에 의해 1890년에 도입되었다. 선교사들은 선교 목적으로 서양 사과를 심기 시작했다. 대구 사과의 시초도 애덤스 목사가 도입한 것이었다.

산딸나무 | 본관

층층나뭇과
Cornus kousa Burg.
Kousa 갈잎큰키나무

✚ 산딸나무의 한자는 사방을 비추는 '사조화(四照花)'다. 특히 산딸나무의 꽃이 십자 모양이라 기독교인들이 아주 좋아한다. 네 장의 꽃잎 안에는 조그마한 딸기 모양의 열매가 숨어 있다. 꽃이 진 후 딸기 모양의 열매는 햇살을 받으면서 점점 크면서 9-10월경에 진분홍색으로 익는다. 산딸나무는 익은 모습이 딸기 모양 같아서 붙인 이름이다. 갈잎 키 큰 나무 산딸나무의 껍질이 벗겨져 모과나무처럼 매끈하고 아름답다. 아울러 산딸나무도 코르누스(*Cornus*)의 학명에서 보듯 재질이 단단하다. 학명 중 코우사(*kousa*)는 '풀'을 의미하는 일본어 '구사(くさ)'이며, 일본 상근(箱根)지방의 방언이다. 산딸나무의 학명은 독일의 뷔르게르(Buerger, 1804?-1858)가 붙였다.

산딸나무의 영어식 표기는 '독우드(dogwood)'다. 이것을 구태여 우리말로 직역하면 '개나무'이다. 이렇게 '재미있는' 이름이 무슨 뜻인지 알 수 없다. 단지 한 가지 설은 독우드가 원래 대거우드(daggerwood)였는데 이 말이 세월이 흐르면서 독우드로 바뀌었다는 것이다. 영어의 대거(dagger)는 '단검'을 뜻한다. 산딸나무의 학명 중 '코르누스(*Cornus*)'도 뿔을 의미하는 라틴어 '콤(*Com*)'에서 유래했다.

산사나무 | 계명한학촌

장미과

Crataegus pinnatifida Bunge

Large Chinese Hawthorn 갈잎큰키나무

✚ 산사나무의 한자 산사(山査)는 산에서 나무 사이에 해가 나오는 모습을 말한다. 아마 산에서 자라는 이 나무의 붉은 열매가 마치 아침에 해가 뜨는 모습을 닮아서 붙인 이름일 것이다. 때론 산사를 산사(山楂)로 표기한다. 이는 산사의 열매 맛이 사(楂), 즉 같은 장미과의 풀명자나무(애기명자나무)와 비슷하기 때문에 붙인 이름이다. 산사의 또 다른 특징은 작은 가지에 가시가 있다는 점이다. 나무에 가시를 가지고 있으면 대개 동서양을 막론하고 사악한 것을 물리치는 벽사(辟邪)를 가진 나무로 생각했다. 우리나라 서북지방에서는 이 나무를 울타리로 심어 사악한 것을 지키려했다. 서양에서는 이 나무를 하손(Hawthorn)이라 부른다. 이 말은 벼락을 막는다는 뜻이다. 서양 사람들도 이 나무가 천둥이나 벼락을 막아 준다고 믿었던 것이다. 영국에서도 우리나라처럼 산사나무를 울타리로 삼았다. 그래서 영국의 일부 지방에서는 이 나무를 '퀵(Quick)'이라 불렀다. 또한 성경에 나오는 아론의 지팡이에서 보듯 이 나무는 기독교 국가에서 홀리손(Holythorn), 즉 '거룩한 가시나무'로 부를 만큼 성스러운 나무였다.

산사는 오월을 대표하는 나무로 여겨 메이(May)라고 불렀다. 유럽 청교도들이 신대륙 미국으로 건너가면서 타고 간 배 '더 메이플라워(The May Flower)'호 이름도 산사와 관련 있다. 그들이 배의 이름을 산사에 비유한 것은 어려운 항해에 이 나무가 벼락을 막아줄 수 있다고 믿었기 때문이다. 산사는 재질도 아주 단단하다. 학명 중 크라타이구스(*Crataegus*)는 '힘'을 의미하는 그리스어 '크라토스 (kratos)'와 '갖다'를 의미하는 '아게인(agein)'의 합성어이다. 이는 재질이 '단단하다'는 뜻이다. 학명 중 피나티피다(*pinnatifida*)는 '잎의 가장자리가 깊게 갈라진다'는 뜻이다.

살구나무 | 본관

장미과

Prunus armeniaca var. *ansu* Maxim.

Apricot 갈잎떨기나무

✚ 살구(殺狗)나무는 겉으로 보기엔 나무의 특성과 관계없는 이름이다. 학명에도 살구나무의 특성을 알려주는 정보는 없다. 프루누스(*Prunus*)는 자두를 의미하고, 아르메니아카(*armeniaca*)는 흑해연안의 아르메니아를 뜻한다. 안수(*ansu*)는 살구를 뜻하는 일본어 '안즈(あんず)'다. 한자에서 보듯 살구는 '개를 죽인다'는 뜻이다. 왜 고향을 연상시키는 나무 이름에 섬뜩한 이름을 붙였을까. 중국 청대의 『식물명실도고장편(植物名實圖考長編)』에 따르면 살구나무의 열매, 즉 행인(杏仁)은 독이 있기 때문에 사람과 더불어 개를 죽일 수 있었다. 살구나무의 이름은 바로 여기서 비롯되었다. 공자가 살구나무 단에서 제자를 가르친 곳을 행단(杏壇)이라 한다. 지금 산동성 곡부현 공자 묘전(廟前)에 각을 세운 건물과 조그마한 살구나무가 있다. 간혹 우리나라에서 살구나무 '행'을 은행나무로 오해하고 있다. 그래서 행단을 은행나무와 관련해서 이해하고 있다. 그러나 중국에서 행은 은행나무가 아니라 살구나무다.

살구꽃이 피는 시기는 대개 4월 5일 경이다. 이날은 우리나라의 경우 식목일이자 청명(淸明)·한식(寒食)과 맞물린다. 옛날 선비들도 이 시기에 살구꽃을 구경하기 위해 길을 나섰다. 풍류를 즐기는 데 술이 빠질 수는 없다. 술집에서도 선비들이 꽃놀이를 즐길 수 있도록 대부분 살구나무를 심었다. 그래서 살구꽃이 피는 마을, 즉 행화촌(杏花村)을 '술집'이라 부른다. 이 말은 중국 당나라 시인 두목(杜牧, 803-852)의 『청명』이라는 시에서 유래했다.

옛날 사람들은 살구나무에 신비한 힘이 있다고 믿었다. 산길을 갈 때 살구나무 지팡이나 살구나무 목탁을 들고 다니면 맹수가 덤비지 않는다고 믿었다. 이런 예는 기독교의 경전인 『성경 · 민수기』에 등장하는 아론의 살구나무 지팡이에서도 확인할 수 있다.

상수리나무 | 동천관

참나뭇과
Quercus acutissima Carruth.
Acorn, silk worm oak 갈잎큰키나무

✚ 상수리나무라는 이름이 붙여진 연유는 다음과 같다. "임진왜란 때 의주로 피난 간 선조의 수라상에 먹을 것이 마땅치 않아 도토리묵을 자주 올렸다. 맛을 들인 선조가 궁으로 돌아와서도 도토리묵을 좋아해서 늘 수라상에 올랐다." 그래서 상수리나무를 임금의 수라상에 올랐다 해서 붙여진 이름이다. 영국의 식물학자 캐러터스(Carruthers, 1830-1922)가 붙인 종소명 '아쿠티시마(*acutissima*)'는 '잎이 가장 뾰족하다'는 뜻이다. 상수리나무의 잎은 다른 참나무 종류보다 길고 뾰족하다. 상수리나무의 잎은 누에의 먹이로 사용하기도 했다. 중국 청대 유조헌(劉祖憲)이 지은 『상견도설(橡繭圖說)』 중에는 상수리나무를 심는 방법과 기는 방법을 기록하고 있다.

상수리나무의 한자는 역(櫟), 상(橡), 허(栩), 저(杼) 등이다. 『이아주소』에는 떡갈나무를 의미하는 작(柞)도 상수리나무로 풀이하고 있다. 그런데 일반적으로 상수리나무를 의미하는 한자는 역과 상이다. 특히 상수리나무를 의미하는 한자 역은 『시경』과 『장자』 등 중국 고대 사료에 등장할 만큼 오랜 역사를 갖고 있다. 지금도 상수리나무의 역과 가죽나무를 의미하는 저(樗)를 합친 '역저(櫟樗)'를 '쓸모없다'는 뜻하는 단어로 사용하고 있다. 이러한 단어를 만든 사람은 중국 전국시대의 장자(莊子)이다.

석류나무 | 계명한학촌

석류나뭇과
Punica granatum L.
Pomegranate 갈잎떨기나무

✚ 리나이우스가 붙인 학명에는 석류의 원산지를 푸니카(*Punica*)로 표기하고 있다. 푸니카는 현재 튀지니에 해당하는 카르타고에서 유래했다. 그러니 리나이우스는 석류의 원산지를 북아프리카로 생각한 것이다. 그러나 일반적으로 석류의 원산지는 이란, 아프가니스탄, 파키스탄 등지이다. 우리나라와 중국에서 사용하고 있는 석류도 원산지와 관련한 이름이다. 석류(石榴)는 혹 안석류(安石榴)라 부른다. 이 이름들은 서역에 있었던 나라이름 안석국(安石國 혹은 安息國)에서 가져왔기 때문에 붙인 이름이다. 중국 한나라 무제 때 장건이 서역에서 포도와 호두 등과 함께 가져온 것이다. 우리나라에서는 조선 초기까지 안석류라는 이름을 사용했다.

석류의 특징은 그라나툼(*granatum*)에서 볼 수 있듯이 열매이다. 그라나툼은 '입상(粒狀)'을 의미한다. 이는 석류 알맹이가 쌀처럼 많아서 붙여진 것이다. 장건이 기원전 126년에 중국에 오면서 가져온 석류인 만큼 중국 측의 기록도 풍부하다. 석류에 대해서는 중국 북위 후반에 나온 세계 최초의 종합 농서인 『제민요술(齊民要術)』에 나온다.

인구의 수가 생산력을 결정하는 시대는 다산(多産)을 중시한다. 그래서 나무 열매가 많은 경우 대부분 다산을 상징하기에 매우 중시했다. 석류도 열매는 많이 열리지 않지만 속의 씨가 아주 많기 때문에 다산을 상징하는 나무로 인식했다. 조선시대 공주나 옹주 등의 대례복인 활옷이나 여성용 예복인 원삼(圓衫)의 문양에 석류를 장식한 것도 이 때문이다. 신왕국시대의 이집트, 페니키아, 고대 로마 등에서도 신성한 식물로 취급했다. 기독교의 경전인 『성경』, 『출애급기』를 비롯한 곳곳에서도 석류를 문양으로 삼도록 한 예를 발견할 수 있다.

세로티나벚나무 | 동문

장미과

Prunus serotina Ehrn

Wild black cherry 갈잎큰키나무

✚ 미국귀룽나무라고 불리며 그 외에도 흑벚나무, 블랙체리, 럼주체리라고도 불린다. 여느 벚나무보다 꽃도 늦게 피고 버찌도 늦게 익기 때문에 '늦은씨, 만생종(晩生種)'이라는 뜻으로 '세로티나'라 불려진다.

앵도나무 | 본관

장미과

Prunus tomentosa Thunb.

Nanking cherry 갈잎떨기나무

✚ 앵도(櫻桃)는 한자 이름이다. 앵은 나무에 구슬처럼 열매가 달려 있는 모습, 즉 영(嬰)을 의미한다. 앵도에 '앵'을 붙인 것은 꾀꼬리를 의미하는 앵조(鶯鳥)와 밀접한 관계가 있다. 앵도의 다른 이름 중 함도(含桃)가 있다. 함도의 '함'이 바로 앵조가 앵도의 열매를 머금고 있기 때문에 붙인 이름이다. 복사나무를 의미하는 도는 앵도의 열매를 복숭아에 비유한 것이다. 앵도도 벚나무와 살구나무, 그리고 매실나무처럼 잎보다 먼저 꽃이 핀다. 앵도는 작은 가지에 털이 많지만, 꽃이 지면서 돋아나는 잎 가장 자리에도 백색의 털이 아주 많다. 그래서 학명 중 토멘토사(*tomentosa*)도 잔털이 많다는 뜻이다. 앵도의 특징은 뭐니 뭐니 해도 한자에서 보듯 열매이다. 흔히 아름다운 입술을 앵도같은 입술에 비유한다. 그래서 앵도같은 입술을 앵순(櫻脣) 혹은 앵구(櫻口)라 부른다.

조선시대 임금조차 즐겨 먹었던 앵도 열매는 고려부터 조선 초까지 제사에 올릴 만큼 귀중한 열매였다. 더욱이 열매가 익는 단오에는 그해 처음 익은 앵두를 태묘에 올리고, 백관에게 나누어 준 풍속이 있었다. 일반 백성들도 마찬가지로 사당에 올린 후 먹었다.

조선시대 세종의 아들 문종은 천성이 아주 효성스러운 임금으로 유명하다. 세종대왕이 앵도를 좋아하자, 문종은 직접 앵도를 궁 뜰에 심었다(『총화(叢話)』). 앵도는 형제간의 '우애(友愛)'를 상징하는 나무이다. 앵두나무를 의미하는 또 다른 한자인 체(棣)는 꽃이 잇달아 있는 모습을 본뜬 글자이다. 옛 사람들은 앵도의 이러한 모습에서 형제의 우애를 떠올렸다. 그래서 형제간의 두터운 우애를 '체악지정(棣鄂之情)'이라 한다.

좀작살나무 | 계명한학촌

마편초과

Callicarpa dichotoma (Lour.) K.Koch

Dichotoma beauty berry 갈잎떨기나무

✚ 작살나무가 속한 마편초과의 마편(馬鞭)은 '말채찍'을 의미한다. 이 과에 속한 나무가 말의 채찍에 적합해서 붙인 이름이다. 그러나 작살나무의 이름은 말채찍이 아니라 고기 잡는 '작살'에서 빌린 이름이다. 세 갈래로 벌어진 이 나무의 가지가 곧 작살을 닮았기 때문이다. 중국 사람들은 이 나무의 가지보다는 열매를 중시했다. 그래서 이 나무의 한자가 '자주(紫珠)'이다. 이 말은 곧 '자주색 구슬'이라는 뜻이다. 이 나무의 열매를 보는 순간 왜 자주라 붙였는지 알 수 있다. 이 나무의 일본 말 '무라사끼시끼부(むらさきしきぶ)'도 자주색을 의미한다. 툰베르크(Thunberg, 1743-1828)가 붙인 학명 중 속명 칼리카르파(*Callicarpa*)는 그리스 '아름답다'를 의미하는 '칼로스(calos)'와 '꽃'을 의미하는 '안토스(*anthos*)'의 합성어며, 곧 꽃이 아름답다는 뜻이다. 학명 중 종소명 야포니카(*japonica*)는 이 나무가 일본 원산이라는 뜻이다.

작살나무의 열매도 크기에 따라 좀작살나무(*Callicarpa dichotoma* Raeuschel), 왕작살나무(*Callicarpa japonica* var. *luxurians* Rehde)로 나눈다. 좀작살나무는 열매가 작다는 뜻이다. 나무 이름에 '좀'은 '작다'는 뜻이다. 좀은 한자 작을 소(小)의 우리말이다. 왕작살나무는 열매가 크다는 뜻이다. 왕은 '크다'는 뜻이다. 작살나무와 비슷한 새비나무(*Callicarpa mollis* Siebold et Zuccarini)도 있다.

탱자나무 | 계명한학촌

운향과

Poncirus trifoliata (L.) Raf.

Trifoliate orange 갈잎떨기나무

✚ 우리 말 탱자는 어원을 알 수 없다. 단지 『우리말어원사전』에 따르면 나무목(木)+장(張)을 합한 글자와 아들자(子)로 표기하고 있다. 또한 탱자는 추한 등자나무(귤과 닮은 나무)를 의미하는 '추등수(醜橙樹)'와 관련해서 설명하고 있다. 미국의 라피네스퀘시(Rafinesquesch, 1783-1840)가 붙인 학명에는 가시보다 잎을 강조하고 있다. 학명 중 '트리폴리아타(*trifoliata*)'는 '잎이 세 개'라는 뜻이다. 이는 탱자나무의 잎이 세 개씩 달리는 것을 강조한 이름이다. 영어권에서도 탱자나무를 잎이 셋 달린 오렌지를 의미하는 '트리폴리에이지 오렌지(Trifoliage Orange)'라 부른다. 학명 중 '폰키루스(*Poncirus*)'는 귤을 의미하는 프랑스어 '퐁키레(poncire)'에서 유래했다.

탱자나무는 우리나라 경기도 이남 어디서든 볼 수 있을 만큼 흔한 나무다. 특히 동네 어귀 밭 울타리로 많이 심기 때문이다. 탱자나무 울타리를 한자로 지리(枳籬)라 부른다. 울타리로 많이 심는 이유는 탱자나무에 가시가 있기 때문이다. 『대동야승(大東野乘)』 제19권에 실려 있는 권별(權鼈)의 『해동잡록(海東雜錄)』에 따르면, 남방의 바닷가에 사는 백성들은 집 둘레에 탱자나무를 심어 울타리로 삼아 도적을 방비했다. 그것을 탱자울타리, 즉 '지번(枳藩)'이라 불렀다. 성(城) 아래에서도 줄을 맞춰 심어서 성을 견고하게 했다. 강화도 역사박물관 옆에 서 있는 갑곶리의 탱자나무(천연기념물 제78호)도 외척을 물리치기 위해 심은 '역사적인' 나무이다. 강화도는 고려 고종(재위 1213-1259)이 몽골의 침입 때 피난한 곳이며, 조선 인조(재위 1623-1649)도 정묘호란(1627) 때 난을 피했던 장소이다. 이 때 외적을 막는 수단으로 강화도에 성을 쌓고, 성 바깥쪽에 탱자나무를 심어서 외적이 쉽게 접근하지 못하도록 했다. 강화도의 탱자나무는 탱자나무가 자랄 수 있는 북쪽 한계선이다.

팥배나무 | 정문

장미과

Sorbus alnifolia (Siebold & Zucc.) C.Koch

Korean mauntain ash 갈잎큰키나무

✚ 팥배나무는 '팥'과 '배'의 합성어이다. 팥은 콩과의 일년초이다. 팥을 모른다면 콩을 상상하면 쉽게 짐작할 수 있다. 그러니 팥배는 열매의 크기가 팥은 닮은 배나무라는 뜻이다. 독일의 식물학자 코흐(Koch, 1809-1879)가 붙인 학명 중 '소르부스(*Sorbus*)'는 고대 라틴어로 '마가목'을 뜻하기도 하지만, '떫다'를 의미하는 캘트어 '소브(sorb)'에서 유래했다. 학명에 떫은 점을 강조한 것은 이 나무의 열매 맛 때문이다. 팥배나무의 열매는 먹을 수 있지만, 배나 사과처럼 식용하기에 적합한 맛을 지닌 게 아니다. 또 다른 학명인 '알니폴리아(*alnifolia*)'는 오리나무 즉 '알누스(*Alnus*)의 잎과 닮았다'는 뜻이다. 팥배나무의 잎이 자작나무과의 오리나무 잎과 유사하다. 팥배나무를 의미하는 한자는 두(杜)와 감당(甘棠)이다. 아울러 두와 당을 합해 두당(杜棠)이라하고 한다. 『이이주소』에 따르면 두와 당은 약간 다르다. 두는 적당(赤棠), 즉 붉은 팥배나무를, 당은 백당(白棠), 즉 흰팥배나무를 의미한다.

중국의 경우 팥배나무(감당나무)는 특별한 의미를 지닌다. 즉 팥배나무를 사랑한다는 말은 곧 정치 잘하는 자에 대한 사모를 의미한다. 주대(周代) 연(燕) 나라의 시조인 소공(召公)은 섬서(陝西) 지역을 다스릴 때 선정(善政)을 베풀어 백성들의 사랑과 존경을 한 몸에 받았다. 그는 후(侯)와 백(伯) 같은 귀족에서 농사에 종사하는 일반백성에 이르기까지 적절하게 일을 맡김으로써 직무나 직업을 잃은 사람이 한 사람도 없도록 했다. 특히 그는 시골 마을이나 도시를 순시할 때마다 감당나무(팥배나무)를 심어 놓고 그 아래에서 송사(訟事)를 판결하거나 정사를 처리했다. 이것을 '감당지애(甘棠之愛)'라 한다.

피라칸다 | 행소박물관

장미과

Pyracantha angustifolia (Franch.) C.K.Schneid.

Angustifolius Firethorn 늘푸른떨기나무

✚ 피라칸다(*Pyracantha*)는 '불꽃'을 의미하는 '피로(pyro)'와 '가시'를 의미하는 '아칸타(acantha)'의 합성어다. 이 말을 한자로 옮기면 화극(火棘)이고, 중국에서 부르는 이름이다. 이는 붉게 익는 이 나무의 열매를 강조한 것이다. 이 나무는 다른 어떤 나무보다 열매가 많이 열린다. 학명 중 '안구스티폴리아(*angustifolia*)'는 '좁은 잎'을 의미한다. 이는 이 나무의 잎을 강조한 것이다. 이 나무의 열매가 유난히 돋보이는 이유 중 하나도 열매가 많아서이기도 하지만 잎이 상대적으로 작기 때문이다.

잎이 아름다운 나무

갯버들 | 계명한학촌

버드나뭇과
Salix gracilistyla Miq.
Bigcatkin Willow
갈잎떨기나무

✚ 갯버들은 강가에 살아서 붙인 이름이다. '갯'은 물가를 의미하는 '포(浦)'를 의미한다. 그래서 이 나무의 한자는 포류(蒲柳)다. 네덜란드의 식물학자 미켈(Miquel, 1811-1871)이 붙인 학명 중 '그라킬리스틸라(*gracilistyla*)'는 '가늘게 자라는 암술 대'를 의미한다. 잎보다 먼저 꽃이 피는 갯버들은 암수 딴 그루다. 기다린 꽃 이삭을 흔히 '버들강아지'라 부른다. 옛날에 갯버들은 가지로 화살을 만들었다.

계수나무 | 본관

계수나뭇과

Cercidiphyllum japonicum Siebold & Zucc. ex J.J.Hoffm. & J.H.Schult.bis

Katsura Tree

갈잎큰키나무

✚ 중국에서는 계수나무를 연향수(連香樹)라고 하고 영명인 katsura tree도 일본어 가쓰(香出)에서 유래한 이름인데 모두가 향기와 관련되어 붙여진 이름이다. 속명 세르치디필럼(*Cercidiphyllum*)은 잎의 형태가 박태기나무속과 닮은 것에서 유래된 이름이다. 종소명 자포니쿰(*japonicum*)은 '일본의'이라는 뜻을 가지고 있다.

고로쇠나무 | 본관

단풍나뭇과

Acer pictum subsp. *mono* (Maxim.) Ohashi

Mono Maple

갈잎큰키나무

✚ 고로쇠나무는 한자 '골리수(骨利樹)'에서 왔다. 골리수는 '뼈를 이롭게 한다'는 뜻이다. 이 나무에서 나오는 수액이 뼈에 좋기 때문에 붙인 이름이다. 고로쇠나무의 가지나 줄기의 꼭지에 있는 겨울눈은 봄기운을 가장 먼저 감지하고, 식물의 생장 물질인 옥신(auxin)을 겨울잠을 자고 있는 나무의 각 부분에 보낸다. 뿌리까지 내려간 옥신은 필요한 물과 영양분을 흡수하여 잎과 줄기로 보낸다. 뿌리의 세포들은 물과 양분을 빨아들여 위로 올려 보낸다.

단풍나무는 대개 갈라진 잎에 따라 구분한다. 고로쇠나무는 잎이 나무에 따라 5-7개 갈라진다. 그래서 중국단풍나무를 삼각풍으로 부르듯이 고로쇠의 한자 중 하나가 '오각풍(五角楓)'이다. 잎은 물갈퀴달린 오리나 개구리 발을 닮았다. 꽃은 5월경 연한 황록색을 띠면서 핀다. 꽃은 암수가 하나이다. 이는 러시아의 식물학자 막시모비츠(Maximowicz, 1827-1891)이 붙인 학명의 '모노(*mono*)'에서 알 수 있다. '모노'는 '한 개'라는 뜻이다. 열매는 프로펠러 같은 날개가 서로 마주보며 달린다. 고로쇠도 다른 단풍나무처럼 단단하고 질겨서 체육관 바닥 마루판이나 운동기구, 그리고 피아노의 액션 부분에 쓰인다.

굴참나무 | 교육역사박물관

참나뭇과
Quercus variabilis Blume
Cork Oak, Oriental Oak 갈잎큰키나무

✚ 굴참나무는 껍질에 골이 날 만큼 두꺼운 코르크가 발달한 나무다. 코르크는 비대 생장하는 식물의 줄기 · 가지 · 뿌리의 가장 바깥쪽에 있는 보호조직을 말한다. 굴참나무의 영어 이름 '코르크 오크(Cork Oak)'도 바로 이 나무의 껍질을 강조한 이름이다. 굴참나무의 굴은 바로 경기도 지방에서 '골'을 '굴'이라 한데서 유래했다. 굴참나무의 한자 이름 중 전치역(栓皮櫟)과 조피청풍(粗皮青風)도 껍질을 강조한 이름이다. 전치역은 이 나무의 껍질이 병마개로 사용하는 상수리나무라는 뜻이고, 청피청풍은 껍질이 거친 잎 푸른 나무라는 의미이다. 네덜란드의 식물학자 블루메(Blume, 1796-1862)이 붙인 학명 중 종소명 '바리아빌리스(*variabilis*)'는 '각종의', '변하기 쉬운' 뜻을 의미한다.

두꺼운 코르크가 발달한 굴참나무 껍질은 예부터 비가 새지 않고 보온성이 좋아 지붕의 재료로 사용했다. 이러한 예는 다음과 같은 얘기에서도 확인할 수 있다. "고려 충숙왕 16년(1329) 정월, 왕은 지난해 8월부터 황해도 평주의 천신산 아래 가옥(假屋)을 짓고 사냥을 즐기고 있었다. 한겨울 지붕에서 물이 새자 부리는 사람들에게 "지붕을 덮는 데 어떤 것이 좋으냐"고 묻자, 사람들이 "박목(樸木)의 껍질이 가장 좋습니다."라고 했다. 여기서 말하는 박목이 바로 굴참나무다. 깊은 산골에서 종종 확인할 수 있는 너와집 중에는 굴참나무 껍질로 만들었다. 그러나 너와집은 200년 이상 먹은 춘양목(소나무)으로 만든 것을 말한다. 혹 굴참나무 껍질로 만든 너와집을 '굴피집'이라 부른다. 그러나 굴피집을 굴피나무로 만든 집으로 오해하는 사람도 있다. 굴피나무는 가래나무과의 갈잎 중간키나무이다.

남천 | 계명한학촌

매자나뭇과
Nandina domestica Thunb.
Heavenly Bamboo 늘푸른떨기나무

✚ 남천이 '재난을 피한다'는 뜻이 난전과 발음이 같아서 도난을 막고 화재를 예방한다 하여 현관에 심는 행운목으로 알려져 있다. 남천촉이라고도 부르는데 이는 중국의 남부지방에 자라고 열매가 불타는 촛불과 같다고 붙여진 이름이며, 잎이 대나무를 닮았다고 하여 남천죽이라고도 부른다. 속명 난디나(*Nandina*)는 남천의 일본어 발음을 라틴어화시킨 것이고, 종명 도메스티카(*domestica*)는 '국내의'라는 뜻이다.

느릅나무 | 비사광장

느릅나뭇과
Ulmus davidiana var. *japonica* (Rehder) Nakai
Japanese Elm 갈잎큰키나무

✚ 느릅나무의 어원은 힘없이 늘어짐을 의미하는 '느름'에서 왔다. 이는 껍질을 벗겨서 물을 조금 붓고 짓이기면 끈적끈적한 풀처럼 되기 때문에 붙인 이름일 것이다. 느릅나무를 의미하는 한자 유(楡)는 나무목과 유(兪)를 합한 글자이다. 유는 나무를 파서 만든 '마상이'를 뜻한다. 이는 느릅나무가 기구 세공(細工)에 사용한다는 것을 의미한다. 『이아주소』에 따르면 느릅나무를 무고(無姑), 그 열매는 이(荑)라 했다. 무고는 고유(姑楡)라고도 한다. 느릅나무를 유로 부는 것도 여기서 유래했다.

한자의 어원에서 보듯 느릅나무는 옛날부터 목재의 가치가 아주 높았다. 느릅나무를 만지지 않고 눈으로만 보아도 아주 단단한 나무임을 알 수 있다. 그래서 『한서(漢書)·한안국전(韓安國傳)』과 『수경(水經)』에 나오는 것처럼 중국에서는 흉노족을 방어하기 위해 느릅나무로 보루(堡壘)를 만들었다. 중국의 '천하제일관'으로 불리는 산해관(山海館)을 유관(楡館)으로 부는 것도 이곳의 보루를 느릅나무로 만들었기 때문이다.

일본의 식물학자인 나까이가 붙인 학명에는 일본 원산지 표기 외에 느릅나무의 특징을 알리는 정보가 없다. 학명 중 속명 울무스(*Ulmus*)는 라틴 고명이며 켈트어 '엘름(Elm)'에서 왔다. 엘름은 느릅나무를 뜻한다. 종소명 다비디아나(*davidiana*)는 중국 식물 채집가이면서 선교사였던 데이비드(A. David)를 말한다. 학명에는 이 나무의 원산지를 일본으로 표기하고 있다.

느티나무 | 영암관

느티나뭇과
Zelkova serrata (Thunb.) Makino
Japanese Zelkova, Saw-leaf Zelkova 갈잎큰키나무

✚ 김민수의 『우리말 어원사전』에 따르면, 느티나무의 이름은 누를 황의 '눌'과 회화나무의 괴(槐)의 합성어에서 '느튀나모'에서 유래했다. 느티나무의 이름이 황과 괴와 관련해서 정한 것은 이 나무의 잎이 누렇고, 회화나무와 닮았기 때문이다. 물론 회화나무와 느티나무는 상당히 다른 나무이지만, 과거 우리나라 사람들은 느티나무를 회화나무와 비슷하다고 생각했다. 그래서 1527년 최세진(崔世珍, 1473-1542)이 지은 어린이용 한자 초학서인 『훈몽자회(訓蒙字會)』에 느티나무를 푸른 느릅나무인 청유수(青楡樹) 혹은 잎이 누른 느릅나무인 황유수(黃楡樹)라 불렀다. 어른들이 느티나무를 괴목(槐木)으로 불렀던 것도 이 나무를 회화나무와 비슷하다고 여긴 탓이다. 그래서 때론 느티나무를 '버금 홰나무'라 부른다. 중국 청나라 정초(鄭樵)가 지은 『통지(通志)』에 따르면, 느티나무를 느릅나무류로 본 것은 이 나무의 열매가 느릅나무 열매, 즉 유전(楡錢)을 닮았기 때문이다.

일본의 식물학자 마키노(牧野富太郎, 1862-1957)가 붙인 느티나무의 학명 중 '젤코바(*Zelkova*)'는 코카서스(Caucasus)에서 자라는 카르피니폴리아(*Z. carpinifolia*)의 토착어이고, 젤코우아(Zelkoua)에서 유래했다. 학명 중 종소명인 '세라타(*serrata*)'는 '톱니가 있는' 뜻이다. 이는 느티나무의 잎을 강조한 뜻이다. 영어에서도 톱니 있는 잎(Sawleaf)을 강조하고 있다. 이처럼 느티나무의 특징은 무엇보다도 잎인 셈이다.

단풍나무 | 계명한학촌

단풍나뭇과

Acer palmatum Thunb.

Japanese Maple 갈잎큰키나무

✚ 단풍(丹楓)은 글자대로라면 '붉은 단풍나무', 혹은 '가을에 붉게 변한 나뭇잎'을 의미한다. 그러나 조금만 관찰하면 나뭇잎은 반드시 붉게 물들지 않는다는 것을 알 수 있다. 예컨대 은행나무는 노랗게, 느티나무는 갈색으로 물든다. 그런데도 으레 우리는 은행나무와 느티나무도 단풍들었다고 한다. 나무 잎이 다양한 색깔로 물들지만 그저 단풍이라 말하는 것은 붉은 색이 물든 색을 대표하는 것쯤으로 생각하고 있기 때문일 것이다. 나무 잎은 기온이 떨어지면 당(糖) 용액이 약간 끈적끈적해져 뿌리까지 가지 못하고 잎에 남아 붉은 색소인 안토시아닌(Anthocyanin)과 황색 계통의 카로틴(Carotene) 및 크산토필(Xanthophyll)로 변한다. 단풍나무, 개옻나무, 붉나무, 화살나무 등은 안토시아닌이 많아 붉은 색으로, 은행나무, 목백합(튤립나무), 칠엽수(마로니에), 일본잎갈나무(낙엽송), 메타세쿼이아 등은 카로틴이나 크산토필이 많아 노란색으로 물든다. 나무 잎은 비가 적당히 오거나 일교차가 클수록 아름답다. 특히 단풍나무의 단풍잎은 비단처럼 아름답다. 그래서 단풍나무의 물든 모습을 '풍금(楓錦)', 즉 '단풍잎의 비단'이라 부른다.

단풍나무의 학명 중 아케르(*Acer*)는 '갈라진다'는 뜻이다. 단풍나무는 잎이 몇 갈래인가에 따라 이름이 달라지는 점을 감안하면 아케르의 뜻은 중요하다. 다른 학명 팔마툼(*palmatum*)은 '장상(掌狀)', 즉 '손바닥 모양'을 뜻한다. 단풍잎이 마치 손바닥처럼 생겨 붙인 이름이다.

말채나무 | 대명본관

층층나뭇과

Cornus walteri F.T.Wangerin

Walter Dogwood 갈잎큰키나무

✚ 말채나무는 이 나무가 말의 채찍에 아주 적합했기 때문에 붙인 이름이다. 봄에 한창 물이 오를 때 가느다랗고 낭창낭창한 가지는 말채찍에 아주 적합하다. 독일의 식물학자 반게린(Wangerin, 1884-1938)이 붙인 학명에도 층층나무처럼 재질이 단단한 코르누스(*Cornus*)가 포함되어 있다. 말채찍으로 사용할 정도면 탄력도 있어야하지만 아주 단단해야만 한다. 이 나무의 한자 이름 중 '거양목(車梁木)'도 이 나무로 수레의 대들보로 사용했다는 뜻이다. 학명 중 '발테리(*walteri*)'는 미국인 토마스 왈터(Thomas Walter)이다.

말채나무는 전국 어디에서나 아름드리로 잘 자라는 갈잎 키 큰 나무이다. 초여름에 흰 꽃이 멀리서도 알아 볼 수 있을 만큼 많이 핀다. 열매는 둥글고 가을에 까맣게 익으며 말랑말랑한 과육(果肉)으로 둘러싸인 속에 단단한 종자가 들어 있다. 말채나무의 한자에 조선송양(朝鮮松楊)은 이 나무가 우리나라 원산임을 말한다. 그래서 이 나무는 조금만 관심을 가지면 도심에서도 쉽게 만날 수 있다. 서울 경복궁 수정전(修政殿) 앞에도 70-80년 말채나무가 살고 있었다. 그러나 복원과정에서 시민들의 반발에도 잘라버렸다. 지금도 경복궁 이 곳 저 곳에 말채나무가 살고 있다.

말채나무 중에는 미국 동북부에 위치한 플로리다에서 온 꽃말채나무도 있다. 꽃말채나무의 열매는 마치 도깨비방망이를 닮았다.

메타세쿼이아 | 행소박물관

낙우송과

Metasequoia glyptostroboides Hu & W.C.Cheng

Dawn Redwood 갈잎큰키나무

✚ 이 나무는 1946년에서야 지구상에 살아 있다는 사실이 알려졌다. 그 동안 이 나무는 지구상에 없는 존재였다. 이 나무가 지구상에서 사라진 것은 빙하기에 많이 죽었기 때문이라는 설도 있지만, 해수면이 높아져 나무들이 바닷물로 치명적인 피해를 입었기 때문이라는 설도 있다. 그러나 이 나무의 존재는 다른 나무 보다 아주 뒤에 알려졌지만 은행과 소철처럼 살아 있는 화석일 정도로 유구한 역사를 지니고 있다.

이 나무를 처음 발견한 시기는 중일전쟁시기인 1937년이었으니, 인간이 이 나무와 대면한 것은 다른 나무에 비해 아주 짧다. 더욱이 이 나무는 중국이 일본의 침략을 받지 않았다면 아직 발견할 수 없었거나 훨씬 뒤에 발견했을지도 모른다. 왜냐하면 이 나무는 중국이 일본의 침략으로 서북 산간지역으로 후퇴하는 과정에서 우연히 발견했기 때문이다. 이 나무의 학명을 붙인 사람은 중국의 후(胡先驌, 1894-?)와 쳉(鄭萬鈞, 1903-)이다. 그러나 현재 극히 일부 지역에서 자생하고 있는 중국 원산의 메타세쿼이아는 미국은 물론 우리나라 포항에서도 화석이 확인되고 있다.

메타세쿼이아의 메타(*Meta*)는 영어의 포스터(post), 즉 '이후'라는 뜻이고, 세쿼이아(*sequoia*)는 인디언 추장의 이름이다. 그러니 메타세쿼이아는 세쿼이아 이후에 등장한 나무라는 뜻이다. 이 나무의 한자 이름은 수삼(水杉)이다. 삼나무와 같은 성질을 가졌으면서도 물을 아주 좋아한다는 뜻이다. 메타세쿼이아의 잎은 낙우송과 달리 잎이 마주 달린다. 열매는 솔방울처럼 생겼다.

백합나무 | 봉경관

목련과

Liriodendron tulipifera L.

Tulip Tree 갈잎큰키나무

✚ 백합나무는 북아메리카에서 도입한 나무이다. 이 나무의 이름은 꽃이 마치 튤립처럼 한 개씩 달려서 붙인 것이다. 구한말에 도입한 튤립나무의 녹황색 꽃도 아주 아름답지만 노란 색으로 물든 이파리도 무척 곱다. 특히 잎은 플라타너스 잎과 닮아서 이 나무를 잘 모르는 사람들은 플라타너스라 속기 쉽다. 그러나 곁에서 자세히 보면 잎 끝 부분이 면도날로 자른 듯하다. 한방에서는 튤립나무를 '미국아장추(美國鵝掌楸)'라 부른다. 이는 이 나무의 잎이 거위의 발을 닮은 개오동나무라는 뜻이다. 튤립나무의 열매는 다음해 잎이 나올 때까지 달려 있다. 벌어진 열매의 모양도 꽃모양과 비슷하다. 이 같은 튤립나무의 잎도 중요한 특징이다. 우리나라 남쪽에서는 간혹 가로수로 심기도 한다. 구한말부터 가로수로 본격 심기 시작했다.

리나이우스가 붙인 학명 중 속명인 리리오덴드론(*Liriodendron*)은 '백합'을 의미하는 그리스어 '레이리온(leirion)'과 '나무'를 의미하는 '덴드론(dendron)'의 합성어다. 학명에 충실하면 이 나무의 이름은 백합나무로 부르는 게 적합할지도 모른다. 그래서 이 나무를 때론 목백합이라 부른다. 혹은 이 나무를 미국에서 온 목련과 나무라는 뜻의 미국목련이라 부른다. 학명 중 종속명인 '툴리피페라(*tulipifera*)'는 '튤립 꽃이 달려 있다'는 뜻이다.

벽오동 | 대명 평생교육원 음악관

벽오동과

Firmiana simplex (L.) W.F.Wight
Chinese Parasol Tree, Chinese Bottle Tree, Japanese Varnish Tree 갈잎큰키나무

✚ 벽오동(碧梧桐)은 푸른 오동이라는 뜻이다. 벽오동의 학명 중 피르미아나(*Firmiana*)는 오스트리아의 피르미안(K. J. von Firmian, 1718-1782)을 기념하기 위해 붙인 것이고, 심플렉스(*simplex*)는 '단생(單生)'이라는 뜻이다.

벽오동과 관련해서 떠올리는 것이 봉황이다. 한국에 나와 있는 식물 관련 책에는 거의 예외 없이 봉황과 관련한 나무는 오동이 아니라 벽오동이다. 그런데 이규보의 시 "벽오동이 시든 가을 봉황새는 근심하네(碧梧秋老鳳凰愁)"에서 보듯 봉황이 벽오동에 앉지만, 작자 미상의 글 "봉황새는 오랫동안 오지 않고 오동잎만 부질없이 무성하구나"에서는 오동나무를 언급하고 있다(『대동운보군옥』). 중국 양억의 시 『작은 정원의 가을 저녁(小園秋夕)』 중 "아름다운 우물가의 기울어진 오동나무는 봉황을 기다리는 듯 하고(玉井梧傾猶待鳳)"에서 보듯이 봉황은 오동나무와 연결되어 있다.

오동이든 벽오동이든 오동과 봉황의 관계를 언급한 가장 이른 시기의 자료는 아마 『시경(詩經)·생민지십(生民之什)』, 『권아(卷阿)』일 것이다. "봉황이 저 높은 산등성이에서 우네./오동나무가 산 동쪽 기슭에서 자랐네./오동나무 무성하고 봉황소리 조화롭네(鳳皇鳴矣/于彼高岡/梧桐生矣/于彼朝陽/菶菶萋萋/雝雝喈喈). 그런데 한국의 식물학자들은 『시경』에 등장하는 오동을 모두 벽오동으로 해석하고 있다.

양버들 | 취업지원센터

버드나뭇과

Populus nigra var. *italica* Koehne
A Poplar (Lombardy poplar) 갈잎큰키나무

✚ 버드나무 중 양버들(*Populus nigra* var. *italica* Koehne)은 잎이 미루나무와 상대적으로 너비가 긴 게 특징이다. 이 나무는 가지가 위로 자라서 마치 빗자루처럼 생겨 다른 버드나무와 쉽게 구분할 수 있다. 양버들의 '양'은 '서양'을 말한다. 독일의 식물학자 코헨(Koehen, 1848-1918)이 붙인 학명 중 '니그라(*nigra*)'는 '흑색의'를 뜻한다. 이는 양버들의 껍질이 흑갈색으로 갈라지는 특징을 의미한다. 또 하나의 종소명인 이탈리카(*italica*)는 이 나무의 원산지가 이탈리아라는 뜻이다.

양버즘나무 | 수산관

버즘나뭇과

Platanus occidentalis L.
Eastern Sycamore Family, Bottonwood, Bottonball

갈잎큰키나무

✚ 한국 사람에게 버즘나무는 낯설지만 플라타너스는 익숙하다. 플라타너스는 학명에 등장하는 이름이고, 버즘나무는 우리나라 이름이다. 북한에서는 '방울나무'라 부른다. 플라타너스(*Platanus*)는 그리스어로 '잎이 넓다'는 뜻이다. 이는 이 나무의 잎을 강조한 이름이다. 사실 이 나무의 잎은 상당히 넓다. 중국에서 버즘나무를 '법국오동(法國梧桐)'으로 부르는 것도 잎을 강조한 것이다. 법국은 프랑스에 대한 음역이다. 중국에서는 버즘나무의 잎이 오동나무처럼 생겼다는 점을 강조한 셈이다. 그러나 한국과 북한에서는 학명처럼 잎을 강조하지 않았다. 버즘나무는 이 나무의 껍질이 버짐과 닮아 붙인 이름이다. 방울나무는 이 나무의 열매가 방울처럼 생겨 붙인 이름이다. 이 나무의 또 다른 한자이름은 '삼구현령목(三球懸鈴木)'이다. 이는 세 개의 공이 방울처럼 달렸다는 뜻이다. 이 역시 이 나무의 열매를 강조한 것이다. 이 나무가 속한 버즘나무과를 한자로 현령목과(懸鈴木科)라 부르는 것도 방울을 강조한 것이다. 리나이우스가 붙인 학명에는 버즘나무의 원산지를 동양으로 표기하고 있지만, 대개 버즘나무의 원산지는 발칸반도에서 히말라야 지역에 이른다. 이탈리아, 프랑스, 영국, 일본, 이란 등 세계 곳곳에 심는 나무이다. 그러나 우리나라에서 볼 수 있는 버즘나무는 양버즘나무이다. 이 나무를 한자로 '미국오동'으로 부른다. 이 나무의 원산지는 미국이다. 버즘나무 중에는 단풍버즘나무도 있다. 단풍처럼 잎이 붉게 물드는 나무이다. 이 세 나무 중 잎 가운데 열편이 길고 열매가 2-6개 정도 달리면 버즘나무, 가운데 열편의 길이와 폭이 비슷하고 열매가 주로 2개씩 달리면 단풍버즘나무, 가운데 열편이 길이보다 폭이 더 넓으면 양버즘나무다.

이태리포플러 | 동산도서관

버드나뭇과

Populus euramericana Guinier
Italian poplar

갈잎큰키나무

✚ 이태리포플러는 지명에서 온 이름이다. 이태리 포플러는 이탈리아에서 도입한 버드나무라는 뜻이다. 원산지는 캐나다로 알려져 있다. 포플러는 학명이기도 하다. 귀너(Guiner)가 붙인 학명 중 '포풀루스(*populus*)'는 라틴의 고어다. 백양나무를 비롯한 버드나무를 의미하지만 국민과 백성(인민)을 의미하는 단어이기도 하다. 학명 중 종소명인 '에우라메리카나(*euramericana*)'는 '유럽과 미국'을 의미한다. 이는 이 나무가 이들 지역에서 많이 산다는 뜻이다.

이태리포포플러와 아주 유사한 나무가 미루나무(*Populus deltoides* Marshall)다. 미루나무는 미류(美柳)나무로 표기하기도 한다. 미류는 미국버드나무라는 뜻이고, 이 나무의 원산지가 미국이라 붙인 것이다. 이태리포플러는 잎의 길이와 너비가 미루나무보다 작다. 미국의 식물학자 마셜(Marshall, 1722-1801)이 붙인 학명 중 미루나무의 종소명 '델토이데스(*deltoides*)'는 '삼각형의'를 의미한다. 이는 이 나뭇잎의 특징을 드러낸 것이다.

중국에는 '사막의 포플러'로 불리는 '호양나무'가 있다. 호양(胡楊)은 오랑캐 버드나무를 의미한다. 이 나무는 4000년 전 소하묘의 무덤에서 발견된 미라의 관이 발견되어 관심을 끌었다. 신강지역 주거지에 이 나무를 심는 것은 방풍과 풍광 때문이다. 이곳 사람들은 천산산매에서 나오는 아주 귀한 물로 이 나무에 물을 줄 만큼 귀하게 여긴다.

자작나무 | 동영관

자작나뭇과

Betula platyphylla var. *japonica* (Miq.) H. Hara

Japanese White Birch 갈잎큰키나무

✚ 자작나무의 이름은 이 나무를 태우면 '자작자작' 소리가 나서 붙인 이름이다. 물론 어떤 나무든 불을 붙이면 타는 소리가 '자작자작'나지만, 자작나무는 다른 나무에 비해 그 소리가 크다. 백두산 근처에 가면 민가에서 자작나무를 땔감으로 사용하는 광경을 볼 수 있다. 자작나무가 다른 나무보다 소리가 많이 나는 이유는 이 나무의 성분 때문이다. 이 나무의 속에는 기름기가 많다. 중국 명대 이시진(李時珍, 1518-1593)의 『본초강목(本草綱目)』에 따르면 기름이 없던 시절에는 이 나무로 불을 밝혔다. 자작나무를 의미하는 한자 화(華)도 이 나무의 성분을 본뜬 이름이다. 『설문해자주(說文解字注)』에 따르면 화는 화(華)와 같은 의미이다. 흔히 사람들이 결혼식과 관련해서 화촉을 밝힌다고 말한다. 이 때 사용하고 있는 화촉이 바로 자작나무로 불을 밝힌 것이다. 화촉의 용례는 당나라 문헌인 『국사보(國史補)』에 나온다. 일본의 식물학자 히로시 하라(原寬, 1911-?)가 붙인 학명에도 자작나무 속의 특징을 드러내고 있다. 이 나무의 속명인 '베툴라(Betula)'에서 유래한 '비투멘(bitumen)'은 원유와 아스팔트 같은 여러 탄화수소의 명칭을 의미한다. 학명 중 '플라티필라(platyphylla)'는 '넓은 잎'을 의미한다. 그런데 자작나무의 잎을 보면 그다지 크지 않다. 잎 모양은 버드나무와 아주 닮았다. 학명에는 이 나무의 원산지를 일본으로 표기하고 있다.

중국단풍 | 계명한학촌

단풍나뭇과

Acer buergerianum Miq.

Trident maple 갈잎큰키나무

✚ 중국의 고대 신화집인 『산해경』에서는 단풍나무의 또 다른 이름을 '풍향수(楓香樹)'로 표기하고 있다. 그런데 풍향수는 청대의 식물도감에 잎이 오리를 닮은 삼각이라 설명하고 있는 점으로 보아 곧 중국단풍이다. 현재 우리나라 어느 곳이든 흔히 볼 수 있는 단풍나무 중 하나가 중국단풍나무다.

중국단풍나무의 학명 중 아케르(*Acer*)는 단풍나무 학명에서 공통으로 등장한다. 이는 '갈라진다'는 뜻이다. 그 만큼 단풍나무의 특색은 잎의 갈림에 있는 셈이다. 중국단풍나무는 잎이 세 갈래로 갈라진다. 그래서 중국단풍나무를 한자로 '삼각풍(三角楓)'이라 부른다. 네덜란드 식물학자 미켈(Miquel, 1811-1871)이 붙인 학명 중 '부에르게리아눔(*buergerianum*)'은 일본 식물 채집가인 부에르게르(Buerger(1804?-1858))를 의미한다. 이 사람이 일본에서 식물을 채집하면서 중국단풍나무에 관해서도 채집하였던 모양이다. 그래서 미켈은 중국단풍나무의 학명을 붙이면서 그의 이름을 명기했다. 식물학자가 학명을 만들면서 관련 나무에 지대한 공헌을 한 동료나 후원자의 이름을 넣는 것은 흔한 일이다.

쪽동백나무 | 정문

때죽나뭇과

Styrax obassia Siebold & Zucc.

Fragrant Snowbell, Japanese Snowbell 갈잎떨기나무

✚ 쪽동백나무는 '쪽'과 '동백나무'의 합성어다. 우리말의 '쪽'에는 여러 가지 뜻이 있지만, 쪽동백나무의 '쪽'은 시집간 여자가 뒤통수에 땋아 틀어 올려서 비녀를 꽂은 머리털을 말한다. 나무 이름에 이 같은 말을 넣은 것은 이 나무의 열매가 갖고 있는 특성 때문이다. 동백나무의 열매에서도 기름을 얻지만, 쪽동백나무의 열매 역시 기름을 만들 수 있다. 동백나무가 자랄 수 없는 북쪽지방에서는 이 나무의 열매로 등잔이나 머릿기름으로 사용했다.

쪽동백나무의 학명도 때죽나무의 학명을 붙인 지볼드 등이 붙였다. 쪽동백나무의 학명 중 속명은 때죽나무와 같다. 이 나무의 학명 중 종소명인 '오바시아(*obassia*)'는 일본 명 '오오바지샤'이다. 일본말 오오바지샤가 무슨 말인지 알 수 없다. 일본의 큰 사전에도 나타나 있지 않다. 단지 일본어 사전에는 白雲木(はくうんぼく)의 다른 이름으로 등장한다. 만약 백운목이 맞다면, 쪽동백나무의 흰 꽃을 의미할 것이다. 쪽동백나무의 한자이름인 옥령화(玉鈴花)도 백옥 방울처럼 생긴 꽃을 상징하는 단어이다. 쪽동백나무는 잎 모양과 꽃이 달리는 차례가 때죽나무와 다르다. 쪽동백나무는 잎이 원형에 가깝고 거의 손바닥만 한 뒷면에 털이 촘촘하게 나 있다.

참빗살나무 | 비사광장

노박덩굴과

Euonymus hamiltonianus Wall.

Euonum us sieboldiana 갈잎떨기나무

✚ 참빗살나무는 이 나무로 참빗을 만들었기 때문에 붙이지 않았을까. 참빗살나무는 열매에 날개가 없고 네모진 게 특징이다. 네덜란드의 식물학자 블루메(Blume, 1796-1862)가 붙인 학명 중 속명은 부모인 노박덩굴과 같다. 종소명 지볼디아나(*sieboldiana*)는 블루메와 같은 해 태어고 같은 국적을 가진 식물학자 지볼트(Siebold, 1796-1866)를 뜻한다. 그가 이 나무의 연구에 큰 공헌을 했기 때문에 붙인 것이다.

층층나무 | 본관

층층나뭇과

Cornus controversa Hemsl

Giant Dogwood 갈잎큰키나무

✚ 층층나무는 독특하게도 마치 아파트처럼 층을 이룬다. 층층나무는 이 나무의 겉모습을 본뜬 이름이다. 이 나무의 한자 이름 중 하나인 '단목(端木)'도 모습이 곧고 단정하다는 뜻이다. 또 다른 한자인 '등대수(燈臺樹)'도 계단 모양의 가지가 마치 등대 같아서 붙인 이름이다. 층층나무처럼 나무의 모습을 본뜬 이름은 드물다. 나무가 층을 이루기에 옆으로 뻗으면서 자란다. 그런 모습에 5~6월에 하얀 꽃까지 달려 있는 모습을 보면 감탄이 절로 나온다. 그러나 사람들은 층층나무의 이런 모습을 곱게 보지 않는다. 왜냐하면 층층나무가 옆으로 자라면서 다른 나무의 햇볕까지 방해하기 때문이다. 그래서 사람들은 간혹 층층나무의 이런 행동을 빗대어 무법자의 나무를 의미하는 '폭목(暴木)'으로 부른다.

영국의 식물학자 햄슬리(Hemsley, 1843-1924)가 붙인 학명에는 이 나무의 모습을 강조하지 않고 재질을 표기하고 있다. '코르누스(*Cornus*)'는 라틴어 '코르누(cornu)'에서 유래했다. 코르누는 '뿔(=角)'을 의미한다. 이 말은 재질이 뿔처럼 단단하다는 뜻이다. 경상남도 해인사의 팔만대장경판의 재질 일부가 층층나무인데서 알 수 있듯이 연한 황색을 띤 이 나무의 재질이 고르다. 아울러 코르누스는 이 나무의 재질을 뜻하지만 잎 모양을 의미한다. 그래서 이 나무를 한자로 '육각수(六角樹)'라 부른다. 층층나무는 줄기 하나에 6개의 잎이 달려 있다.

치자나무 | 계명한학촌

꼭두서니과

Gardenia jasminoides J.Ellis

Gardenia jasminoides 늘푸른떨기나무

✚ 치자나무의 '치자(梔子)'는 한자이름이다. 치자는 치자(巵子)로 표기하기도 한다. '치'는 '손잡이가 있는 술잔'을 의미한다. 왜 이 나무에 이런 한자를 사용했을까? 아마 이 나무의 열매 모양에서 얻었을 것이다. 치자나무의 열매는 보면 마치 술잔과 닮았다. 그러니 치자나무는 열매를 강조한 이름인 셈이다. 그러나 일본의 식물학자 마키노(Makino, 1862-1957)가 붙인 학명에는 열매보다 꽃을 강조하고 있다. 학명 중 '가르데니아(*Gardenia*)'는 미국의 식물학자 가든(A. Garden, 1730-1792)을 의미하고, '야스미노이데스(*jasminoides*)'는 '재스민(jasmine)을 닮았다'는 뜻이다. 이는 치자나무의 꽃향기를 재스민에 비유한 것이다. 재스민은 열대 또는 아열대에 나는 특유한 향내가 나는 나무다. 노란 또는 하얀 꽃 피는 이 나무의 꽃향기는 우리에게 아주 익숙하다. 학명 중 '그란디플로라(*grandiflora*)'는 '큰 꽃'을 의미한다.

치자나무 이름과 달리 다른 곳에서도 열매보다 꽃을 강조한 예가 적지 않다. 중국 당나라의 육구몽(陸龜蒙)도 언급하고 있는 것처럼 많은 사람들이 치자 꽃의 향기를 모든 향기 중에서도 으뜸(薝蔔冠諸香)이라 생각했다. 불교에서도 치자나무를 '담복(薝蔔)'으로 부른다. 유마대사가 대승(大乘)의 진리를 설명한 유마경(維摩經)에서는 '마치 사람이 담복 꽃 숲에 들어가면 담복 향기만 맡고 다른 향기는 맡지 못하는 것 같이, 이 집에 들어오면 부처님 공덕의 향기만 맡고, 성문(聲聞)이나 벽지불[辟支佛:부처 없는 세상에 나서 꽃이 피고 잎이 지는 무상한 인연을 보아 깨달음을 얻은 이. 연각(緣覺) 혹은 독각(獨覺)이라고도 함] 공덕의 향기는 맡기를 좋아하지 않나이다.'고 했다.

칠엽수 | 의양관

칠엽수과
Aesculus turbinata Blume
Japanese Horse Chestnut　갈잎큰키나무

✚ 잎이 7개이기에 붙여진 칠엽수는 잣나무를 오엽송(五葉松)이라 부르는 것처럼 반드시 잎이 7개는 아니다. 실제 주위의 칠엽수 잎을 보면 7개를 가진 나무가 드물다. 대개 5-7개인 칠엽수의 이름은 잎을 강조했지만, 학명에는 열매와 꽃을 강조하고 있다. 네덜란드의 식물학자 블루메(Blume, 1796-1862)가 붙인 학명 '아이스쿨루스(*Aesculus*)'는 '먹다'를 의미하는 라틴어 '아이스카레(*Aescare*)'에서 유래했다. 이 말은 처음 참나무를 의미했지만 열매의 식용 혹은 사료를 의미하는 단어로 바뀌었다. 또 학명 중 속명인 '투르비나타(*turbinata*)'는 꽃 모양이 '원뿔'이라는 뜻이다. 칠엽수의 꽃을 본 사람들은 학명에서 왜 꽃을 강조했는지 알 수 있다. 작은 꽃들이 모여 만들어진 고깔모양의 꽃은 금방 사람들의 시선을 끌만큼 독특하다.

파리의 칠엽수와 한국에서 만나는 칠엽수는 다르다. 우리가 흔히 만나는 칠엽수는 일본원산의 일본칠엽수이고, 파리를 비롯한 유럽에서 볼 수 있는 세계 3대 가로수인 칠엽수는 서양칠엽수이다. 일본칠엽수는 봄에 피는 꽃이 유백색이지만, 서양칠엽수는 붉은 색을 띤다.

팽나무 | 봉경관

느릅나뭇과
Celtis sinensis Pers.
Japanese Hackberry　갈잎큰키나무

✚ 팽나무의 이름은 이 나무의 열매에서 빌린 것이다. 이 나무의 열매를 작은 대나무 대롱에 넣고 대나무 꼬챙이를 꽂아 공기 압축을 이용해서 탁 치면 팽하고 날아가는 것을 '팽총'이라 한다. 이 나무의 열매가 여기에 쓰인다고 팽나무라는 이름이 붙었다. 프랑스의 식물학자 페송(Persoon, 1762-1836)이 붙인 학명에도 이 나무의 열매를 강조하고 있다. 학명 중 '켈티스(*Celtis*)'는 '단맛을 가진 열매'에서 온 말이다. 영어권에서 이 나무를 '슈거 베리(Sugar berry)'라고 하는 것도 학명과 통한다. 그러나 영어권에서 이 나무를 '저팬니즈 핵베리(Japanese Hackberry)', 즉 '일본 팽나무'로 표기한 것은 학명에서 중국 원산으로 표기한 것과 다르다.

이 나무의 한자 이름인 박수(朴樹), 박수(樸樹), 박유(樸楡) 등은 모두 질박하다는 뜻을 가지고 있다. 이런 한자는 한방에서 사용하는 단어이다. 이는 이 나무의 껍질을 강조한 이름이다. 아울러 한자 박유는 이 나무가 느릅나무과에 속한다는 것을 넌지시 알려준다. 팽나무는 껍질만 아니라 느티나무처럼 부모인 느릅나무과에 속하기 때문에 재질도 좋을 수밖에 없다. 그래서 이 나무로 통나무배인 '마상이' 또는 '마상'을 만들었다.

홍가시나무 | 동산도서관

장미과

Photinia glabra (Thunb.) Maxim.

늘푸른떨기나무

✚ 홍가시나무는 잎이 새로 자랄 때와 단풍이 들 때 붉은빛이 돈다고 하여 붙여진 이름이다.

속명 포티니아(*Photinia*)는 희랍어 Photeinos(빛나다)에서 유래한 것으로 신엽이 절홍색의 광택이 있는 것에서 붙여진 이름이다. 종소명 글라브라(*glabra*)는 '털이 없는, 무모의' 이라는 뜻을 가지고 있다.

홍자두나무 | 본관

장미과

Prunus salicina L.

Plum tree

갈잎큰키나무

✚ 홍자두는 열매가 진홍색인 자두를 말한다. 자두는 오얏[이(李)]를 뜻하며, 붉은 복숭아를 의미하는 한자 자도(紫桃)의 우리말이다. 학명 중 속명인 프루누스(*Prunus*)는 곧 자두를 의미하고, 종소명 살리치나(*salicina*)는 버드나무 속(屬) 살리스(salix)의 잎과 비슷하다는 뜻이다. 중국의 옛날 사람들은 매년 정월 초하루와 보름에 자주나무의 열매가 많이 열리길 바라는 뜻에서 나무에 돌을 끼웠다. 고대사회에서는 나무를 여자로 생각했다. 옛날 사람들은 열매가 열린 자두나무 밑에서 갓을 고쳐 쓰지 말라고 했다(李下不整冠). 중국에는 여름이 시작되는 입하(立夏) 즈음 자두 열매를 먹으면 얼굴이 아름다워진다는 속설이 있다. 그래서 동네 부인들이 자두나무에 모여 즙을 짜서 술과 함께 먹곤 했다. 이러한 놀이를 '주색주(駐色酒)'라 불렀다.

화살나무 | 본관

노박덩굴과
Euomymus alatus (Thunb.) Siebold
Wind Spindle Tree 갈잎떨기나무

✚ 화살나무의 이름은 나무의 껍질이 화살처럼 생겼기 때문에 붙인 것이다. 중국 사람들이 이 나무를 '귀전(鬼箭)', '귀전우(鬼剪羽), '신전(神箭)'이라 부르는 것도 이 나무가 화살과 비슷하다고 보았기 때문이다. 그런데 중국 청대의 식물도감에는 화살나무를 위모(衛矛)로 기록하고 있다. 위모는 창을 막는다는 뜻이다. 중국 고대의 제(齊)나라 사람들은 화살이 자신들을 방어해준다고 믿었다. 화살나무를 때론 '팔수(八樹)'라 부른다. 이는 화살처럼 생긴 나무 가지가 마치 팔자(八字)와 닮아 붙인 이름이다. '사능수(四稜樹)'라는 이름도 화살 같은 모양에 직사각형처럼 생겨서 붙인 이름이다.

학명에도 나무의 이름에 관한 정보를 담고 있다. 학명 중 에우오니무스(*Euonymus*)는 '좋다'는 뜻을 지닌 그리스어 '에우(eo)'와 '이름'을 의미 하는 '오노마(onoma)'의 합성어이다. 이는 가축에 독이 없어 좋다는 뜻이다. 그러니 이 화살나무에도 독이 없다는 뜻이다. 『본초강목』에도 화살나무에는 독이 없다는 점을 언급하고 있다. 학명 중 알라타(*alata*)는 '날개가 있다'는 뜻이다. 이는 화살나무의 줄기를 강조한 것이다.

회화나무 | 의양관

콩과
Sophora japonica L.
Kind of locust tree 갈잎큰키나무

✚ 회화나무를 뜻하는 한자 괴(槐)의 중국 발음 '회'에서 유래한 것으로 보고 있다. 물론 회화나무의 한자 괴의 중국 발음이 '홰'이지만, 현대식 중국 발음 이전에도 괴는 회였다. 『이아주소(爾雅注疏)』에 따르면 괴는 회(褱)와 같은 의미였다. 단지 잎이 크고 색이 검을 것을 회라 하고, 그렇지 않을 것을 괴라 했다. 한자 괴는 나무목(木)과 귀신귀(鬼)를 합한 글자이고, 귀는 나무줄기의 옹두리를 본뜬 글자이다.

중국 주나라에서는 삼공을 '삼괴(三槐)'라 불렀다. 중국 주나라 외조(外朝)에 심은 회화나무를 향해 삼공[三公: 태사(太師)·태부(太傅)·태보(太保)]이 앉았기 때문에 붙인 이름이다. 아울러 『주례(周禮)』와 『後漢書』등에 언급하고 있는 것처럼 삼괴의 좌우에는 붉은 가시나무를 심었다. 흔히 '삼괴구극(三槐九棘)'이라 부르는 것도 이 때문이다. 이는 외조가 함부로 들어올 수 없다는 것을 상징적으로 보여주기 위한 것이었다. 조선시대에도 이러한 관례를 모방하여 '삼괴정(三槐亭)'과 같은 이름이 등장했다. 회화나무는 중국 고대의 공공기관과 아문(衙門), 그리고 전정(殿庭)에 흔히 심었던 나무였다. 특히 한나라 궁중에는 수많은 회화나무를 심었다. 그래서 회화나무를 『옥수(玉樹)』라 불렀다. 한나라 때 이곳에는 200-300살 먹은 회화나무가 있었다. 또한 황제가 거처하는 곳을 '괴신(槐宸)'으로, 장안 거리를 '괴로(槐路)'라 불렀다.

회화나무는 흔히 '학자수(學者樹)'라 부른다. 그 이유는 이 나무의 기상이 학자의 기상처럼 자유롭게 뻗었을 뿐 아니라 주나라 사(士)의 무덤에 이 나무를 심었기 때문이다. 그래서 우리나라의 유교관련 유적지에는 거의 예외 없이 회화나무를 볼 수 있다.

넝쿨줄기가 아름다운 나무

다래 | 정문

다래나뭇과
Actinidia arguta (Siebold & Zucc.) Planch. ex Miq.
Bower Actinidia, Tara Vine 갈잎덩굴나무

✚ 다래는 머루와 마찬가지로 고려 가요『청산별곡(靑山別曲)』에 등장한다. "살어리 살어리랏다/청산(靑山)애 살어리랏다/멀위랑 ᄃᆞ래랑 먹고/청산애 살어리랏다."에서 알 수 있듯이 산속에서 흔히 만날 수 있는 게 다래 혹은 다래나무다. 다래는 은행나무처럼 암나무와 수나무가 따로 있고, 수꽃과 암꽃의 모양도 다르다. 특히 암꽃은 순백이며 가운데 암술이 툭 튀어나왔다. 암술의 모양이 나팔 혹은 꼬마 분수대와 닮았다. 프랑스 식물학자 플랑숑(Planchon, 1823-1888)이 붙인 학명 중 속명인 '악티니디아(*Actinidia*)'가 바로 다래의 암꽃을 강조한 말이다. 이 말은 '방사상(放射狀)'을 의미하는 그리스어 '악티스(aktis)'에서 온 것이다. 다래의 암꽃이 방사 모양이다. 학명 중 종소명인 '아르구타(*arguta*)'는 '잎이 톱처럼 뾰족하다'는 뜻이다. 다래의 잎을 강조한 학명이다.

우리말 다래는 경기도 방언으로 알려져 있다. 다래의 한자는 연조(軟棗) 혹은 연조자(軟棗子)다. 이는 다래의 열매가 마치 부드러운 대추 크기와 닮아서 붙인 것이다. 학명을 붙인 사람은 꽃과 잎을 강조한 반면, 중국에서는 열매를 강조하고 있다. 또한 다래의 한약 이름은 미후도(獼猴桃)이다.『본초강목』에는 다래의 또 다른 한자로 미후리(獼猴梨), 등리(藤梨), 양도(陽桃), 목자(木子), 오렴자(五斂子), 오릉자(五棱子) 등을 소개하고 있다. 양도는 중국 복건 사람들이 부르는 다래 이름이다.

담쟁이덩굴 | 아담스관

포도과

Parthenocissus tricuspidata (Siebold & Zucc.) Planch.

Boston Ivy, Japanese Ivy 갈잎덩굴나무

✚ 담쟁이덩굴은 이 나무가 주로 담쟁이에 붙어사는 덩굴성이기 때문에 붙인 이름이다. 영어권에서는 '보스턴 아이비(Boston Ivy)', '제퍼니즈 아이비(Japanese Ivy)'로 부른다. 아이비는 '송악'을 의미하는 라틴어 '헤레드라(*Heredra*)'를 영어로 풀이한 이름이고, 흔히 '서양담쟁이덩굴'로 풀이한다. 담쟁이덩굴과 아이비는 덩굴성 식물이라는 점에서는 공통점을 갖고 있다. 또한 잎 모양도 크기는 다르지만 비슷하다. 프랑스 식물학자 플랑숑(Planchon, 1823-1888)이 붙인 담쟁이덩굴의 속명인 '파르테노키수스(*Parthenocissus*)'는 '처녀'를 의미하는 그리스어 '파르테노스(parthenos)'와 '담쟁이덩굴'을 의미하는 그리스어 '키소스(cissos)'의 합성어다. 종소명 '트리쿠스피다타(*tricuspidata*)'는 '잎 모양이 3개로 뾰족하게 올라온 것'을 말한다. 그러나 아이비는 송악과 더불어 두릅나무과에 속한다.

담쟁이덩굴의 한자는 산에 오르는 호랑이를 의미하는 파산호(爬山虎), 땅의 비단을 의미하는 지금(地錦) 등으로 사용한다. 이외 담쟁이덩굴을 의미하는 한자에는 우목(寓木), 완동(宛童) 등이 있다. 『이아주소』에 등장하는 이 말은 『본초강목』에도 등장하고, 『본초강목』에는 이외에 기설(寄屑) 등도 언급하고 있다. 우목은 담쟁이덩굴이 다른 나무에 더부살이한다는 뜻이고, 완동은 구부정한 어린이라는 뜻이다. 모두 담쟁이덩굴의 습성을 빌린 이름들이다. 『시경(詩經)』에서는 담쟁이덩굴을 조(蔦)로 표기하고 있다. 『본초강목』에 따르면, 이 단어는 새가 나무에 서 있는 것 같아 붙인 것이다. 『시경』에서도 "담쟁이덩굴과 겨우살이가 소나무위에 뻗어있네."라는 말에서 보듯 담쟁이덩굴의 습성을 잘 드러내고 있다.

덩굴장미 | 정문

장미과

Rosa multiflora var. *platyphylla* Thory

A Climbing Rose, A Rambler 갈잎덩굴나무

✚ 덩굴장미는 덩굴을 뻗으면서 장미꽃을 피워서 붙인 이름이다. 넉줄장미 또는 목향이라 불린다. 옛날에는 찔레 또는 덩굴찔레라고 했다. 덩굴장미의 또 다른 이름인 목향은 나무로 향기가 있는 장미라는 뜻을 가지고 있다. 덩굴장미는 덩굴찔레 · 덩굴인가목 · 영실(營實) · 동글인가목이라고도 한다. 속명 로사(*Rosa*)는 장미에 대한 라틴어 고어이며, 종소명 물티플로라(*multiflora*)는 '많은 꽃의'를 의미하며, 플라티필라(*platyphylla*)는 '넓은 잎의'를 뜻한다.

등 | 백은관

콩과

Wisteria floribunda (Willd.) DC.

Rattan 갈잎덩굴나무

✚ 등꽃은 땅을 향하지만 줄기는 칡처럼 덩굴식물인지라 하늘로 향한다. 그래서 등을 의미하는 한자 등(藤) 중 '등(滕)'은 칡의 갈처럼 '위로 오르다'는 뜻을 지니고 있다. 등의 한자가 풀초(艸) 부수인 것은 칡처럼 등도 나무이지만 곧은 나무와 달리 풀의 성질을 지녔기 때문이다. 현재 우리가 흔히 보는 등은 참등이고, 등을 '등나무'로 부르기도 한다. 때론 꽃이 붉은 색을 띠고 있기에 '자등(紫藤)'이라 부른다. 그러나 등꽃, 즉 등화(藤花)는 연보라색을 띠고 있다. 등은 아까시처럼 다른 나무보다 유달리 꽃이 많은 게 특징이다. 스위스의 식물학자 칸돌레(Candolle, 177-1841)가 붙인 학명 중 플로리분다(*floribunda*)도 바로 '꽃이 많다'는 뜻이다. 학명 중 비스테리아(*Wisteria*)는 미국 필라델피아의 유명한 해부학자인 위스테리아를 기념해서 붙인 이름이고, 이 이름이 곧 등속(藤屬)을 의미한다. 서양에서는 등을 일본 원산으로 이해하고 있다.

등꽃은 아주 탐스럽다. 사람들이 탐스러운 등꽃을 그냥 둘리 없다. 꽃에 독이 없다면 대부분의 꽃은 먹을 수 있다. 그래서 사람들은 등꽃도 먹었다. 그러나 진달래꽃처럼 꽃만 먹을 수도 있지만 대부분 다른 재료를 섞어 먹었다. 그래야 꽃에서 나오는 냄새를 제거할 수도 있고, 맛도 있기 때문이다. 등꽃은 당면(糖麵)을 섞어 떡을 만들면 맛있다. 이런 떡을 '등라병(藤蘿餠)'이라 한다.

미국능소화 | 대명본관

능소화과

Campsis radicans (L.) Seem.

Trumpet Vine, Trumpet Creeper, Cow-Itch Vine 갈잎덩굴나무

✚ 능소화(凌霄花)는 한 여름 밤을 밝히는 나무다. 능소화는 '하늘을 능멸하는 꽃'을 의미한다. 그 만큼 이 나무는 꽃이 상징이다. 그래서 이 나무의 다른 이름도 꽃을 강조하고 있다. 그 중 자위(紫葳)는 자줏빛 꽃이 무성하다는 뜻이고, 대화능소(大花凌霄)도 꽃이 큰 능소화라는 뜻이다. 능소는 능초(凌苕)라 부른다. 때론 여위(女葳)라 부른다. 능소화의 꽃 모양이 마치 트럼펫을 닮아 서양에서는 '차이니즈 트럼펫 클리퍼(Chinese Trumpet Creeper)', 즉 중국의 트럼펫 덩굴식물로 부른다. 한국의 양반들이 이 나무를 아주 좋아해서 '양반꽃'으로 불린다. 상놈들은 이 나무를 함부로 탐하지 못했다. 매월당(梅月堂) 김시습(金時習, 1435-1493)은 『매월당집』, 『유관서록(遊關西錄)』에서 뱁새를 능소화조차 그리워할 수 없는 존재로 보았다. "사람이 하늘과 땅 사이에 살면서 이익과 명예에 매달리고 생업에 바쁜 것이 마치 뱁새가 능소화를 그리워하고, 박이 나무에 매달려있는 듯하다. 그러니 어찌 고달프지 아니한가?"

독일의 식물학자 제에만(Karl Otto von Seemann, 1838-1910)이 붙인 학명 중 속명 캠퍼스시스(*Campsis*)는 능소화의 속명과 같은 그리스어 '만곡(彎曲)'을 의미하며, 꽃이 활처럼 휘었다는 뜻이다. 종소명 라디칸스(*radicans*)는 '뿌리에 내리는'을 의미한다. 미국능소화는 능소화에 비해 꽃부리의 대롱이 길며, 꽃의 지름이 작은게 특징이다.

사연이 있는 나무

무정 이팝나무 | 비사광장

✚ 1995년 10월 20일 성서캠퍼스 본관 신축공사 때 경상북도 경산시 압량면의 우리 대학교 법인 농장에 있는 나무를 지금의 자리로 옮겨 심었다. 큰 가지를 자르면 새 가지가 자라기까지 상당히 오랜 시간이 걸리는 나이 많은 이팝나무의 특성으로 인하여 가능한 원형을 보존한 상태로 이식하기 위해 많은 노력을 하였다. 작업 당시 언덕 한가운데로 길을 개척하여 길을 내고, 나무를 운송하는 길가에 있는 전봇대와 담장 등 장애물을 철거하고 나무가 다치지 않도록 애지중지하며 우여곡절 끝에 지금의 이곳에 옮겨 심었다. 다행히 탈 없이 잘 자라고 있으며, 5월에 피는 흰 꽃은 '밥그릇에 가득한 쌀밥'을 연상시키는 모습으로 나무전체를 뒤덮어 장관을 연출한다. 우리 대학교는 경북도지사를 역임하신 청백리 국가지도자 무정 김수학 선생께 감사와 존경을 표하며 2008년 9월 4일 이 나무를 '무정(茂庭) 이팝나무'로 이름 붙였다.

보산(普山) 단풍나무 | 본관

✚ 경상북도 경산시 압량면에 있는 우리 대학교 법인 농장의 기숙사 한편에 있는 나무를 1995년 10월 20일 성서캠퍼스 본관 앞 정원에 옮겨 심었다. 일반적인 단풍나무의 모습과는 달리 고목을 옮겨 심었음에도 불구하고 묵은 줄기에서 새 가지가 힘차게 돋아나 여전히 왕성한 활력을 유지하고 있다. 가을이면 나무를 뒤덮은 울긋불긋한 단풍잎이 보현산의 가을 모습을 축약하여 보여준다. 우리 대학교는 1999년 1월 18일 학교법인 계명대학교 설립이사를 역임하신 보산(普山) 신후식 목사의 업적을 기리며 이 나무를 '보산(普山) 단풍나무'라 이름 붙였다.

사라 향나무 | 행소박물관

✚ 2009년 3월 12일 경주동산병원 확장 예정 부지 한편에서 자라던 향나무를 원형을 보존하여 성서캠퍼스 행소박물관 앞에 옮겨 심었다.

이 향나무는 곧게 자라던 나무였으나 1959년 태풍'사라'때 비바람에 쓰러진 후 50여 년 동안 그대로 방치되어 있던 나무를, 우리 대학교가 발굴하여 이곳에 옮겨 심었다. 물주고 바람 막고 정성껏 보살핀 결과 지금과 같은 늠름한 모습으로 회복되어 세월의 풍파를 이겨낸 '사라 향나무'로 불린다.

용송 | 행소박물관

✚ 2009년 3월 12일 경주동산병원 확장 계획 부지에 있는 소나무를 원래 형태를 보존하여 성서캠퍼스 행소박물관 앞 정원에 옮겨 심었다. 이 소나무는 키는 크지 않으나 기품과 관록이 있어 소문을 듣고 찾아 온 조경업자들이 많은 돈을 제시하며 서로 자기에게 팔기를 원하던 나무이다.

지상에서 두 줄기로 갈라진 모습이 하늘로 오르기를 준비하는 두 마리 용의 기상과 모습을 본받은 나무라 하여 '용송'이라 부른다.

월금 모과나무 | 쇼팽광장

✚ 오랫동안 우리 대학교 음악대학에서 봉직하신 월금(月琴) 우종억 교수가 기증한 나무로 2008년 3월 12일 우리 대학교 쇼팽광장에 옮겨 심었다. 나무의 나이가 100살이 훌쩍 넘었음에도 불구하고 우종억 교수가 수십 년 동안 공들여 보살피고 다듬고 가꾸어 현재까지 아름답고 풍성한 모습을 보여주고 있다. 가을에는 노랗게 익은 향기로운 모과열매가 주렁주렁 열리는 모습이 캠퍼스를 더욱 풍요롭게 한다. 우종억 교수는 애지중지 키워 온 이 나무를 음악대학 후학들을 위하여 기꺼이 우리 대학교에 기증하였다. 음악대학 후학들은 이 나무를 '월금(月琴)모과나무'라 부른다.

자랑스러운 포플러 나무 | 백학관

✚ 대명캠퍼스 백학관 앞 언덕에 있는 이 나무(이태리포플러)는 2005년 8월 18일, 낙뢰에 맞아 나뭇가지 끝에서 줄기 밑 부분까지 약 9M 길이의 큰 상처를 입어 고사할 위기에 처했으나, 우리 대학교에서 상처를 치료하고 정성껏 보살핀 결과, 나날이 기운을 회복하여 봄에는 연두색 새싹들이, 여름에는 풍성한 이파리들이, 가을에는 노란 단풍들이 우리를 기쁘게 해준다. 우리는 이 나무를 역경을 이기고 오늘을 개척한 '자랑스러운 포플러 나무'라고 부른다.

장독대 탱자나무 | 전산원

✚ 새로운 천년이 열리는 2000년 봄에, 경북 고령군 다산면 어느 시골집 장독대 옆에서 100여 년 동안 묵묵히 장독대를 지켜왔던 나무를 우리 대학교가 발굴하여 본관 진입로에 옮겨 심었다. 당시에는 나이가 많아 뿌리와 잎이 쇠약하고 줄기가 부패하여 걱정스런 상태였으나, 우리 대학교에 옮겨 심은 후 활력을 회복하여 가을에는 향기로운 열매를 주렁주렁 맺어 보는 이들을 기쁘게 해 준다. 이 나무가 '바쁘게 사느라 잊고 지내온 유년의 기억과 장독대를 생각나게 해 준다'하여 우리는 이 나무를 '장독대 탱자나무'라 부른다.

크바스니예프스키 백송 | 본관

✚ 2002년 6월 5일 우리 대학교를 방문한 알렉산드 크바스니예프스키(Aleksander Kwaśniewski) 폴란드 대통령이 신일희 계명대학교 총장과 함께 기념식수한 나무이다. 성서캠퍼스 본관 앞에 있는 이 나무가 무럭무럭 자라 우리 대학교 쇼팽음악원과 함께 전 세계로 음악의 빛을 여는 근원이 되기를 기원하며 '크바스니예프스키 백송'이라 이름 붙였다.

대구 최초의 서양 사과나무 | 선교박물관

✚ 1899년 동산의료원 초대원장인 존슨 선교사가 병원을 개원할 때 레드베아밍 등 3개 품종 72그루의 사과나무를 들여와 재배를 시작한 것이다. 이 중 미주리 품종만 생존했으며, 현재 동산의료원 선교박물관 앞에 자라고 있는 나무는 바로 이 나무의 씨앗이 떨어져 자란 것이다. 수령100살이 넘는 것으로 추정되는 이 나무를 2000년 10월에 대구시는 보호수로 지정했다. 해가 갈수록 기력이 쇠하여 이 나무에서 채취한 가지로 3세목을 양묘하여 이 나무 아래에 심어 놓고 대구 사과나무의 명맥을 이어나가고 있다.

참고문헌

- 이광만(2010), 우리나라 조경수 이야기, 이비락.
- 박영하(2004), 우리나라 나무 이야기, 이비컴.
- 원종태(2014), 한국을 지켜온 나무 이야기, 밥북.
- 대구광역시 수목원관리사무소(2004), 대구수목원 원색식물도감, 대구광역시.
- 오구균, 서민환, 정승준, 이유미(2013), 생태 수목도감, 광일문화사.
- 대한주택공사(2004), 조경수목도감, 기문당.
- 국가생물종지식정보시스템 www.nature.go.kr
- 네이버수목검색 www.naver.com
- commons.wikimedia.org/wiki/File:Wine_grapes.jpg